# 古典男裝全圖解

莉蒂亞・愛德華／著　　張毅瑄／譯

蕾絲、馬褲、燕尾服，深度解密的奢華貴氣西服史

*How to Read a Suit*

A Guide to Changing Men's Fashion from the 17th to the 20th Century

— Lydia Edwards —

*How to Read a Suit*

*A Guide to Changing Men's Fashion from the 17th to the 20th Century*

# 古典男裝全圖解

蕾絲、馬褲、燕尾服，
深度解密的奢華貴氣西服史

# 目次

致謝 7

序 8

導言 20

---

第一章
**1666–1700** **29**

第二章
**1700–1799** **43**

第三章
**1800–1859** **75**

第四章
**1860–1899** **99**

第五章
**1900–1939** **119**

第六章
**1939–1969** **147**

第七章
**1970–2000** **171**

---

名詞解釋 190

注釋 196

參考書目 210

圖片來源 215

# 致謝

　　本書之所以能夠如此順利成書，全賴一些美好的人給我支持。首先我要感謝編輯法蘭西絲・阿諾德（Frances Arnold），感謝她的忠告、鼓勵與信任。伊芳・梭羅德（Yvonne Thouroude）也給我極大的幫助與支持，並以可敬的精神忍受我連珠炮似的發問。

　　史賓斯堡大學時尚博物館與檔案館的凱琳・波列克博士（Dr. Karin Bohleke）非常慷慨地將她的時間與專業知識提供給我。本書中許多 19 與 20 世紀的精美照片都是出自她個人收藏，經她大方允許得以使用於此。我在檔案館挑選與取得館藏男士西服的過程簡單、輕鬆且充滿樂趣，這都要歸功於安妮卡・尼爾森—道得（Annika Neilson-Dowd）與凱琳。

　　許多博物館與歷史學會給予我無價的協助，特別是荷蘭國家博物館、洛杉磯郡立美術館、大都會藝術博物館、紐約公共圖書館、羅德島設計學院博物館，以及澳洲維多利亞國家美術館（National Gallery of Victoria）。此外我也很感謝馬里蘭歷史學會（Maryland Historical Society）的艾莉森・托爾曼（Allison Tolman）、「老雜誌文章」網站的馬特・雅各森（Matt Jacobsen）。我還要感謝莫琳與里昂・列維（Maureen and Leon Levy）、安娜・惠帕夫（Anna Hueppauff）與佐利斯家族（the Tsoulis Family）、布瑞特・史密斯（Brett Smyth）、丹妮葉拉・凱斯廷（Daniela Kästing）、蓋瑞・萊特（Gary Wright）、克萊兒・西蒙斯（Claire Simmons），感謝他們讓我使用家族珍藏的照片。

　　我在此依舊要向我最老朋友的老朋友羅曼妮・賈西亞—李（Romanie Garcia-Lee）表達愛與謝意，也謝謝我其他的好友，露易絲・休斯（Louis Hughes）、妮娜・列維（Nina Levy）、安娜・惠帕夫（Anna Hueppauff）、蒂娜・摩斯（Tina Moss）。此外我還要感謝我在伊迪斯科文大學預備課程的「家人」，以及西澳表演藝術學院的弗露・金斯蘭（Fleur Kingsland）。

　　我的父母克里斯（Chris）和茱莉亞（Julia）在我生命中一直鼓勵我、支持我，在我寫作這本書的過程中也是如此。我最要感謝的是我丈夫亞倫（Aaron），他的支持、鼓勵與幽默讓我在研究與寫作時能夠對自己有信心。

　　最後我要謝謝所有看過《古典洋裝全圖解》並享受這本書的人，希望您也會覺得這本新書有趣且充滿有用的知識。本書中某些需要進一步解釋的用詞會在第一次出現時以黑體標出，閱讀時可對照後面「名詞解釋」內容。

A・J・艾瓦特
C・M・貝爾所攝

# 序

## 西服誕生之前

　　早在三件式西服問世之前，男士衣著已經深深反映出所謂的「男子氣概」。當然，我們如果要去「測量」歷史上的男子氣概，這可是大有問題的，就像麥可・安東尼（Michael Anthony）所說：「我們怎麼可能去測量另一個時代的男子氣概？我們又沒辦法測量16或18世紀人類的精子數量或睪固酮值。」[1] 話雖如此，但他接著又說我們可以利用文學藝術來比較數百年來男性、女性的外觀與行為舉止如何改變。假使要看男性是怎麼建構他們自我認知中的「男子漢」，以及女性是怎麼認定何謂「理想」男士形象，最重要的一個指標就是時尚；而藝術作品（以及那些有幸被保存下來的歷史服飾）是我們所能取得最好的依據，讓我們能發掘出更多資訊，搭建出一個現代的理解框架。以下這篇簡短的背景解說，是在介紹現代三件式西服誕生之前150年的西歐男子服飾概況，這不是一篇全面性的綜論，而是要提供一個比較性的視野，讓讀者知道現代西服出現前夕的裁縫師是如何建構起「男子氣概」。除此之外，下面還會就16世紀晚期與17世紀早期的男用緊身上衣（doublet）、男用緊身長褲（hose）與馬褲（breeches）做出四點初步「分析」。

　　16世紀與17世紀早期的男性時尚看起來比西服繁複，特別是比19、20世紀的西服要複雜得多也精緻得多。大衛・庫奇塔（David Kuchta）在《三件式西服與現代男性氣質：1550到1850年的英格蘭》一書中提出一項事實：自從西服在1666年出現之後，「男性的紳士氣派總是與衣著上的收斂樸素相連結」，而前面所說的現象正是歸因於此。庫奇塔由此解釋三件式西服如何使得「一種新式的男子氣概得以成形，這是呈現菁英男性消費行為中道德、政治與經濟的一種新意識形態，至今依然存在。」[2] 要怎麼辨認並追蹤這個「新式男子氣概」呢？最可靠的一個方法就是利用男士的衣著，它是最明顯的身分表徵，也是由股囊（codpiece）和襯墊緊身長褲（padded hose）等衣物所傳達出來的「性的公共意義」（此處引用勞菈・高文〔Laura Gowing〕的說法）。[3]

　　我們每個人腦中都已深植著21世紀對「男人味」、「男性雄風」的內容

定義，所以當我們看到一件特別「女性化」的衣飾時，我們很難客觀地去想16或17世紀的人可能並不覺得同一件東西具有女性特質。在那個時代人們口中的「娘娘腔」通常是指在異性性關係裡過度活躍的男人，而不是說人們懷疑這人是同性戀。此外，那時人們所謂「女性化」的行為通常也是跟言行舉止比較有關，與衣著關係較少。只有當男裝在18世紀失去了原本的精雕細琢——而同時女裝卻變得更繁複絢麗——那些想要回歸過去花枝招展打扮的男性才開始被他人以負面眼光看待。男性需要展現地位——方法就是後來托斯丹・范博倫（Thorstein Veblen）所說的「炫耀性消費」——此事的重要性在16與17世紀絕對不可小覷，[4] 而在衣服上使用大量蕾絲、緞帶與昂貴布料就是展現個人與家族權勢財富的最明顯方法，還有什麼比財與權更具男人味呢？當然這類時尚不曾變成普世人的衣著，人們對此也從來都是褒貶不一。英國內戰之後曾有一段短暫時期，當時清教徒那低調樸素的衣著更被重視，其中一些要素也比較廣泛地被採納入時尚設計。

從中古時代晚期到17世紀中葉，男性的得體裝扮是馬褲或緊身長褲搭配**緊身上衣**；這身衣著對14到15世紀的男士而言只是內衣，他們會在外面加上一件長度更長的寬外衣（tunic）或長衫（kirtle），但16世紀早期的男性已經將這一身視為完整的「西服套裝」了。「一套衣服」的說法早在我們現在所謂的「西服套裝」問世之前就已出現，意思是男性全身穿著覆蓋軀體的數件完整衣物。16世紀的人把相同布料製作的整套緊身上衣與長褲稱為「一套外衣」，[5] 暗示出上下身衣著擁有一貫原則，就像下一個世紀成為風尚的三件式西服被安妮・荷蘭德（Anne Hollander）稱作「抽象的三件組封套」一樣。[6]

最早的緊身長褲是連腳一起包住，基本上就像褲襪一樣，隨著時間才逐漸演變成「上半部」與「下半部」的兩部分褲與襪。「上半部」後來被稱為「馬褲」，且剪裁變得比下半部更蓬，長度可能及膝（「威尼斯式」風格）或是只到髖部（「寬鬆短罩褲」〔trunk hose〕或「圓形短罩褲」〔round hose〕，如果是造型特別寬大的則稱為「寬鬆褲」〔slops〕）。有錢人很常用華麗的「框條」（pane，垂直方向的長條布料，從縫隙間露出底下的對比色布料）覆蓋在褲子外面。人們穿著比較短的罩褲時會用褲腳飾圈（canions）遮蓋大腿，這是從褲腳延伸出的貼身剪裁部分，長度到膝蓋上方，下面露出來的腿部就要靠絲襪來遮住了。

緊身上衣（之所以稱為doublet是因為它加了內襯所以有「雙層」）的樣子大約是一件穿在麻質**襯衫**外面的合身夾克，原本的目的是固定緊身長褲及保暖，它與緊身長褲是藉由腰部的結帶（lacing）結在一起。襯衫的用途一直大

同小異，要等到20世紀、直到衣物清潔的標準提高且比以前更容易達到時才出現改變。但襯衫的設計美感，以及穿著者要露出多少面積的襯衫，這兩件事則從以前就一直有所變化。當時襯衫的功用是讓緊身上衣與皮膚隔絕以保持乾淨，由於它經常需要洗滌（如果經濟條件允許的話可以有多件換洗），所以它是一家「家政」的重要課題。不過當時的襯衫在領口與袖口還是可以加上繁複華美的「黑繡」（blackwork）裝飾，穿著者也可依自己喜好選擇不同剪裁的緊身上衣來露出更多襯衫。**馬甲背心**（waistcoat）在16世紀就已存在，但是它是次要的衣物，它穿在緊身上衣裡頭，所以從外面很少看得見。最外面一層衣服是寬外衣或**緊身短夾克衫**（jerkin），其定位大約就是16世紀的大衣外套，是別人一眼就能看到的衣物，所以穿著者通常會用自己買得起的最好布料來做這件衣服。不論是貴族還是平民，男性只要加上一件寬外衣或緊身短夾克衫就能讓一身裝束變得「正式」，他們在大部分需要外出的場合都必須如此著裝。

16世紀的貴族男性服飾層疊厚重程度直逼女裝，都鐸時代男士這身「封套」可是代表了權力與主宰地位。肩部寬得誇張，延伸下來是收緊的腰部，從那裡又有緊身上衣的褶襉裙邊往外開展。寬大短褲長度僅及膝上，下面的細腿（理想的腿應當肌肉發達）更襯出這一身輪廓上重下輕。此外，寬闊的肩部也能起到讓頭部看起來比較小的作用，而這樣的設計卻出現在文藝復興理想中關於人類心靈價值與尊嚴的部分受到高度推崇的時代，十分有趣。在英格蘭，國王亨利八世（Henry VIII）為了掩飾迅速膨脹的腰圍而突發奇想開始往衣服裡加襯墊，這是造成這種造型在當地流行的主因。

朝臣紛紛效尤，在這股加墊加撐的風潮下，時尚史上兩件最惡名昭彰的衣飾就此被發展出來。第一個是股囊（cod指陰囊，piece是這東西最初的模樣：一小片布），由於1460年代男性上衣的下襬不斷縮減，當時人們為了遮羞而設計出這東西。一開始它不過是個用帶子綁在褲子上的小布袋，但到了16世紀中葉卻成了地位的象徵，且我們可以推斷它還成了生育能力的象徵。不過，威爾‧費雪（Will Fisher）在他討論近代早期性別問題的著作中解釋說，股囊所呈現的陽剛氣可能是關於「性行為而非生兒育女」，至少以亨利八世的例子看來是如此，人們談到他所配戴的巨大股囊時通常都會說他娶了幾個妻子，而不會去講他生了幾個孩子。[7]

其他的研究則呈現男士使用超大股囊背後有些不那麼色情的因素，葛蕾絲‧Q‧維卡力（Grace Q. Vicary）在1989年發表的著作裡主張股囊可能是為了抵禦疾病而設計出來的，此處的「疾病」特別指1494年的梅毒大流行。股囊可以保護衣物不被藥物沾汙，並且讓他人不易看出誰是患病者。[8] 無論哪種說

亨德里克·霍爾奇尼斯
〈穿著豌豆腹緊身上衣
的官員〉
1587年

法正確，等到股囊變成裡面塞滿襯墊、外面加滿裝飾的流行風尚，它原來任何預防疾病的意義早被拋到九霄雲外去了。股囊之所以是這種形狀、這樣裝飾，都是為了能夠搭配緊身上衣、褲子和緊身短夾克衫那富有裝飾性的膨壯效果，這點在1560與1570年代最為明顯，緊接著股囊就退流行了。16世紀中葉，當股囊的大小逐漸縮小，此時換成「**豌豆腹**」（peascod belly）登上舞臺；這是在衣物腰部前方中央處加襯墊或「邦巴斯特」（bombast，馬毛或羊毛製成的墊子）使之隆起，有時會使用破布或木屑當填充物來維持形狀。它的剪裁是要讓布料多出一塊往外垂，垂到自然腰線位置之下，在肚臍處製造一個凸起來的下垂。當豌豆腹變得非常流行之後，人們為此特地改變緊身上衣在腰部的形狀，且又讓衣服在其他部位剪裁貼身以強調出豌豆腹的視覺效果。股囊最極端的造型是在尖端延伸向上彎，豌豆腹則是像前面說的下垂到低於自然腰線，因此這兩者同時穿戴的時候，其中一個就好像在往上或往下指向另一個。這時期的男士穿著緊身上衣時會搭配高到下巴的皺褶領（ruffle），還會在肩上披著披風（cape）。等到16世紀末，男裝的肩寬已經差不多回到自然狀態，從肩部連接長而合身的袖子，袖口飾有縐邊（frill）。至於下半身，長得像球根的**寬鬆短罩褲**（trunk hose）的體積繼續在增大，最後連股囊都被淹沒到只有尖端可見，讓細長四肢與厚實軀幹、寬闊臀部、長而挺的脖子構成整體很不均勻的輪廓。

17世紀剛開始的時候，男裝「套裝」裡的緊身上衣擁有窄而尖的腰線，有長而交疊的方形襟片（tab）與肩翼（shoulder wing），到了1620年左右還要再加上立領（standing collar）。（縱然此時股囊已經過氣，但依照蘇珊‧多蘭〔Susan Doran〕所言，尖形腰線仍然發揮著「〔吸引〕視線看往男性腰腿與私處」的效果。[9]）腰線愈提愈高，高到讓軀幹看來好像被截斷了一樣，而軀幹下方的腰線有時會用裝飾性的緞帶結來加以強調。不過1630年代最常見也最時尚的褲子是較長的直筒褲，長度過膝，褲腳紮進長統靴裡。比起上個世紀的衣著，這身打扮讓人看起來比較高挑，用來搭配的衣物也比較柔軟，穿著起來比較舒服。

17世紀前半的男性與女性時尚彼此間有種互通性，比如兩性的緊身上衣（西班牙文稱為jubón）剪裁都很類似，上面都會在對稱位置裝飾緞帶與繩結，也都有高腰搭配長襟片的設計。此外，女性裙子的柔軟線條也反映在馬褲腰部與褲腳的柔和收束上（瑞典皇家軍械庫博物館保存的當時服飾很好地呈現了這一點）。1630年代延續了寬鬆剪裁的做法，寬鬆到讓英國詩人兼教士羅伯‧赫里克（Robert Herrick）在1648年寫下這句詩：「衣衫那甜美的凌亂／布料裡攪起一場貪歡」[10]；「寬鬆」在這脈絡裡被等同於「貪歡」的行為或

瑞典國王
古斯塔夫二世·阿道夫
穿過的緊身上衣與馬褲
約1620年代

態度，但赫里克與其他人也將這種人性缺陷歸咎於當時時尚的快速變化（這在男裝上的表現就是馬褲長度與寬度千變萬化）。有人認為這是英王查理一世（Charles I）之妻，也是法王亨利四世之女，韓莉葉塔・瑪莉亞（Henrietta Maria）從法國帶來的影響，不但導致流行風尚很快一個換一個，還讓這些風尚每一個都看起來極盡奢華之能事：

> 如此，〔從法國〕來了你那炫亮的緊身上衣……和你那雕花花邊短袖襯衫……你那往膝蓋變窄的長褲子……那閃耀金屬光芒的襪帶向鞋子垂落，你那噴香水的假髮……這種蠢事有成千上百，都是我們多少父祖輩從未見過的。[11]

1649年，查理一世被處決之後，上面這些現象確實有某種程度改變。但說到底，我們不應該以為當時人要不就穿著保皇騎士黨（Cavaliers）的亮閃閃奢華服飾、要不就穿著清教徒式的嚴肅保守衣物，因為真實情況大約是介於兩者之間，男士時尚從這兩派審美中各擷取一些要素，不過整體來說更偏向護國公克倫威爾所喜好的那種平實設計。從1650年代以降，這篇序言前面提到的寬鬆風尚仍在延續，整個歐洲大陸都一樣，且還有更為加強之勢。深暗色系很受歡迎，但一片黑色之中逐漸滲透進了花樣複雜且顏色有時頗為鮮亮的蕾絲領與緞帶結飾，妝點在高腰緊身上衣與長得像裙子的女裙式馬褲（petticoat breeches）上頭。本書第一章開頭會介紹這個女裙式馬褲，它代表歷史上最極端的一種男裝時尚，其設計非常之女性化，寬大鬆垂的程度有如女裝襯裙，因此也常成為嘲諷的對象。女裙式馬褲的短命也跟實用問題有關，1660年代新登場的貼身外袍把馬褲擠下時尚寶座，因為這種上衣剪裁太窄，容不下寬鬆的下半身。從那之後，男性就要（此處引用1701年一份《教子格言》內容）「注意到衣裝總共有四個部分，此即：第一，麻襯衫；第二，鞋與絲襪；第三，帽與假髮；第四，套裝，或說外袍與馬甲背心與馬褲。」[12] 接下來的100年內都是這種情況。

# 仿科內里斯·安東尼作品，法王法蘭索瓦一世像

## 1538到1547年，荷蘭國家博物館，阿姆斯特丹

◆

　　這幅 16 世紀早期印刷圖片完美呈現了亨利八世時期男裝的超級大寬肩與威武姿態。法蘭索瓦一世（Francis I）於 1515 到 1547 年間在位，他以時尚且大膽的穿衣風格聞名，借用傳記作者蕾奧妮·弗烈達（Leonie Frieda）的話來講，這位國王「說到外觀從來都是輝煌耀眼，身穿猩紅天鵝絨製成的豪華服飾，上面有金銀線繡花，身邊環繞一隊人馬全都身披同樣顏色。」[13] 肖像中也可看見類似的用色，搭配當時最流行的各樣飾品，其中最惹人注意的就是從 1530 年代以來變得既顯眼又不可或缺的股囊。

.........................................................................................................................

白襯衫長及大腿，從人物頸部與腕部可以看見露出的領口與袖口，這是所有男性必穿的基本衣物。貴族階級會以麻紗與上等細麻布來製作襯衫，這兩種布料都是亮白色或甚至半透明。[14]

**外衣**以皮草為內襯，翻出來變成領子或翻邊。外衣下襬與框條縫隙也以皮草鑲邊，縫隙每隔一段以金珠或寶石拉合固定。

寬大的外衣長度及膝，前方開襟。男裝造型所追求的寬肩感主要是由膨起的袖子來提供，這是非常明顯的地位象徵，只有上流社會的男性才能這樣穿。不過從事某些職業的人也會穿風格類似但簡化的服裝。[15]

**垂袖**是將布料做成寬而長的管狀，中間開衩讓胳膊伸出，其長度與外衣同長或是如圖中這樣比外衣長一點。

**彼得·科內里茲，〈七種慈悲行為：釋放獄囚〉。**

圖中這位中產階級專業人士穿的衣服類似法蘭索瓦一世，但為較樸素簡單的版本。在他身上可以看到高領襯衫、緊身上衣與往下翻的衣領。

黑色大型罩帽有時稱為便帽，軟的帽冠配上硬挺帽簷，可以像圖中這樣加上羽毛裝飾，或是飾以珠寶的帽章，帽章能顯露出配戴者在宗教上或學術上的傾向。大型罩帽在整個16世紀都很流行，有多種不同造型，還出現在莎士比亞的《哈姆雷特》裡：「把你的罩帽用在該用的地方吧，那就是你的頭上！」[16]

**緊身上衣**是長度及腰的有袖合身衣物，通常會是大方領（約在1540年之後開始流行）。[17] 有錢人把這當成炫耀各種奢華裝飾的完美展示臺，比如珠寶、天鵝絨、金飾邊，以及圖中這種常見的布料表面開縫，有時還會將襯衫布料從縫隙拉出成一小團。至於下層階級的緊身上衣就僅是為了保暖與固定住長褲的實際用途而已。

褶襉裙襬可以接在緊身上衣上面（前方中央開衩是附裙襬緊身上衣的常見造型），也可以接在稱為「緊身短夾克衫」的衣物上，它在當時也被稱為「外套」或「夾克」（coat和jacket這兩個名詞都在亨利八世的家計簿裡出現過）。這種裙襬圍繞周身，連接的上衣通常沒有袖子且從頸部開襟開到腰部，開襟形狀為深U或深V字形。[18]

這段時期流行鞋頭特別寬而方的平底鞋，比起前一個世紀的足下風尚（包括鞋頭極長的尖頭鞋）要實用很多。如果有人想展示自己富貴閒人的身分，他可以用開縫（如圖）、打印和刺繡等方式來裝飾鞋子。[20]

短而膨的寬鬆短罩褲以繫帶連在緊身上衣腰部，到了1570年代鉤子與鉤眼已經取代繫帶功能。[19] 褲子外層是一條條對比色的布料，這種裝飾手法稱為「**框條**」。

# 約翰尼斯·威利斯，手拿康乃馨的無名男士

1578年，荷蘭國家博物館，阿姆斯特丹

◆

　　這幅描繪16世紀晚期時尚男裝的版畫是出自技藝高超的版畫家約翰尼斯·威利斯（Johannes Wierix）之手，將衣物的形狀與表面裝飾都細膩呈現，無怪乎威利斯被時尚史的研究者視為無價的史料來源。說到顏色，我們可以推測這些衣物很可能是由紅、藍、黃、綠或黑色布料製成，這些是當時最難製作的染料顏色，因此也是當時最貴、最時髦的顏色。[21] 畫中男士臉上帶著淡淡的嘲諷神情，或許是顯示他的志得意滿；他左手拿的康乃馨可能代表婚姻，也可能代表夫妻生活美滿。此外，康乃馨的涵義與緊身上衣那誇張的豌豆腹造型也有關聯。

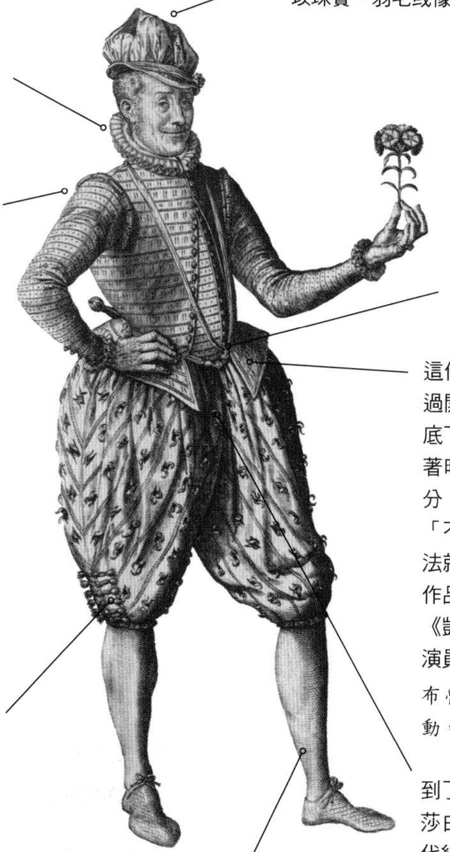

....................................................................................................................................................

16世紀後半的男裝皺褶領通常是後高前低，在圖中可以看得很清楚。皺褶領一開始只是襯衫領口一道不起眼的皺褶，但到這時它已經增大不少，結構也比原本複雜許多。圖中這種是可拆式的皺褶領，在前方中央收合固定，收合方式可能是繫帶、鈕扣、鉤子或別針。

緊身短夾克衫通常不會直接縫上袖子，而是用繫帶固定住袖子，再以肩章或肩翼遮掩繫帶。圖中這件皮製擊劍上衣就是類似例子，約1580年。

寬而圓的威尼斯式罩褲約在這時開始受歡迎。這種褲子腰部打褶，圓膨效果主要是做在後面與兩側，有時裡面會墊「邦巴斯特」來把褲子撐大。褲身呈錐形往下變窄，在膝蓋處「用絲質移圈鉤子（point）或類似的東西仔細繫好」，[22] 最後在剛好過膝的褲腳處收束成一條豎直窄邊並以襟片裝飾，以一排鈕扣收合固定，旁邊飾以流蘇。

帽冠下方收摺的軟帽在法國特別常見，收摺的那一圈常以珠寶、羽毛或像此處的一小束花來裝飾。

「豌豆腹」是緊身上衣前方中央一個剪裁成形並加墊的突出部分，圖中這個例子非常顯眼。當時很多人嘲笑這種造型，說這是「〔一件〕肚子碩大無朋的緊身上衣」。豌豆腹的設計靈感出自豌豆莢，[23] 人們認為豌豆莢形狀像男性性器官，因此它可以象徵生育力與性能力。也有一種說法說豌豆腹暗示著訂親與結婚。

這件有袖子的緊身短夾克衫可能是用做過開縫處理的皮革製成，剪裁方式對應底下的緊身上衣（但通常不加墊），穿著時前面打開，露出豌豆腹最寬的部分。到了16世紀末，連緊身上衣都流行「不繫帶」的開襟穿法，[24] 用當時的說法就是「袒胸」，這個單字在莎士比亞作品裡出現好幾次，連背景在古羅馬的《凱撒大帝》都有（不過這齣戲演出時演員也會穿著當時一般流行的衣物）：

布魯圖斯是病了嗎？這樣袒著胸膛走動，呼吸清晨的潮濕空氣，健康嗎？[25]

到了1570年代，股囊已經差不多從伊莉莎白一世的宮廷裡消失；等到1570年代結束，股囊已然過氣。新風格馬褲的寬大皺褶原本只是會將股囊蓋住而看不見，後來這種馬褲愈來愈流行（也愈來愈寬膨），於是股囊漸漸就被淘汰了。這種褲子前方中央有門襟（fly），用繫帶或鈕扣固定。[26]

絲襪可以用彈性布料製作或用斜裁的方式使其貼身，是有錢人不可或缺的衣飾。

# 瑞典國王古斯塔夫二世的結婚禮服

## 1620年，皇家軍械庫博物館，斯德哥爾摩

◆

　　古斯塔夫二世在 1611 到 1632 年間統治瑞典，[27] 是史上最知名的瑞典國王之一，他不僅在領兵打仗與戰術戰略方面有耀眼表現，在國內也推行破天荒的內政改革。1620 年，他與布蘭登堡的瑪麗亞·伊蓮諾拉（Maria Eleonora）在斯德哥爾摩的皇家城堡結婚。這套結婚禮服由緊身短夾克衫、緊身上衣與馬褲組成，清楚展現當時（距離三件式西服問世還有將近 50 年）流行的男裝輪廓；整套三件衣物延續 16 世紀緊身上衣與短罩褲的一般造型，但已經呈現 17 世紀初線條變得溫和的趨勢。

................................................................................

緊身夾克衫從15世紀中葉到這套禮服的時代一直都是很受歡迎的外衣，[28] 其剪裁形狀通常與底下的緊身上衣相同，但會加上一些額外的部分，比如圖中所示的垂袖。

所有的縫線與布邊都以金色精梳花毛邊（galloon，一種梭織飾邊）來加工，與布面裝飾相搭配。

前後腰線都裁成深V形，邊緣飾以12片交疊的襟片。

緊身夾克衫與馬褲上都以金線和金繩排出包含康乃馨、玫瑰與其他花卉式樣的對稱圖案，圖案之間的空間則飾以單片金亮片。[29]

此時馬褲已經取代更短更膨的寬鬆短罩褲，但此處這條褲子造型依然十分膨大。褲子仍舊必須連在緊身上衣上頭，用的通常是鉤子鉤眼或繫帶，就像下面的禮服董紫色（violet）緊身上衣細部圖所示。[30]

緊身短夾克衫的小立領造型一直流行到大約1620年左右，在那之後一般都是小而平的翻領或完全沒有領子。[31]

如果緊身短夾克衫連有垂袖（此非必備），袖子通常是在腋下位置（也就是肩翼遮蓋的地方）與本體用東西相連而可拆卸。

上衣前方與一側胸口都有鉤子與鉤眼的設計。

夾克衫的半袖下露出董紫色緊身上衣袖子。

古斯塔夫二世·阿道夫結婚禮服的另一張圖片。

垂袖原是從西班牙來的設計，男女裝都有，從肩膀處垂下，前方垂直或水平開口以讓手臂伸出。從這張照片可以看見垂袖的V形開口。

緊身上衣細節，約1620年。

# 溫瑟斯勞斯・侯拉爾，鞠躬男子立像

1627到1636年，荷蘭國家博物館，阿姆斯特丹

◆

　　溫瑟斯勞斯・侯拉爾（Wenceslaus Hollar）是時尚史研究者無人不曉的重要史料來源，只是他留下的女裝圖片數量遠遠超過男裝。本頁這張圖相對而言是個很稀有的例子，但依舊保有他在細節與精確度上一絲不苟的水準。這幅版畫是一個 17 世紀上半葉時髦男子的全身側面像，呈現他的緊身上衣、馬褲與帽子，整體線條比前面的伊莉莎白晚期流行風尚要更柔和寬鬆。

．．．．．．．．．．．．．．．．．．．．．．．．．．．．．．．．．．．．．．．．．．．．．．．．．．．．．．．．．．．．．．．．．．．．．．．．．．．．．．．．．．

皺褶領在17世紀前半的荷蘭與西班牙依舊流行，但也逐漸要被班德領（band，一片可立起可垂下的領子）全面取代。圖中這位男士戴的是垂班德領，這種大片後翻的領子通常以麻織品製成，邊緣飾以梭心蕾絲。如圖所示，領片通常會跟穿戴者的肩膀一樣寬。

這裡要用放大鏡才勉強看得見好幾根緞帶，帶子末端以金屬護套包覆。這叫做「緞帶頭花」（ribbon points），沿著腰線排列作為裝飾。

從1630年代初期開始，男裝與女裝的腰線都顯著上移，尤其背後的腰線更明顯。1620年代晚期到1630年代早期，男裝腰線前方仍然會在中央做出一個細尖形狀，但這個尖角在1930年代期間會逐漸變得平坦。

腰間像裙子一樣的長襟片通常是互相交疊環繞髖部一圈。

1630到1640年代的男裝受軍服影響很大，圖中這雙帶馬刺的馬靴就是個明顯例子。馬刺以造型特殊的「蝴蝶式」馬刺帶固定在靴子上，靴子最上方是斗狀設計。[32]

繫劍的飾帶斜掛在肩膀上，這是另一處受到軍裝影響的地方。

當時的帽子非常流行寬大軟帽簷，上面通常以帽帶和一根長羽毛做裝飾。

此處袖管垂墜情況顯示袖子上方有刻意開縫以便露出底下的襯衫，效果類似畫家安東尼・凡戴克（Anthony van Dyke）在下面這幅1630年代早期畫作裡所描繪的。

長馬褲的線條相對而言比較流線型，這個時期很少在褲子裡加墊。兩條褲管的外側都用一排與緊身上衣相同的扣子做成飾邊，褲腳邊緣則裝飾一排緞帶結。

安東尼・凡戴克，〈羅伯特・李奇，第二代沃威克侯爵〉，約1632到1635年。

# 導言

## 為什麼要穿西服？

　　對我來說，聽別人談論衣著、談論他們生活經驗裡所謂的「正常」，每一次都是很有趣的體驗。2017年夏天，某次我無意間遇到三名年齡從青年到中年不等的男士坐在河畔俯瞰街景，聽見他們這樣討論專業場合的衣著問題。「現在都不必穿西裝了。」其中一個人說。「嗯，但至少會穿西裝外套，」另一人說，「然後穿卡其褲或者牛仔褲。」「確實不一定非得穿西裝，但你還是會穿啊。」第三個人說。21世紀的人對於所謂「得體」，似乎還是從社會而非個人的角度來考量，而上面這段談話呈現了三種非常不同的詮釋。

　　在我們現在這個世界裡，當代最盛行的思潮是時尚自主，是「怎樣都行」，是把服裝裁縫的各種規範界線都給破除掉。但上面這段對話重申了一件事：西服對男性而言是個安全且熟悉的選項，穿了總之不會會出錯。這兩種想法天差地別，而21世紀第二個10年的男裝風景也是一樣，充滿活力但又讓人搞不清楚方向；在這種氣氛之下，男性的自信心與焦慮感似乎是齊頭並進。很多人每天依然穿西服，但愈來愈多情況下他們不一定「非得」穿西服，於是男性與這種關鍵性服裝的關係就又變得更加複雜且更加受損。本書會重述並重新檢驗這些課題數百年來的發展，將這一段與社會史密不可分的服裝史標誌出個大概模樣。

　　「時尚」是個錯綜複雜的詞，很容易受到誤解或被輕視。這個詞說的是我們用來遮蓋身體的衣物，但更重要的是指我們如何消化吸收這身衣著使其成為身分認同的一部分。過去400年來，西方國家的男性一直使用三件式或兩件式西服（西裝外套與西裝褲，有時再加上馬甲背心）來表達他們的身分認同，讓這種衣服成為「男子氣概」的普世象徵符號。既然它本質上是西方人的發明，本書主要採用北美、加拿大、歐洲、英國與澳大利亞的西服作為例子，但同時也會注意到西服在發展過程中已經吸納世界各地許多不同文化的要素。在各種差異很大的國家裡人們都穿西服，且設計師還會在西服中加入隱微或高調的文化指涉，本書最後一章會探討這個問題（特別是指涉日本的部分）。

西服當然不是只包含西裝外套、馬甲背心與西裝褲而已，畢竟時尚是由多重要素所製造出來的。襯衫、衣領、袖口、領帶、領巾、帽子、圍巾、大衣和帽子，這些東西全部搭在一起才能創造出安妮‧荷蘭德所說的「某種最基礎的審美優越性，一種視覺型態上更進步的嚴肅性，過去女性時尚的那些發明者都不曾呈現這種概念。」[1]但說到底，主要能夠修飾穿著者體型的還是西服本身，且它也是影響穿著者身體姿態的最關鍵要素，設計者設計飾品的首要原則都是要以飾品襯托或補強西服造成的視覺效果；因此，本書中最著重分析的還是西裝外套、西裝褲與馬甲背心在這數百年間的變化，至於襯衫、大衣、帽子、領帶和其他的配件會在每一章導言中加以介紹，也會在適當的時候進行個別分析，呈現整套西服是如何造成這樣的視覺效果與氣氛。除此之外，配件可以在讀者「偵測」書中西服變化的過程裡起到輔助作用，成為額外的一種輔助工具，和西服的本身一起提供更廣闊的文化與社會關聯。

從現代三件式西服那不同凡響的起點，一直到它在21世紀發展達到最高峰（可以這麼說），男裝歷史這整段故事出人意表與妙趣橫生的程度絕不下於女裝。在一個200多年來大同小異的「基礎」上頭，那些表面性的改變（有的很明顯，有的不起眼）卻能讓整趟旅程變得引人入勝。過去400年來，社會、政治與美學的影響力讓西服的樣式與功能都產生改變，雖緩慢但確實。如今洋裝已經不再是女裝界主角，但西服卻仍是男性日常衣著最重要（對某些人來說是必備）的部分。

話說回來，在時尚史這門領域中女裝的勢力一直壓過男裝。就算是那些設計比較質樸的洋裝，只要把好幾件拿出來擺成一排都能造成某種奇觀，原因之一就是21世紀女性自身的態度與期望，以及旁人對女性的態度與期望，都與過去有天淵之別，以至於一件連著束腰馬甲（corset）的女用緊身上衣（bodice）搭配累贅的大長裙就能讓參觀博物館的人驚嘆不已。這不只因為人們想到每天穿這種衣物的困難艱辛，還因為許多博物館訪客和古裝劇觀眾其實很樂意幻想自己穿上這身耀眼奢華的禮服，享受至極的女性魅力而沉醉其中。

至於西裝褲、襯衫、馬甲背心與西裝外套，這個千篇一律的熟悉組合就讓現代人好接受多了，就算是漿挺的高襯衫領與襯衫式胸片（detachable shirt front/dickey）這種在今天看來過時且毫無必要的東西也一樣。兩者差別的關鍵可能就在「熟悉」這兩個字，男性西服的基本剪裁方式從19世紀至今始終大同小異（不過這段時期社會的大變動也確實讓男裝種類變得更多樣化），大概也因此它無法像束腰馬甲和硬質襯裙（crinolin）那樣散發出浮華與脫離現實的氣氛。話雖如此，但我們還是會在本書頭兩章介紹17與18世紀華麗炫目的貴族裝

束，讓讀者知道皺邊、絲綢、素緞與蕾絲這些東西在西服發展早期可沒完全被歸類到女裝領域；相反地，當時「男子漢」最重要的性別與身分表彰莫過於一身一望即知奢華無比的衣服。

本書會從17世紀中葉三件式西服現身的時候開始說起，在那之後西服被接受成為男裝基本形式，只不過21世紀的男性在衣著上可說比前人擁有更多選擇。近年來，人們對於高級男裝展覽會，以及「嬉普士」（hipster）時尚與生活風格主張所造成的影響興趣大增，在此情況下本書能幫助讀者更有技巧地辨識西服輪廓在大、小處的變化，也能讓讀者在過程中得到更多樂趣。書中每一章都會舉出例子來展現特別重要或特別有趣的時尚變遷，並對這些例子個別加以分析，至於章前導言則會簡短介紹歷史脈絡與歷史背景。

世界各地的博物館與歷史學會珍藏著數量龐大的西服，但它們卻不像洋裝或其他女用衣物那樣容易被我們看見，很多西服藏品被拿出來展覽的時間都偏少（尤其是19世紀整體變化較少的那種深色西裝），所以好的照片也就更難取得。博物館能用專業技術打造美輪美奐的展覽現場，但我們時常發現西服還是要穿在真人身上最好看，因為穿著者的姿勢與態度能為這身嚴肅服飾增添太多風情；為此我在書中會選用一些肖像畫、照片與廣告，因為這些材料特別能展示出某些西服風格的特點。

這在我們討論那些較不常見的西服時很有用，甚至包括那些不符合我們對西服一般印象、但卻在西服發展過程中不可或缺的服裝。此外，我們也應該看看那些買不起絲綢、素緞的人穿的是什麼衣服。西服這東西最有意思的一點，就是它能超越階級藩籬，17世紀末的時候幾乎每個人都至少擁有一件西服，這件西服可能破爛、可能老土到不行，但他們都會經常穿著它，而這個情況在本書的例子裡也會呈現出來。女裝有裙箍巨大的裙子和勒緊人的束腰馬甲，但男士們只要簡簡單單穿著一件馬褲或西裝褲搭配外套，這種打扮既適用於體力勞動也適用於坐辦公室。19世紀之前這類圖例不那麼常見，但幸好有尼可拉斯·波納（Nicolas Bonnart）、溫瑟斯勞斯·侯拉爾和雅各布斯·約翰尼斯·勞威爾斯（Jacobus Johannes Lauwers）等人留下一些老資料。等到1839年攝影技術出現之後，勞工與中產階級男士衣著的圖像史料自然也就變得常見，而本書也會盡可能地分析這些史料。本書要說的不僅是衣服，還包括衣服所激發出的人的心態與審美觀。

## 千禧觀點

2016年6月，BBC廣播第四台的消費節目《你與親朋好友》做了一個討論男裝演變的特輯，重點特別放在千禧世代的習慣與影響。一名來自曼徹斯特的20歲年輕男士同意受訪，「我現在穿的是白襯衫、細筒牛仔褲、合身的輕便西裝外套（blazer），然後戴個領結。」他這樣說。他有點心虛地承認自己為了買衣服花太多錢，但又辯解說這樣做也沒錯，因為現在「大家都比較能接受愛打扮這件事」。然後他又接著說這已經不是女性專屬的特質，而更是21世紀「型男」必備的標誌，且在他看來有愈來愈多年輕男性符合這項描述（還引以為榮）。

市場分析師敏特爾（Mintel）可以從統計學角度證明這個趨勢，他給該節目的報告書中說男裝銷售的生意大發利市，它在2016年的成長速率是女裝銷售的兩倍。然而據某位發言人所說，這種成長率大多要歸功於年輕人與他們追逐時尚的熱情。「男性現在更在意自己的外表，」她解釋道，「25到44歲的比較會注意……最新的服裝風格，且有意願購買更多有趣而獨特的服飾。」[2]「年輕」與「獨特」，兩者之間的關聯或許正是近年來人們對男裝歷史（特別是西服）產生興趣的核心因素。「嬉普士」這個詞出現在20世紀中葉，它原本是個貶義詞（指那些咆勃爵士樂〔bebop〕的狂熱愛好者），如今卻只會讓人想到復古事物；精確而言，所謂「嬉普士」現在是指一個人有意識地取用「老式」的東西而拒絕接受主流文化——特別是主流時尚文化。

永續性與「慢時尚」（slow fashion）當然都是其中的一部分，人們希望自己活得更符合道德標準、成為一個更負責任的消費者。然而，嬉普士尋求「忠於自我」這件事或許反而將他們放到主流的正中心。復古衣物、鬍子、粗框眼鏡這些東西原本能讓嬉普士與眾不同，但現在愈來愈多人也這樣打扮，許多年輕人會從這種「風格」裡面挑出不同的東西，並以自己的方式加以搭配。「懷舊」的吸引力在一個充滿不確定與不穩定的世界裡最為強大，而嬉普士的動機或許也不只是想展現本我、想用過時的裝扮來顯示自己很酷而已。海琪・詹斯（Heike Jenss）主張這種期望是與「記憶」這個複雜的概念以錯綜複雜的方式緊密交纏；將舊衣服「視為復古、視為直接能被認出的『舊』」而產生興趣，這是因為人想要以「有距離」的方式來回憶，而她認為我們在這種「距離」之下才能「賦予舊衣物新的名字」，也才能「演化通過一個暫時性的……臨界點：從『過氣』變成『過去』，從『退流行』變成富有『老派時尚』氣質。[3]」所謂「古著」本質上就是加了點神祕感的二手衣物，又由於嬉普士的熱愛

使它似乎包含了一種觀念，認定一個人身上如果能散發出某種「過往」（尤其是20世紀中葉）的氣息，那就很值得羨慕，甚至嫉妒。然而，當我們把世界大戰期間的悲苦與創傷看成某種迷人魅力，這就會造成很多問題，本質上這變成了作家與批評家歐文・哈瑟利（Owen Hatherley）所謂的「艱苦懷舊」，其原則在時尚領域展現得最為明顯。[4] 對（廣義的）男性來說，粗呢料、馬甲背心、開襟衫、風衣、休閒西裝外套和直筒褲可能讓人想起1930年代到1970年代這麼長一段時間，而當讀者看到本書中採用的20世紀西服樣本，必然也會聯想到某些搭上這股復古熱潮的當代設計師作品。

　　同時，我們對「復古」的定義也很高程度受到電視電影的影響，尤其是那些長青不衰的古裝劇。近年來，像是《浴血黑幫》這類熱門影集讓大眾更容易接近舊時代男裝風格，也讓這種風格更受大眾喜愛。古斯塔夫・譚波（Gustav

19世紀中期的花俏頸飾
美國

Temple）是《夥計》這本詼諧挖苦的「給現代紳士的雜誌」主編，他認為「男性對於任何能帥氣穿上一身西裝與禮服的理由都來者不拒」，但其實很多人覺得自己必須在「場合許可」的情況下才能放心享受這件事。《浴血黑幫》裡有講究的上層階級訂製服飾，也有世紀之交勞工階級服裝的粗獷元素（報童帽、釘靴、喇叭褲），兩者相混，讓人們就算「擔心自己穿得太端莊、太高檔或太正經……都能有理由用一種比較前衛的方式來穿搭當年流行的服裝。」[5]

　　男性（如譚波指出的特別是年輕男性）需要借用虛構人物的衣櫥才能在穿西服時比較自在，這件事可能就是「艱苦懷舊」與我們對「復古」的寬鬆定義這兩者之核心所在。三件式西服歷史當然遠遠早於《浴血黑幫》的20世紀初期，本書主要討論的是三件式西服，但也會涉及那些流行男裝是由兩件而非三

西服的替代品？
20世紀早期穿著針織
毛衣的美國男士

件衣物所組成的時代。西服這種風格誕生時，其中革命性的新元素其實是馬甲背心，這件東西即將改變男裝時尚的走向，並徹底建立起一套明確獨屬於男性的專用服飾。這整套「基礎」存在了300多年且始終盛行，這證明它的力量經久不衰；而它內部所出現的變化又證明它具備多功能與超越性。

西服也引發人們對「男子氣概」產生一些心結，這些心結至今猶存，比如人們會搞不清楚男性怎樣在衣著上花心思可以算是「正確」，或甚至男人到底該不該表現出重視衣著的樣子。某些人覺得西服是讓他們不用花工夫考慮衣著的便利選項，其他人則將西服視為展現活力甚至顛覆性的最佳材料。本書例子會呈現以上這各種看待西服的態度，且每一章的基本歷史導讀能提醒讀者當時政治、社會與審美價值觀出現了什麼關鍵性變化，從而導致整體改變。

本書最關注的課題是怎樣讓讀者學會「讀懂」一套西服。西服在歷史上的風格演變比起洋裝通常較緩慢且較不明顯，因此要辨認出某套西服的年代也就困難不少。當一個學生看見兩套19世紀早期的黑色燕尾服，他要從何著手判斷哪一套是1815年，哪一套是1830年？答案是這名學生必須擁有一雙明察秋毫的眼睛，這是任何一個有心鑽研時尚史的學生或專業人士的必備技能。現代服裝設計師通常也有能力精確指出風格上的關鍵差異，並以呼應當代氣氛與態度的方式將歷史元素融入他們的作品。此外，對於每一個在博物館展覽廳中遊覽的歷史時尚愛好者，以及每一個看著古裝劇思考劇中服飾是否合乎歷史的人，我認為這項技能還是不可或缺。如果我們要正確而完整地知道歷史中男性、女性怎樣理解彼此，我們就應該同等重視這兩者的服飾。格雷森‧佩里（Grayson Perry）在討論現代男性陽剛特質的論文《人類的由來》裡提出幾個社會上對「西服」與「穿著西服」的理解，第一個是西服可被視為一種保護色，特別是灰色辦公西裝（business suit），因為這種衣服的功能「不只是讓人看起來幹練，還能讓人隱形……辦公西裝是那些專門負責查看、負責評估的人的制服，光憑藉它無所不在這一點就能用來擋掉別人意見。」[6] 現代辦公西裝可說是種盔甲，男性穿著它就不必暴露真實的自己。此外，佩里還說男人穿時髦西裝的目的不是要吸引女人，而是要「給男性敵手一個下馬威」，讓對手切切實實「知道他的成就有多高」。[7]

如果這兩個論點都成立，那麼關於西服的這篇敘事就更吸引人了。如果西服無趣而千篇一律，那為什麼它能存在這麼久，且人們還不斷對它進行創新？如果男人穿西裝就只是為了給其他男性一個強烈印象，這不證明了這套「制服」具有極大的力量與潛能嗎？我們想當然耳認定西服是現代男性的標誌，但前面這些問題仍會被提出來討論，這就表示此事有更進一步探索的價值。

# 第一章

# 1666–1700

1666年10月18日——多虧了山謬・佩皮斯（Samuel Pepys）寫的日記，我們才得以確認摩登三件式西服的誕生日期。「國王從這天開始穿背心（vest），」佩皮斯這樣寫道，「一件合身的長上衣（cassock）加外套，褲子以黑絲帶裝飾一圈，如同鴿腿。這身裝束甚好，甚是俊美。」[1] 一般而言，如果要找出某項時尚創新是出現在歷史上哪一天，這工作簡直難如登天，所以說西服的故事光是這個開頭就不同凡響。藉此，我們可以非常合理地把這本書的起始年代定在1666年，但我們也得記得西服不是一天之內發展出來的，它就像大多數的新風尚一樣需要時間來發展成形，也需要時間才能讓馬褲徹底取代罩褲、讓背心加外套的搭配徹底取代緊身上衣與披風。

　　父親慘死之後，查理二世在法國度過數年放逐生涯，而他1660年回英格蘭登基的過程則是充滿變數；他當國王的最初幾年看起來是戒慎恐懼、如履薄冰，而朝中大臣也紛紛建議他如何維持朝廷的端正與權威。在查理的公共形象營造工程中，服裝打扮這件事佔了核心地位，他的大臣約翰・艾弗林（John Evelyn）認為當時時尚潮流不斷變動的狀況很容易擾亂原本安定的社會與政治，而一套合用的時尚主張就能夠終止這情況。[2] 三件式西服呈現的是一種儉約而明智的貴族形象：實用、便於日常活動，但仍然極具品味與優雅氣質。簡言之，國王希望能用這一身服裝來描繪出當時人們心中理想的男性模樣，以此獲得人民的忠誠與信任。

　　說到這場不同凡響的時尚變革，1666年9月的倫敦大火也必須被列為原因之一。法國人是當時倫敦市人數最龐大的移民群體之一，而許多人認為法國人就是引發這場毀滅性大火災的元凶。[3] 此時民眾不但要求與法國中斷貿易，且還不允許任何人在衣著上採用長久以來獨霸市場的法式時尚風格，就連坎特伯里大主教威廉・桑克羅夫特（William Sancroft）都說這場大火是上帝降下警訊要討伐「法國的驕傲與虛榮」，並說查理當機立斷宣布他要帶來「一套永不改變的衣著時尚」是對當下情況做出非常有力的回應。[4] 話說回來，查理國王有一半法國血統，從小在崇尚法式禮節和風尚的環境裡長大，且他在英國內戰與護國公執政期間全靠逃到法國才得保命，並安度放逐歲月，所以這整件事對他來說想必也是五味雜陳。

　　這場變革只造成短暫效果，而且它本來的模樣只維持到1670年代早期為止，後來畢竟還是改變了。原本的整套衣裝包括背心、馬褲和寬外衣，搭配被稱為「垂班德領」（falling band）的蕾絲領片、飾帶，以及必備的佩劍。當時的背心（也就是馬甲背心的前身，原本被稱為「外袍」〔petticoat〕）是袖子寬短的無領衣物，下襬柔軟垂到膝蓋或剛好過膝的地方，前襟用飾帶或束腰束

《位高權重的君王查
理二世之肖像畫集》

合。背心可以用很多種布料來製作，穿著者也可以選擇要不要做飾邊與布面裝飾。許多人說背心這種衣物最初設計靈感的來源是東方主義，但克里斯多夫·布魯沃德（Christopher Breward）指出說東方主義只是許多影響因素其中之一。[5] 約翰·艾弗林聲稱他曾在義大利看到一名匈牙利男子身穿類似衣物，諷刺作家與詩人安德魯·馬維爾（Andrew Marvell）認為背心源自土耳其，另一名作家藍德·霍爾姆（Randle Holme）則說這是向俄羅斯人取經，約翰·艾弗林又講過一句很有名的話，說這是「波斯」衣服。光看這麼多種不同說法，就知道大概沒有哪一種說法真正正確。諷刺的是，連法國都被列為背心可能的起源地之一，某些人聲稱查理在流亡期間穿過非常類似的外套與背心，且後來路易十四在1670年代也開始使用一種類似的穿衣風格。[6] 佩皮斯咬牙切齒地說法國國王「叫……他的男僕全部穿上背心，且……法國貴族也會開始做同樣的事；倘若此事當真，這可是一名君王所能給予另一名君王的最大侮辱。」[7]

依據佩皮斯所言，查理愛穿「素面天鵝絨」做的背心，這與他原本要推廣儉約合理衣著的決心是一致的。背心上面會再加一件寬外衣或說「罩衫」（surcoat），這種形似披風的外套前面不扣合，只在喉嚨處綁結固定。與此搭配的馬褲被稱為「西班牙罩褲」（Spanish hose），腰際裝飾好幾層緞帶圈圈，樣子就跟當時既有的襯裙褲一樣。西班牙風格的褲子是高腰剪裁，褲管較長，褲腳用玫瑰花結（rosette）或蝴蝶結收束在膝蓋下方，且褲腳處常以鈕扣或總帶（braid）飾邊。這種褲子不是新發明，它大約在1630到1645年間流行過一陣子，然後又因查理二世的新風格而讓這種歷史時尚獲得重生，在朝廷中得以享受一段短暫風光。查理二世這整套造型明顯受到軍服影響，其中一個很重要的原因是他急於創造出一種統一的風格；依據布魯沃德的解釋，這種衣著的一致性已經成為法國軍隊中「傳達宮廷與國家控制力量的有力媒介」，並為歐洲各地所效法。[8] 佩皮斯聲稱國王這身新衣服是要「教貴族學會儉約」，這也與前述對「控制」的這種認知相配合，而西服後來確實是讓不同社會階級之間的著裝差異愈來愈少。

在西服首度於歷史上現身之前，襯衫早已存在很久。1640年左右的男裝緊身上衣變得較短，於是上衣與馬褲之間就會露出一截襯衫（見右頁圖）。除此之外，有時人們會把緊身上衣開襟穿著，以便展露襯衫前襟的華麗設計；但17世紀中期開始流行從脖子直接垂到腹部中央的長型領飾巾（cravat），這種領飾巾會把露出來的襯衫整個擋住，因此前面說的穿法也就不再流行。不過，整體而言，17世紀的人可以、甚至是被鼓勵把襯衫露出來讓人看，這麼做既有性暗示的意味，同時也是一種必要的裝飾。[9] 本章通篇都會討論到人們愈來愈強

襯裙褲有時會誇張到
形似裙子
賽巴斯蒂安‧勒克萊爾
1685年

調露出來的袖口，且這個課題會接續到下一章，因為袖口設計已經是18世紀男裝不可或缺的一環。

先有查理國王以宮廷為基礎嘗試進行服裝改革，然後本章第一個例子要討論的就是接下來其他地方最早出現的所謂「西服」（法文的「**禮服大衣**」〔justacorp〕）。說到查理那件西班牙馬褲上面「如同鴿腿」的幾排「黑絲帶」，這可是時尚史上最奢靡、最誇張的一種流行趨勢「襯裙式馬褲」裡面的關鍵要素；這種褲子又名「萊因公爵馬褲」（Rhinegraves），雖然流行時間很短，但它呈現了從緊身上衣搭配罩褲轉變到我們今天所認識的三件式西服中間的過渡時期。此外，襯裙式馬褲也象徵內戰前英國宮廷的華貴風景在短暫中斷之後又重現；查理二世過世後不久，曾支持查理服裝改革與儉約運動的約翰·艾弗林在1685年2月發出喟嘆，說他入朝時看見「難以言喻的驕奢褻瀆之風、賭博與各種腐敗行為，人們好像完全忘記了上帝。」[10]

等到1680年代末期，西服的地位已經愈形穩固，艾弗林所反對的某些花俏設計（最明顯的大概就是那一排又一排體積龐大的飾邊絲帶圈）也已經消失。此時仍是17世紀，但18世紀典型的下襬開衩（vent）、長袖、前扣、有外口袋的外套設計已經開始成形，而這時流行的馬褲也比先前合身得多，褲腳收束於膝蓋上方或下方。17世紀晚期的馬甲背心通常有袖子，這是與現代馬甲背心最大的不同，但這種設計到了18世紀中期就會被徹底捨棄。1690年代強化了布魯沃德所說西服的「嚴肅持重形態與嚴格規定的範式」，這體現在「外套與馬甲背心非常強調垂直線條……以及軀幹部分的平坦延展」。[11]到了1700年，男性一般的日常衣物已經是由外套、馬甲背心與馬褲組成，至此我們看到西服從1666年誕生以來走過一條多麼不平凡的路，也看見「緊身上衣與又寬又膨、邊上縫一大堆緞帶的馬褲」流行不到50年就被1701年那份《教子格言》作者評為「可笑至極」。[12]這麼說來，1700年應該同樣也有很多人認定西服流行一陣子以後就會過氣。

歷史學家瑪莉琪·德·溫克（Marieke de Winkel）曾指出說歐洲各地17世紀留下來的洋裝史料「分布非常不平均」，有的國家還保存著數量眾多的舊洋裝樣本，但幾乎完全沒有留下文字史料；其他某些地方——例如當時的低地國——則是擁有大量視覺藝術史料，畫作中精準描繪所有細節，其內容可說是範圍廣泛的社會紀實。據德·溫克說，雖然有這樣的差異，但當我們把所有資料放在一起看的時候，很明顯地能發現「人們對待衣物的感情非常類似」。[13]這也難怪，畢竟17世紀可是「三件式西服」這套歷史上最一致且最普及的服裝登場的時代。本章會好好介紹幾件英國現存的17世紀舊衣（英國在這方面擁有世

界上數一數二的藏品），並呈現幾張最早的法國時裝插畫（fashion prints），這是早期時尚圖畫的鼻祖，品質極佳，且內容非常可靠。

　　艾琳‧里貝羅（Aileen Ribeiro）指出一個真實現象，那就是藝術作品中對服裝的描繪常受到「托喻，以及幻想化或浪漫化的衝動」的影響，這在17世紀特別明顯。[14] 但正如導言裡已經說過的，我們在研究過程中經常必須參考藝術作品（有時這甚至是最理想的做法），尤其在我們研究的時代留下來的完整衣物不多的情況下更是如此；況且，如果我們想要對下層百姓的衣著有所了解，藝術品就更是關鍵性的史料。本章我們會利用法國藝術家尚‧迪烏‧德‧聖讓（Jean Deau de Saint-Jean）的作品來直接對比兩名上層與下層階級男士的服裝，這樣不但能強調出那些明顯的差異，還能發現一些出人意料的類似處。聖讓對於1670到1680年代時裝插畫（法文modes）的興起有極大貢獻，且他也受到富有影響力的報刊與文學雜誌《風雅信使》（Mercure Galant）支持；《風雅信使》內容涵蓋對當時各種課題的討論，其中自然也包括時尚。[15]「時尚插畫」內容不可免地畫的都是理想化的內容，但聖讓對於畫衣服特別拿手，他的原畫都用完全素色的背景，這樣就不會有任何東西轉移觀者對人物的注意力，且他能善用那些有趣而不平常的細節，讓現代人在看畫的同時可以藉此扮演一下時尚偵探。[16] 本章常用的是另一位版畫家尼可拉斯‧波納的作品，雖然他（與他弟弟亨利〔Henri〕）的作品通常敘事成分居多，但畫中細節詳實，可以幫助我們對那個時代整體的樣貌與古怪之處有更多認識。

# 尼可拉斯・波納，法國宮廷時裝圖集，〈金融家〉

## 1678到1693年，美國加州洛杉磯郡立美術館

◆

　　16世紀末既是輪式裙撐（wheel farthingale）在女裝界獨霸的時代，也是男裝的襯裙式馬褲（又稱為萊茵公爵馬褲）剪裁最為寬大的時期；這兩樣都屬於歷史上最曇花一現的時尚風潮，原因不難懂，只要想想這類衣物多麼不實用、多麼浪費布料就知道了。當三件式西服真正成為男性時尚的標竿，新式合身剪裁的外套下面根本穿不下這麼膨大的馬褲，於是這類衣物也就被棄置不用。查理二世某些畫像裡畫他身穿早期西服搭配襯裙式馬褲，但當時很多人都嘲笑這種流行，認為這身打扮太過娘娘腔；其他某些人甚至將襯裙式馬褲視為一種沒有性別區分、男女都可穿的衣物。舉例來說，J・艾弗林就在《法國時尚霸權》一書中說襯裙式馬褲的模樣是「有種雌雄同體之感，不男不女」。[17]

..................................................................................................

這人全身裝束主要是黑色，表示他是一名專業人員，而我們從版畫標題知道他在金融業界工作。不過，整套衣服唯一嚴肅的地方也就只有配色了，因為這位先生從頭到腳都綴著蕾絲、緞帶、蝴蝶結及各種飾品，包括他頭上那好大一頂假髮。當長髮造型愈來愈流行，假髮與其他飾品也就變得更加不可或缺。

緊身上衣偏短，下襬僅達人體自然腰線的位置，與髖部的馬褲褲腰隔有不少空間。此空間由一件寬鬆的白色麻襯衫來填補，紮進褲子的部分稍微拉出以使它自然垂落在褲腰上。

他手上拿的可能是帽冠很高的「圓錐帽」或帽冠較矮的「船夫帽」。

馬褲褲腰與褲腳都飾有好幾排緞帶圈（有時被稱為「花式」）[18]。再過幾年將會開始流行褲腳收束的「西班牙式」馬褲，到時緞帶圈裝飾就不那麼受歡迎了。

長襪用毛、絲或麻織品做成，在膝蓋處以束襪帶（garter）固定。大約在1665到1680年間，人們常用緞帶花束點綴束襪帶，或是像圖裡這樣用蕾絲做成的荷葉邊裝飾在兩側。另一種更大型的鐘形裝飾稱為「飾圈」（canions），長度可能垂到小腿一半的地方。[19]

紅色鞋跟的鞋子（法語稱為「紅高跟」〔talons rough〕）是宮廷中人必備穿著，也是講求時尚的年輕男子鞋櫃中的必需品。路易十四帶起這股風潮後，歐洲各地（包括英格蘭、蘇格蘭、日耳曼與葡萄牙）的肖像畫裡都能看到紅高跟的蹤跡。[20]

這位金融家脖子上圍著一圈寬大的垂班德領，是領帶最初的版本。前方中央有一個反過來的箱形褶襉（box pleat），用來繫合的流蘇繩垂落胸前。[21]

這時候的人穿披風會披過兩肩，且刻意讓襯衫袖口的裝飾性緣邊從披風下面露出來。

1670年代，貼身剪裁的新風格外套已經開始成為男裝主流，而圖中這種過度寬大的馬褲無法與之搭配。最早還有人試著把外套下襬用別針別高來給褲子留空間，但這種做法並未延續很久；男士還是繼續穿著披風搭配闊腿馬褲，直到這種風格在1680年代徹底退流行為止。

圖中的搭配讓我們清楚看到這種馬褲實際穿在身上是什麼樣子。下圖是當時實品，可以看出裁縫師需要用掉多少布料才能做出這種褲子應有的膨大輪廓。

把這件現存的襯裙式馬褲鋪平，就可知道它用掉多少布料。山謬・佩皮斯在1660年代記錄說某位男士「把兩條腿穿進同一側褲管裡穿了一整天」，這畫面還真是不難想像。[22]

# 結婚禮服

1673年，倫敦維多利亞與亞伯特博物館

◆

　　這套兩件式西服（原本應該還包括一件馬甲背心，背心很可能是紅色）是 1673 年 9 月 20 日約克公爵詹姆斯（James, Duke of York）與摩德納的瑪麗（Mary of Modena）結婚當天所穿。此時西服已經成為標準男裝，這套就是一個絕佳的例子，它後來被賜給廷臣愛德華・卡特雷爵士（Edward Carteret）以獎賞他的勞苦功高。[23] 這套西服在 1999 年是維多利亞與亞伯特博物館中最貴重的衣物藏品，[24] 毛織衣料上飾以銀線刺繡，內襯是耀眼的紅絲綢；它展現了皇家禮服的氣派與奢華，也呈現出一些如日中天的時尚潮流。此外，在這套衣服上還能看見一枚 17 世紀的嘉德勳章（garter star）仍舊別在原位，也就是外套前方左襟上面，這是衣物收藏者難能可貴的用心。

........................................................................................................

蜂鳥與百合的刺繡圖案構成這整片風格化的花樣，外套與馬褲表面都布滿花樣且內容沒重複，先由人工徒手畫在布料上面再進行加工。[25] 刺繡的銀線與鍍銀線貼伏在布面，再用一些銀線繞在紙片上做成立體花苞的樣子，看得出其中蘊含精細而高超的匠人工藝。[26]

長而華麗的蕾絲袖口，是有錢人穿的襯衫上的顯著特色。

手杖在1670到1680年代之間很流行，人們有時會在上面裝飾緞帶蝴蝶結。手杖頂端的杖頭通常是金、銀或象牙製成。

楊・范・特羅揚，〈一位衣著優雅的紳士站在門口〉，約1660年。

男鞋從1650年代晚期開始使用帶扣，但寬緞帶蝴蝶結和玫瑰花結還是很流行，例如本頁的例子及上面這幅大約1660年的版畫所示。

領飾巾是一塊兩端飾以蕾絲花邊的長條形布料，當無領外套從1660年代中期開始流行，領飾巾也跟著蔚為風尚。[27] 對於約克公爵來說，脖子上領飾巾的蕾絲花邊絕對不會只是花邊而已。他在1685年繼位為英國國王那天花了36英鎊這樣一筆巨款（以當時標準而言）購買一條完全只用威尼斯針繡蕾絲做花邊的新領飾巾。[28]

外套線條從肩部筆直垂落，這時候流行的外套造型類似1660年代的緊身上衣，兩側縫線位在自然位置，下襬也是自然垂墜到大腿處，不會去刻意做出外展的效果。像這種細節都呈現出時尚改變的速度緩慢，且改變過程中會出現很多過渡形態。

袖子七分長度，袖口狹窄且有大片稱作「獵犬耳」的反摺部分，[29] 面料是與外套內襯相同的珊瑚紅絲綢，在金銀刺繡花樣中間點綴一些鮮豔顏色。

小扣子是在木頭底座上纏繞鍍銀線製成，排成一列裝飾在外套前方，以及兩片窄窄的口袋蓋上面。[30] 17世紀時髦衣服上面的扣子通常都很小，只是單純用來裝飾而已。[31]

此時的外套下襬還沒達到膝蓋長度，不像1670年代晚期那樣。到了1680年左右，連馬甲背心的長度都會長及膝蓋。

馬褲褲腳有大片反摺，用扣子固定，這是從緊身上衣搭配寬罩褲轉變到外套搭配合身馬褲的中間階段。左下小圖中的馬褲更寬一些，上面有很類似的設計。

# 尼可拉斯・波納的版畫

## 1678與1674年，加州洛杉磯郡立美術館

◆

　　這兩幅版畫讓我們可以比較上層與下層階級衣著。兩幅畫中都有當時重要的時尚元素，但以非常不同的方式呈現，顯示出財力弱的男性仍然重視每天都要穿的「西服」，甚至還在能力所及的範圍內添上飾邊與其他飾物來增加美觀。更關鍵的是，這兩幅版畫展現 17 世紀後半上下階級之間隔閡消融的程度。正如歷史學家伊莉莎白・艾溫（Elizabeth Ewing）所說，「『一般人』的價值比以前高多了」，而「外套與馬甲背心至少呈現了當時社會轉型的部分情況」。[32] 光從表面看，兩幅圖中的外套與馬褲在剪裁與合身程度上很相近，差別在於布料品質高低、穿著者加的花樣，以及穿著者自身儀態和穿衣態度。

．．．．．．．．．．．．．．．．．．．．．．．．．．．．．．．．．．．．．．．．．．．．．．．．．．．．．．．．．．．．．．．．．．．．．．．．．．．．．．．．

在當時，大庭廣眾之下梳理假髮是一種很時髦的行為。那時在劇院演出開幕時，喜歡故意數落觀眾，特別針對上流人士的矯揉造作，例如羅傑・波瓦爾就在喜劇《安東尼先生》開頭歡迎那些為了「梳假髮或穿花俏衣服」給別人看才來劇院的觀眾老爺們。[33]

這一簇誇張華麗的緞帶環就是當時流行的「肩飾結」，緞帶表面還有金色裝飾。紅色這個主色分布在整件外套上，外套袖口有鮮豔的紅色飾邊，腰部、大腿、帽子與手套上面也都有紅色緞帶結。

闊腿馬褲造型寬大，長度相對較短，露出大半截穿著長襪的細瘦腿部（這個時代的長襪通常是在膝蓋上方用帶扣固定住）。外套側邊的開衩一直開到髖部，留出空間安放褲子的大量布料。

兩人都不穿馬甲背心，左邊的男士是為了展示襯衫上大塊縐邊，右邊的則是為了實用與省錢。圖中可看到這位小販把身上很樸素的襯衫整個紮進深紅色馬褲裡。

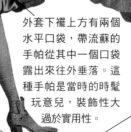

外套下襬上方有兩個水平口袋，帶流蘇的手帕從其中一個口袋露出來往外垂落。這種手帕是當時的時髦玩意兒，裝飾性大過於實用性。

兩位男士鞋子的鞋舌都往外反摺，這種造型稱為「愛神弓」。鞋舌尖端露出一點紅色內襯，與兩人衣服上的紅色飾邊隱隱相呼應，頗為美觀。

小販頭戴簡單實用的無帽簷三角帽，圖中的頭髮可能是真髮或是一頂小假髮。

來看看賣橘子小販這身西服如何模仿流行細節，領口設計很普通，卻點綴著一朵紅色蝴蝶結，很明顯是在仿效左邊的領飾巾與寬平蝴蝶結。往下看，這件外套前襟是用另一個簡單的緞帶結鬆鬆地繫起來，模仿對象是左邊西服上裝飾的一簇好幾層緞帶。

兩名男士都從外套袖子下面露出相當寬鬆的襯衫袖口，但勞動階級男士的襯衫袖子沒有花邊，手腕處只有簡樸的條形袖口。

雖然左圖的外套剪裁更細瘦貼身，但右邊下層階級穿的外套也算符合當時流行的瘦長輪廓。有錢人的西服多為個別訂製，勞動者則可能是從行商或小販那裡購買成衣。[34] 這種差異導致本頁圖例中兩人衣服合身程度對比明顯，右邊男士穿的外套不是量身訂做，且他能挑選的尺寸很有限。

# 尚・迪烏・德・聖讓，法國宮廷時裝圖集，〈身著冬衣的高貴人士〉

### 1683年，法國巴黎，加州洛杉磯郡立博物館

　　這套冬衣包含外套、馬褲、披風與季節性飾物，可以看出 17 世紀末男裝多麼受到軍服的影響。這種風潮主要源自在 17 世紀下半葉參與諸多戰爭的法國，而法式風尚總能找到方法進入英國人的衣櫃。

........................................................................................................................

1680年代的領飾巾依然是一塊長條狀的上等細平布（lawn），兩端通常綴以蕾絲花邊垂落胸前。圖中可看到這名男士別著一個漿挺的蝴蝶結。

大約從1680年之後，愈來愈少人是為了流行而穿披風，但圖中男士身上的披風也提醒我們時尚鮮少在一夜之間徹底改變。當時人們通常是把披風披過雙肩，且披風通常長度及膝，領子平坦反摺。下面這張1680年代早期的圖畫呈現另一種更受歡迎的服飾選擇，布蘭登堡大衣，也就是用盤扣裝飾的大衣。

黑色寬簷帽的帽簷有弧度起伏，上面覆著一層厚羽毛。

披風領子高且寬，畫中的披風領向下反摺，但法國人們有時會把領子豎起來遮住脖子與臉，不只是為了擋風，而是不想被別人認出來；這種「微服出行」的模樣暗示該名人士有些身分。[35]

在1680與1690年代，紳士們很流行在冷天出門時戴著暖手筒，到後來才成為搭配仕女洋裝的飾品。它一開始是連在外套袖子上的寬皮草邊袖口，後來發展成獨立的管狀隨身物件，用緞帶掛在脖子上。雖然當時暖手筒蔚為風尚，但男性使用暖手筒的畫面仍是諷刺畫家做文章的題材。[36]

衣服前方中央處可見翠綠色的馬甲背心稍稍露出來，這件背心長及膝蓋，從脖子到下襬有一整排扣子，符合1680年代的流行風潮。

到了這個時代，佩劍的通常都是一般人民，劍只被當作時髦的裝飾品而已。

1680年代的馬褲多是「縮口」造型，褲腳往內收成一條邊，在膝蓋處束緊。當時馬褲形狀仍舊寬膨，特別是在臀部和髖部周圍，這種剪裁可以讓褲腰不需往下掉，不需借助外力固定（但有時還是得用一下帶扣與帶結）。褲子有時會用褲腳反摺來更增加豐厚感，如37頁的結婚禮服那樣。

波納，〈冬季布蘭登堡大衣〉，法國，約1675到1686年。

# 雅克・勒伯特，穿西服的男士

約1680年代，紐約公共圖書館

◆

　　這幅印刷品出品時間不明，但畫中有些要素讓我們可以把時間大致定在 1680 年代。版畫作者是雅克・勒伯特（Jacques Lepautre），此人擅長製作戲劇角色身穿華麗戲服的圖畫。從這幅時髦年輕男性的圖像裡，我們可以明顯看出畫家對細節的要求；男士身上衣著呈現 17 世紀末變化中的男裝流行樣式，以及一些特別有趣也特別短命的流行飾品。

.......................................................................................

1680年代的外套領子通常是簡素不加裝飾，於是人們愈來愈在圍脖子的東西上面下工夫。圖中這種寬而平的蝴蝶結搭配蕾絲領飾巾的做法在1680年代最為流行，這也是幫助我們替這幅畫定年的要素之一。

外套衣袖變得較合身也較樸素，這樣可以把注意力引到整體較瘦長的身材輪廓。

從這時候到17世紀結束，我們可以看到外套剪裁變得比較貼身，比較強調腰部曲線，以及利用兩側腋下、背後正中央三條縫線所做出的形狀。[37]

口袋位置做得很低，但已經比前面幾個例子要高一點。橫開與豎開的口袋都一樣流行，但圖中這種豎開的設計從大約1680年之後就愈來愈少見。開口兩側成排的小扣子與扣眼讓外套下半部成為觀者視線焦點，下方小圖中也可見類似設計。

這頂寬簷帽可能是用毛氈製成，帽簷在左右兩側微微上翹，並以鴕鳥羽毛和幾簇緞帶圈來裝飾。

袖口非常寬大，預告下個世紀流行的袖口形狀。在1680年代，外套袖口通常是分開製作，最後才跟袖管縫合。[38]

佩劍的「肩帶」是斜跨過軀幹掛在單邊肩膀上的寬皮帶，這樣東西在17世紀下半葉變得更寬、更長也更華美，此時它作為時髦裝飾品的重要性已經不下於（甚至超過）其實用性。[39]

飾帶是時髦男性常用來點綴造型的東西，當時女性也會用飾帶來把曼圖亞式外衣（mantua gown）束得更合身。

我們在這幅圖中看不見馬褲，但這位先生穿的很可能是跟前頁圖例一樣的縮口造型馬褲。

腿上這個貼合身體的東西乍看之下像是長筒靴，但它其實是從1670年代開始流行的防泥綁腿（騎馬時用來防止泥點濺到腿上），又稱「裏腿褲」（leggings），通常是用皮革或其他硬質面料製成。[40]

瑞典國王卡爾十一世的外套，約1680年代。

這雙鞋的形狀與裝飾是從大約1680年以後開始流行的典型模樣。鞋頭方而寬，與豎立起來高度超過腳踝的鞋舌造型相對應。此時帶扣已經取代緞帶用來固定鞋身。[41]

# 雅各布・戈爾，法國王太子路易

約1680到1690年代，美國康乃狄克州耶魯大學英國藝術中心

◆

這幅美柔汀版畫畫的是法蘭西王太子路易（Louis, Dauphin of France）。畫作年代不明，但畫中許多要素呈現的是 17 世紀最後 20 年、特別是以 1690 年代為主的時尚風潮。據說路易王太子是當時時尚界重要人物，他在 1678 年 5 月帶起使用「太子式緞帶」也就是白底綠花紋緞帶的風潮，又在 1687 年讓「狼緧」（wolf's braid，因為參與王室游獵活動的人通常會配戴這種緧而得名）這種金色緧帶流行起來。[42] 這幅版畫同樣將整套打扮的細節詳實畫出，呈現各種不同的飾邊與飾品。

................................................................

**三角帽**。在19世紀之前只有身分高貴的人（特別是王族）才會戴三角帽或**雙角帽**（bicorne）。王太子頭上的帽子捲起三個邊，頂角位在前方正中央。[43]

外套的前襟、袖子與袖口都以緧帶盤成窄拱來做飾邊。前襟一側的窄拱是鈕扣底座，另一側則有扣眼，但都沒在使用，而是以寬飾帶將外套鬆鬆束起。

在體積龐大的領飾巾與斜掛的劍帶往下面一點的地方露出了一小片馬甲背心，到了下襬處又露出一小部分。

圖中看不見外套口袋，因為外套前襟下襬整片都被王太子飾帶上的華麗流蘇遮住了。飾帶搭在髖部位置纏繞，讓兩端剛剛好在兩邊大腿前側垂落。帶子前端是圓頭造型，呼應軀幹、袖子與袖口上點綴的緧帶弧線。

馬褲剪裁頗為寬大，長度及膝。圖中的王太子似乎穿了「反捲襪」，這種長襪穿著時會把襪筒拉到蓋過馬褲褲腳，然後在膝蓋處反捲成一條平坦捲筒狀。製作絲襪時通常會挑選與全身衣物相同顏色的布料。[44]

王太子脖子上圍的是「**斯滕凱爾克**」（Steinkirk），這種飄逸的長型領飾巾最早出現於1690年代的倫敦與巴黎。據說它起源於1692年發生在比利時的斯滕凱爾克戰役，當時法國王公突然被召上戰場，倉促之下他們將領飾巾尾端塞進外套扣眼裡固定以免礙事。這種造型正好呼應了當時崇尚的「不經意」的優雅與時尚，但人們通常得很有自覺地仔細整理領飾巾才能擁有「輕鬆優雅」感，下面的肖像畫便是一例。[45]

湯瑪斯・佛爾斯特，〈男子像〉，1700年。

這套裝扮有許多地方與飾帶上垂落的軟流蘇相呼應，比如袖口，還有帽子上膨滿的羽毛也是。

劍柄上面繫著裝飾用的「**劍柄帶結**」，繩帶打成蝴蝶結，兩端有緧。

1690年代的男裝外套會在兩側與正後方開衩，方便佩劍穿過下襬。

第二章

# 1700–1799

18世紀女性洋裝的眾多樣式令人眼花撩亂，而男裝的多樣性也不遑多讓。表面上看來這說法並不可信，畢竟那時候男性不分社會地位高低穿的都是三件式西服，但我們後面就會看到男裝輪廓在1700到1799年間經歷非常大的變化，而變化通常是透過小處不易察覺的小差異做出來的，比如剪裁、飾品，以及人們穿著這種「基本」服飾的方法。18世紀整整100年，期間所有男士穿的都是我們所知的這種「西服」，從未間斷，這是史無前例的情況。就算人們仍舊會爭議「崇尚時髦」一事內含的道德困境，但這個古老問題並未妨礙西服成為一種穩定、自信且自立的存在。

雖然說「愛打扮」能夠促進經濟，且時尚總需要大眾的關注才能支持起來，但很多人仍然覺得這件事與「品行端正」似乎有所衝突。「我們都要記得，」1770年《人的本分》書中以辯論的口氣如是說，「衣服這種東西不會增添任何人的真正價值。所以說，如果有人花很多心思、時間或金錢在衣服上，或是把衣服的重要性看得太高，或是鄙視那些缺少衣服的窮困弟兄，這都是不可饒恕的虛榮。」[1]

在20世紀到來之前，18世紀也是「公孔雀」（male peacock）最後一次豔驚四座的機會，因為他們整個19世紀都在休眠。然而，正如安妮・荷蘭德所說，20世紀的旁觀者可能覺得當時人們的衣著舉止非常女性化，但相反地這些事情「在那個時代徹徹底底就是男子氣概的象徵，當時的藝術與時尚都呈現梨形身材是男性的理想體格，在人們眼中這一點都不陰柔。」[2]歷史上每個時代都有奇裝異服，但現代人可能會覺得這些東西與自己先入為主的「男性」與「女性」特質相衝突，所以我們應當記住上述觀點來自我提醒。

閱讀本章內容時，還有一件事也值得注意：「通心粉男」（macaronies）和「奇男子」（incroyables）這些特殊的穿衣風格並不能代表當時大多數男性如何穿著（這兩種風格在當時都飽受譏嘲），它們只是呈現出某些時尚特質被某些人搞得很極端，這些極端表現又被另一些人選擇性取用，而大多數人則只是旁觀（且通常敬而遠之）。不過，「紈褲子弟」這種形象的危險性仍然深植於當時的集體意識，尤其以美洲殖民地為最，因為那裡需要體格強健的男性來出力建造一個新社會。依據吉蓮・佩里（Gillian Perry）的說法，許多人認為「男性特質」與「女性特質」在整個18世紀不斷「被商議、被重新加以定義」，程度超過其他任何歷史時代。[3]既然西服從誕生到進入18世紀之間不滿50年，我們可以想像當時人們一定還在評估它能不能成為代表男性的唯一衣裝，這件事想必還有些不確定性。

法國與英格蘭是18世紀引領服裝時尚的兩大巨頭，雖然百年間雙方打了好

幾場仗，但他們仍舊非常關注對方國內在流行什麼。凡爾賽宮朝臣衣裝奢華，英格蘭鄉間人們不分貧富都穿得樸實卻有質感，而英法兩國男士都認為海峽對面的西服有不少可圈可點之處。西服外套的形狀在18世紀早期有過一番大改動，1720到1730年代原本流行下襬極其寬大的模樣，但後來受到前述英國鄉間風格影響，在18世紀中期之後變成比較收斂的瘦長造型。1800年代流行的三件式西服可以代表上面這個發展趨勢：實用性更高，造型依然優雅，但風格比起18世紀最後20幾年要內斂太多了。

　　法國大革命與美國獨立革命都發生於18世紀，這對男女兩性衣物造型發展自然也起了重大影響。本章會討論某幾套直接與這些史事有關的歷史衣物，包括一套革命時期巴黎市民「無套褲漢」（sans-culottes）的裝束，以及美國第一任總統喬治‧華盛頓穿過的西服。與此同時，我們也會說到這些歷史發展對平民百姓的影響，盡可能對中產階級與勞工階級的男士服裝加以討論。

　　從17世紀以來，男性著裝時的確有西服以外的選擇，但他們通常只會在自家私人環境裡穿這些衣服。18世紀的情況就不一樣，班揚袍（banyan）這種不正式的便袍最早出現於17世紀前期，當時被稱為睡袍或「印度袍」，一方面因為它的形狀很像海外流行的寬鬆直筒袍子，另一方面因為它常是用海外進口的布料製作而成。「班揚袍」這名稱大約出現於1630年代，「班揚」是印度人對巴基斯坦商人的稱呼。[4] 其剪裁可以像是類似和服的T字形，袖孔無造型，也可以做比較合身的剪裁，有袖孔造型、有領子，還有用鈕扣固定的袖口。18世紀的人一直沿用「班揚袍」這個名稱，人們可以穿它上街（通常是長度較短的變化型），或甚至偶爾會在專業場合把它當成晨袍（morning gown）來穿。有錢人會用真絲布料來做班揚袍，而那些有生意頭腦的商人自然不想放過這機會，18世紀較晚時期的小說家奧立佛‧高德史密斯（Oliver Goldsmith）逛街想買一頂「真絲睡帽」的時候就發現：

　　店老闆跟我聊了某些貴族穿晨袍接待賓客的新風尚；那麼，先生，他又說：您有沒有興趣看看現在大家都穿什麼綢……我這人童叟無欺，您可以現在就買，您也可以等它變更貴而且更不流行的時候再買，我沒意見，這都依您作主。簡單來說……他說服我另外多買了一件晨袍。[5]

　　雖然這類衣物形式多樣且廣泛引起注意，但我們還是要小心考慮能不能把它們視為歷史上男性的日常衣物。雖然它們可以搭配三件式西服穿著，但並不是常規三件式西服的一部分，也不是每位男士家中必備衣物。不過，這類衣服

弗朗西斯・海曼
〈查爾斯・昌西醫師
（碩士）〉
1747年

常出現在有錢人或時髦男子的畫像裡，搭配成一種「衣衫不整的風雅」；矛盾的是，這種「不正式」的氣氛卻恰好傳達出穿著者擁有社會地位與一般人無法想像的悠閒生活，且這也是展示華麗昂貴絲綢的最佳機會。雖然這些都有助於我們確認衣著、社會與文化的許多面向，但如果要討論18世紀西服演變史，那這類資料都應該審慎使用。

　　人物姿勢是一個很重要的元素，特別是當我們在觀看17與18世紀圖像的時候，因為圖畫中常可看清人物馬褲下露出的小腿姿態。18世紀人物像與其他圖像都把男性畫成以類似芭蕾舞的站姿站立（有一說是古典芭蕾當時的發展就受到人們愛用的站姿所影響，此外當時的人會接受舞蹈訓練以改善儀態，這也有關），雙腳分開，腳尖稍往外打開，雙手朝外伸展。只要經濟能力許可，所有的家庭都會讓男孩去學擊劍與舞蹈，而這些課程當然會改變人的動作與姿態，於是一個人的動作與姿態又能讓他的「高級」不言而喻。茱迪絲・沙辛—班納姆（Judith Chazin-Bennahum）說社交舞「可能是展示貴族得體自持氣度的最佳手段」，而社會上所有階層的人在觀看的時候都會試圖去觀察與效仿這些舞蹈動作。[6] 另一方面，可想而知也有某些群體與個人刻意避開當代流行的舉止姿態，比如伏爾泰（Voltaire）描述他在1778年與一名貴格會成員（Quaker）見面的情況：

　　我從未見過比這更高貴或更吸引人的樣貌，他穿的跟他同會人士一樣，他樸素的外套上沒有扣子，沒有在兩側做褶襉……當我到的時候他沒有脫衣，不鞠躬哈腰而直接走向我，但比起什麼一腳站在另一腳後面，然後把頭上戴的那東西拿下來，他神情中的坦然與人情味要有禮貌多了。[7]

　　話說回來，整體而論，當我們研究18世紀時尚的時候，額外去考量這些姿勢與動作的問題確實有用，因為它們在很大程度上受到衣服剪裁與結構所限制。如果有人戴著假髮，特別是那種比較大、比例比較誇張的假髮，他走起路來就必須速度慢且動作穩定，這樣才能維持平衡。如果有人衣服袖口垂著大片蕾絲，他伸手去拿墨水瓶或裝東西的杯子前就必須先把蕾絲攏起來。18世紀後期剪裁較窄的外套會把穿著者肩膀往後拉，讓他胸部往前挺，呈現出抬頭挺胸的模樣。當時留下來的圖像裡可以看到各種「範例」人物姿勢，這都是為了以最好看的方式展示衣物，強調出當時時尚最流行的重點特徵。

　　下頁左圖的男士手放在髖部撐開外套，露出紅色內襯與襯衫袖口的深縐邊。下頁右圖這位紳士將手插進馬甲背心上方開口，這種姿勢很常見，因為可

以用來展示袖口設計，且在這個例子裡還讓觀者能把前方開襟處的花樣看得更清楚。人物側身站立，讓我們看到此時外套已經開始將門襟斜著裁向後下方，且下襬處保留一點點向外展開的感覺。男士坐下的時候會仔細整理衣服，讓外套下襬的奢華內襯露出來給人看見，且會小心不讓下襬被壓皺。

　　既然本書的重點是「西服」，本章不會花太多篇幅討論穿在西裝外面的大外套，只在有需要時提出一些例子。我們應當注意到，整體來說18世紀流行的

左頁
作者不詳
〈雅各‧莫塞像〉
1750到1799年

右頁
約瑟夫‧B‧布萊克本
〈約翰‧皮格特船長像〉
約1752年

男裝大外套有好幾種，而它們幾乎都是羊毛材質。1700年代最有名且最具代表性的大概是厚大衣（greatcoat），這個單字可以用來指稱任何一種穿在最外面的大外套，或是穿在西裝外面比較厚重的外套；但如果專指從英國鄉間風格發展出來的厚大衣的話，這種大外套上面有好幾層引人注意的披肩領蓋過兩肩，領片通常長及手肘。披肩領可以層層疊疊變得很巨大，因此這種厚大衣有時會被拿來開玩笑，或是作家會讓筆下那些不怎麼正派的虛構角色穿這種大衣來隱藏身分。山謬‧理查森（Samuel Richardson）1748年的小說《克拉麗莎》中那位讓人恨得牙癢癢的羅夫雷斯先生想要拐走女主角，而他邪惡計畫的行動之一就是去取得一件厚大衣：「我要你幫的忙就是借我一件厚大衣……如果你有的話，要有披肩領的那種。我得在她注意到之前接近她。」[8] 如果不說這個，當時的人仍然會把披風與大衣當成各自獨立的衣物來穿（這點在歐洲某些地方尤其明顯），或是在大多數地方會當成晚裝與旅行服裝來穿。[9]

　　比起大外套，本章對襯衫的討論必須更詳細，因為襯衫在18世紀前半變得愈來愈華麗，且人們仍然會把襯衫當成整套裝束的視覺焦點所在。展示襯衫，特別是展示襯衫袖口的造型，這種行為所代表的炫耀財富意義遠高於過去，因為這清楚呈現穿著者不必工作賺錢，呈現這人不會處在擔心袖口被泥汙或墨水弄髒的境況。另一個問題是人們怎麼製作襯衫，包括製作的工序與製作者；這件事沒那麼顯眼，但同樣值得我們注意。18世紀中葉之前，男人的襯衫通常是由他們的妻子、姊妹、女兒或僕人在家中手工縫製，而縫製過程只需要把數片正方形與長方形布料組合起來，算是比較簡單的工作，唯一複雜之處只有考量領口開洞大小使其合身而已。[10] 18世紀後半葉流行合身剪裁，且人們對衛生的要求提高，因此一個人需要擁有的手縫襯衫件數也就大增。更關鍵的是，人們常把襯衫拿來替代內褲，因為襯衫長度通常很長，可以把下襬紮進兩腿之間做成類似兜襠布的樣子。

　　用心理學家卡爾‧福留葛爾（Carl Flügel）的話來說，18世紀末展開了一場「男性的大捨」。福留葛爾在1930年說當時的男人「放棄他們使用所有較明亮、較歡欣、較華麗與較多樣裝飾形式的權利……男人放棄了被讚譽為美麗的資格，此後他唯一的追求就是『有用』。」[11] 這說法很有力量且聽來頗可信，因為絲綢與刺繡確實從當時的男裝世界裡消失，但它卻忽略了這段時期男裝發展實際情況有多複雜，其傾向是從一種優雅逐漸轉移往另一種優雅。下一章我們會介紹「丹迪男」（dandy），也就是19世紀初年那些花好大心思讓自己衣著與言行舉止都盡善盡美的男士，而這種風潮可不是憑空冒出來的。法國大革命期間的恐怖統治嚇得人們把那些誇張造作的西服全脫了，因為穿這種衣服等

於背叛革命，輕則入獄重則死刑。在此同時，英格蘭「鄉下風格」的衣著搭配方式也繼續在法國社會產生影響，甚至引發一場「英國熱」。大約從18世紀中葉開始，法國人受到英國政治制度的刺激（特別是在1688年光榮革命建立君主立憲制度之後），而當時法國思想家如伏爾泰也都一向很欣賞英國式的人生態度，於是法國社會裡充斥著對英國各種事物的美好想像。那些生活在鄉間宅邸的英國紳士階層，他們在衣著上帶起的流行包括大量使用大地色系的深褐深綠，以及盡可能少加裝飾，這些做法都很合乎法國當時氣氛。不過說到底，正如安德魯・波頓（Andrew Bolton）在《英國熱：英式時尚的傳統與踰矩》書中直接強調的，所謂「英國熱」是一種被創造出來的東西，它是人們基於對英國的片面認知產生的幻想，不是英國真正的模樣。[12] 就算如此，對於那些擁抱「英國熱」的人而言，這場幻想的影響力之強烈、之深刻，也未因它的不夠真實而有所減損。

作者不詳
不知名人士，可能是威斯敦的查爾斯・哥林，帶僕人出門打獵
約1765年

# 1700年法國上流男士衣著

## 1757到1772年，紐約公共圖書館

◆

乍看之下，這幅法國時尚版畫的主人公穿的是 17 世紀末到 18 世紀初典型的法式「**禮服大衣**」，但畫中卻有幾處剪裁與風格上的要素不符合上述時期一般西服的模樣。這件外套更像是寬身寬袖的**布蘭登堡大衣**（約 1674 到 1700 年），只不過比較合身且長度較短罷了；這種大衣源自軍服，後來被時尚愛好者拿來當大外套穿著。如果我們看得更仔細一些，它更接近貨真價實的軍服「**瑟圖大衣**」（surtout），只不過在此變成一般市民西服搭配的一部分。這幅畫年代頗晚，這點也很重要，因為後世的回憶可能出差錯；但在這個例子裡，畫中服飾與 1700 年前後留下來的圖像史料確實有一致之處。

.....

這是「**肩飾結**」，一簇用來裝飾的繩帶或緞帶環，配戴在右肩上。鑑定的專家靠這東西確認是1700年代，因為在這之後幾乎只有貴族僕從才會配戴它了。[13]

袖子相對缺乏結構且袖口寬大，這有些類似家居晨袍或**班揚袍**的寬鬆設計。許多人穿班揚袍是開襟穿著，或只用一條簡單飾帶繫起來，但現存史料有的也呈現班揚袍胸前有短短一排扣子扣眼與繐帶。班揚袍最早的原型是18世紀英國士兵在印度穿的一種服裝，用輕質法蘭絨布料製成。[14]

班揚袍，印度，約1750年。

這時期的男裝晨服不流行這種小立領，且這也不是布蘭登堡大衣上常見的造型（通常是方形邊緣的軟領），反倒與1830年代一段對「土耳其式瑟圖大衣」的描述吻合：「長而寬大，領子、馬甲背心都硬而直」。[16] 17、18世紀的歐洲吹起一股「土耳其熱」，也影響了時尚界。

「瑟圖大衣」其實是一個涵義很廣的詞（特別是在19世紀），用來泛指各種大衣，且通常指的是沒有領片的大衣。17、18世紀的人會用這個詞來代指某些衣物，但也經常用它來特指專門做給軍官穿的那種外套。圖中這件瑟圖大衣被當成一般常服外套來穿，且它幾乎是與下面這張（穿軍官服的男子）圖中外套一模一樣，因此本頁這位男士很可能是個「紳士軍官」，也就是擁有「高貴」出身的軍人，這種人通常能在軍隊裡飛快升官，他們平時也會把整套軍服或其中某一件拿出來穿，用以展示自己的職業與地位。

這件外套似乎與當時大多數外套造型一樣，下襬處都在背後開一個短衩，讓佩劍可以從中穿過。有時會在外套下襬裡加支架來強化它的形狀，便形似傳統訂做外套。

這件紅馬褲帶有軍裝感，17世紀荷蘭與英國軍服都使用類似的設計與色調。[15]

路易・德普拉斯，〈穿軍官服的男子〉，約1700到1739年。

# 外套與馬褲

約1705到1715年，英格蘭，倫敦維多利亞與亞伯特博物館

◆

　　這套西裝非常能代表 18 世紀初年男士時髦衣著，只有馬褲在 1850 年代被做了些修改（可能是為了把它穿去化裝舞會）。西裝尺寸很小，可能是做給年輕男孩穿的，但想必這名男孩不僅有強烈的時尚意識且有追求時尚的財力，因為紅色是 18 世紀初的流行顏色。[17] 外套的基本形狀與剪裁很簡單，只是把前後幅用兩道筆直的側邊縫線縫起來，但縫線只縫到腰部下面一點為止，留下來的開衩就能容佩劍通過。掛佩劍的帶子藏在外套下面，劍體從側面與後面的開衩處露出來。

1705到1715年間的西服套裝都包含馬甲背心，但這套搭配的馬甲背心沒有留下來。當時馬甲背心剪裁線條非常類似外套，有可能帶著袖子，穿著時不會從外套前襟底下露出來。

外套只在腰部扣起來，以便展示襯衫前襟的縐邊。此外，這樣還能做出X字形的輪廓，符合「三件式西服」法語名稱justacorps的原意（意即「貼身」），並讓外展的下襬呈現最佳的視覺效果。

18世紀頭10年間流行邊緣平整的口袋蓋。

1711年，某位女士為了抗議當時對女性衣著的限制而寫信給《旁觀者雜誌》，說：「我們發現你們男人其實暗地裡贊成我們的做法，因為你們都在模仿我們衣服的金字塔造型。你們那些時髦外套下襬周長絕對不下於我們的襯裙，我們的用鯨骨撐著，你們的用鐵絲撐著……我們的形狀是正多邊形，而我倒要看看你們的數學能不能給你們的衣服形狀一個名字。」[18]

「領飾布」是一條窄長的麻布巾或蕾絲巾，繞過脖子後在前方打鬆結，把布巾兩端展示出來（兩端有時會額外加上裝飾）。

袖子偏寬鬆，愈往袖口就變得愈寬大，這種剪裁一直流行到約1710年。[19]

外套的長度是另一個線索，透露出衣服主人的年齡。一般來說，這時期的外套長度都是及膝或剛好過膝，但這件外套下襬特別短，可能是為了活動量大的年輕人而特別訂做。不過，外套兩側下襬開衩處內部都縫進一個大褶（各12公分深）以便把下襬往兩邊撐開，這點非常符合當時各年齡層男性服裝的流行趨勢。[20]

馬褲，1710年，歐洲。

馬褲由四片布料縫合而成，褲腰前低後高，前方有門襟，前方兩側各有一個帶鈕扣的口袋蓋。[21]上面這件馬褲結構就很類似。

記得我們前面看過的17世紀例子嗎？紅色鞋跟與鞋舌的「愛神弓」造型在此時依然流行。

法式女袍，約1745年，歐洲。

# 天鵝絨西服

約1720到1730年，可能出自日耳曼地區，加州洛杉磯郡立美術館

◆

這套西服的外套與馬褲都用深梅紅（plum）天鵝絨製成，內襯是淺綠色絲綢。這類顏色主題在18世紀最初這段時期很常見，人們常用鴿灰、森林綠、深梅紅與暗午夜藍這類優雅的深色調布料來做外套。既然這套西服是用天鵝絨做的，那就表示它是標準的「正裝」而非便裝，且穿著者一定是社會上最有錢的那種人。西服表面很少裝飾，沒有花色刺繡或飾邊，但它憑藉搶眼輪廓就足以吸引觀者注意，是18世紀早期裁縫工藝的絕佳範例。

外套袖口底部都有長開縫，讓襯衫袖口皺褶可以從開口處露出來看見。下圖很清楚呈現這種裁縫技術造成的效果，同時也看得到這種外套兩側非常深的褶襉，以及後方中央開衩。

靴筒式袖口的反摺部分一直蓋到手肘上方，讓它成為整件外套上非常引人注意的地方。袖口兩翼弧線合成深溝，向前方延伸，這種袖口最初是用鈕扣固定在袖子上，[24] 不過圖中袖口的鈕扣為裝飾用。

〈跳舞〉（細部），約1720到1740年。

從大約1720到1730年開始，人們會在外套正後方開衩兩側各做一道深的「倒褶襉」，如此處所示。一直盛行到1760年。[22]

可以清楚看見沿著外套後方中央開衩排列的左右兩排扣眼，這種設計特別符合1720到1730年代人的品味。

1735年前流行外套前襟兩側從脖子到下襬做滿扣子與扣眼的設計，這時期外套上常可見包布扣子，儘管威廉三世、安妮女王和喬治一世在位期間通過一項國會法令，規定裁縫師不得在衣服上使用任何非黃銅質料的釦子；這主要是為了支持與保護伯明罕的金屬扣子工匠，這些人生意愈來愈做不下去，於是直接向國王請願請求幫助。1854年有份紀錄評論這道怪異的法令：「那些接受請願的法官、利用此法令的出庭律師、還有那些因此受惠的當事人，他們衣服上的扣子卻都是違犯法令的！」[25]

馬甲背心由花式天鵝絨製成，其剪裁線條與蓋在它上面的外套非常相像。這時期馬甲背心通常有袖子，使用比較樸素便宜的布料。馬甲背心上也有跟外套一樣的針繡長扣眼，開洞大小剛剛僅容扣子通過。

口袋蓋是扇貝造型，有3個頂點，這是大約1710年左右開始流行的設計。

大約從1720年前後開始，裁縫師開始在外套後方中央開衩的左右兩側縫進褶襉（1720年之前褶襉數量可以多到每一邊有6個，後來變成4個），讓下襬垂墜的線條更平順，也讓外套在背後與臀部變得更符合人體身材。男裝外套下襬典型的扇形模樣就是這樣做出來的。[23]褶襉底部縫死，最頂上飾以一顆釦子（高度位於臀部，本頁圖例缺了這種扣子），釦子通常會以相同布料包裹起來。

照片中看不清楚馬褲，但看得到的部分與這套18世紀初年西服其他部分的簡約設計相符合。馬褲的剪裁是讓褲腰搭在臀部上，上部寬大，重視的是舒適而非合身。

長襪襪口很寬，這是17世紀留下來的設計。18世紀初年的人會把襪口往下捲，但到了1740年代早期就變成含蓄的反摺造型，位置剛好高於膝蓋。

# 燈芯絨外套、馬甲背心與馬褲

約1735年，英國，愛丁堡蘇格蘭國立博物館

◆

　　這套蘑菇色的外套與馬褲是與一件花草圖案織錦（brocade）馬甲背心搭配成組，外套袖口用的也是同樣的織錦布料，讓整套西服出現一種一致性。服裝配色溫和但很有效果，能將1730年代服飾那戲劇化的銳利輪廓襯托出來。

........................................................................................

1730年代的**禮服外套**依然沒有領子，但領口位置比之前要高，平貼環繞在脖頸上。

外套上裝飾著中等大小的圓丘形金屬扣子。這件外套所用的扣子符合當時法規，和前頁那件違法的外套不一樣。

靴筒式袖口又稱為「**開袖**」，原因一望即知；此時袖子下方仍然保留開深衩的設計，且開衩處在這些極長的反摺袖口襯托下更為顯眼。反摺處用的布料與外套本體不同，這樣才能強調出它的形狀與大小。這種袖口讓襯衫袖子上華麗的綯邊與袖口收束的圓膨處都能展露出來，下圖就是一個很好的例子。

〈跳舞〉（細部），約1720到1740年。

路易・皮耶・布瓦塔，〈立姿男子像〉，1737年。

這張1737年的版畫清楚呈現男士穿著類似剪裁的西服站立著的模樣，畫中人的站姿符合當時風尚：一隻手插進馬甲背心前襟開口，另一隻手放在口袋裡。

這件華麗的織錦馬甲背心上有異國風大花紋樣，與袖口是相同的布料。跟前頁的例子一樣，這件馬甲背心很有可能做成長袖樣式，形狀與上面這幅版畫中的非常相似。

馬褲褲腳剛好過膝，但都被外套的長下襬遮得差不多了。《紳士雜誌》在1736年對這情況表達不滿，說法是：「這麼漂亮、形狀這麼好的一條腿，從長不過膝的褲子下露出來，不能更好看；結果差不多一半都被長外套遮住了。」[26]

馬褲腿部剪裁頗為合身，與上面極寬大的袖口形成強烈對比。1738年有人寫了一段虛構對話，其中對這種設計的效果有所評論：

「袖口不會太寬嗎？」

「不不，先生，袖口恰到好處，他們穿的衣服袖口都特別寬、特別長呢。」

「馬褲怎麼這麼窄呀？」

「這是時興的，瞧您穿這套多好看。」

「……把帳單拿來。」[27]

# 弗朗斯・范德邁恩，楊・普蘭格肖像

### 1742年，阿姆斯特丹荷蘭國家博物館

◆

　　這幅畫對衣物裁縫細節描繪之細膩令人讚嘆，它能提供的資訊完整性幾乎不輸給一套留存下來的舊衣實物。畫中人物是楊・普蘭格（Jan Pranger），他在 1730 到 1734 年間擔任荷蘭西印度公司西非總督；從這一身富麗衣裝可以看出此人位高權重，特別是馬甲背心與外套袖口非常引人注目。馬甲背心在 18 世紀男裝裡的重要性非常高，就連有錢有勢的人都靠它來製造視覺效果與變化感，甚至有的情況是一個人只擁有少少幾套成套的外套與馬褲，用來搭配他的眾多件馬甲背心。

普蘭格的外套與馬褲是天鵝絨做的，這是當時流行的布料，且人們特別愛穿這種資料的衣物來畫肖像（還非常喜歡像這幅圖一樣搭配織錦馬甲背心）。

外套與袖口的內襯顏色都與表布成對比，這是18世紀中葉早期常見的做法。

「賽勒特」這種頸飾是用一條連著假髮絲袋的黑緞帶繞到脖子前方，壓著寬硬領巾（stock）與襯衫的蕾絲皺褶領，然後打結固定。[29]

普蘭格身穿金色織錦做的奢華馬甲背心與同材質的外套袖口。布料上可看到18世紀早期非常盛行的誇張大花卉圖樣，後來馬甲背心愈變愈長，大花圖樣也逐漸變小花。18世紀中葉大部分馬甲背心長度都只到髖部周圍。

外套與馬甲背心前襟都裝飾著金色圓丘形扣子，且外套口袋蓋每一個翹曲點底下也都縫了一顆同樣的扣子。每顆扣子上都有花卉壓紋。

外套的前襟從腰部下方開始非常細微地往斜後方裁一點點。這代表1740年代後愈來愈流行把外套前襟下半部打開的穿著方式（有的時候甚至只留一兩顆扣子扣起來，其他全部打開）。

襪口反捲是17世紀以來的做法，此時已變得少見（參見54頁的深梅紅天鵝絨西服）。

西服，約1740年，英國。

外套下襬兩邊開衩裡面的大褶襉衣物下半部往外明顯開展（上圖是一件時代相近的西服外套後視圖），造成有稜有角的視覺效果，而裡面馬甲背心的造型竟也與外套非常類似，這種做法一直延續到大約1750年。[28]馬甲背心腰部合身，通常會把下襬做得往外挺開並加以固定。由於外套與馬甲背心下襬都有加固（使用硬麻布，偶爾還用鐵絲支撐），整套衣服的輪廓因此變得很誇張。

位置偏高、形狀呈扇貝形的口袋蓋從18世紀初年就已出現在男裝外套上，當時流行的穿法是不把口袋扣起來，有時連扣眼都只是做來好看的。

# 羊毛與絲綢西服

1750到1775年，英國，紐約大都會藝術博物館

這套西服的金紅兩色大膽搶眼，但它其實代表一種追求實用、「鄉村化」、便於運動的趨勢正在興起，這一點從布料可以看得出來，因為它用的是羊毛而非真絲。羊毛衣物比真絲更便於動作也更耐用，因此一套衣服可以穿更久。紅底金扣的西服搭配羽毛三角帽，給人明顯的軍裝感。

這種無領設計的「非正式」**佛若克大衣**，通常會在領口以一條原布料做的半吋寬帶子來收邊，但留下前襟開口處的幾吋長度。

和當時正式的大禮服與朝服不同，這套西裝上的長扣眼都可使用，但穿著時永遠只有最上面幾顆會扣起來。扣眼用布料同色線繡邊並延長出去，跟整件衣服簡單不加裝飾的風格一致。袖口與扇貝形口袋蓋上面用的也是同樣刺繡技法，這兩處地方的扁平扣子完全只有裝飾功能（扣眼自然也不能用）。

同年代的襯衫模樣沒有之前那麼誇張，少了很多縐邊與蕾絲邊。上圖肖像中的襯衫是個好例子，這套西服的穿著者在外套與馬甲背心裡面很可能就穿著這樣的襯衫。

白色繫結領帶或**領飾巾**，末端可以放在外面搖晃也可以紮進衣服，這是1770年代「通心粉男」帶起的流行風潮，他們通常會把領飾巾打成單層或雙層蝴蝶結。圖中這種西服通常會搭配非常樸素的平紋細棉布領飾巾。

金屬扣子在1770年代之後又變得常見，尤其黃金扣子從大約1760年以來就很受歡迎。扣子上交錯的紋路稱為「籃紋」，模仿籃子或經緯交錯的布料紋路。

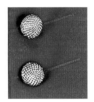

馬甲背心前襟下襬的剪裁和外套一致，愈往下愈往斜後方裁。馬甲背心上面的扣子和外套、馬褲都是一樣的，且它前襟左右也各有一個扇貝形的口袋蓋搭配一個假扣眼，跟外面這件外套的設計相同。

外套前襟的特殊弧度是1770年代特有的產物，弧線起點在軀幹中部，往下延伸過腰。這種門戶大開的設計讓人能清楚看到外套底下的馬甲背心與馬褲。外套兩側縫線曲度愈來愈高，讓外套背部變窄、把兩側往後拉，於是更增強前襟大開所造成的視覺效果。

白色及膝**長襪**通常由棉或真絲製成，織法可以是平針或肋編。手織長襪在1740與1750年代特別流行。[30]

這套西服搭配的是圓頭黑皮鞋（有時稱為「便鞋」），有一點點鞋跟，鞋面裝飾著一個長方形銀扣環。

1770年代的馬褲比之前合身許多，因此大家都稱為「小馬褲」。圖中這件馬褲褲腳剛好過膝，以當時的標準來說算特別長。褲腳飾以一排4顆扣子，並以絲質膝帶收邊。

# 紳士朝服

約1760年代，英國，鑄幣博物館，北卡羅萊納州沙洛特

這件 1760 年代佛若克大衣的剪裁與同時代其他西服沒有顯著不同，特點在於這樣一件正式朝服（court suit）卻被裁縫師融入比較休閒的風格。既然是朝服，外套和馬甲背心上的刺繡自然更華麗，而且金繡線會讓這套衣服在燭光下熠熠生輝。

人工合成的紫色染料出現於1856年，在此之前人們必須耗費大量資源才能製作出紫色布料，因此千百年來紫色都代表財富。1829年，《自然史雜誌》討論從螺類中萃取可用染料的古老工藝，評論其中所需的成本會「排除它回應現代投資者需求的可能性，我們是這樣想的，因為一粒螺只能萃取出一滴染料。」從羅馬時代一直到19世紀，如果要將一磅羊毛染成紫色，其價格之高都能讓人心臟病發作。[31]

馬甲背心也是單排扣設計，扣子從領口一直排到下襬，但扣扣子時只會從上面扣到腰部為止。

圖中這種反摺寬領片常被稱為「披風」，原本是勞動階級所穿佛若克大衣的一個特點。勞工的大衣剪裁較寬鬆，下襬通常只有後面一道開衩，樣子就像右邊這幅提也波羅在當時所繪的人物速寫所示。右圖中也可清楚看見大寬領子披在穿著者雙肩。

喬凡尼‧巴提斯塔‧提也波羅，〈人物速寫〉，約1760年。

法式女袍，約1760到1765年。

外套與馬甲背心的波浪弧線飾邊呼應18世紀中葉以降女性洋裝上面的一種流行裝飾風格。當時人們審美喜好從巴洛克的誇張華麗轉變為洛可可時期流行的小型花紋，於是這種飾邊花樣也就應運而生。

這種特別的袖口設計靈感來自當時流行的「水手風」或水手袖口，其源頭是軍裝（顧名思義，特別是海軍軍服）。袖口外側有一道開衩，用蓋片與數顆鈕扣扣合起來，邊緣通常用緶帶點綴。右邊這幅1785年吉爾伯‧斯圖亞特畫的海軍軍官約翰‧捷爾肖像中，可見海軍制服的水手袖口，衣服上金色的扇貝狀滾邊也是當時典型做法，本頁主圖這件朝服的設計就有受到影響。

吉爾伯‧斯圖亞特，〈約翰‧捷爾船長〉，1785年。

# 羊毛與貴金屬西服

約1760年，英國，紐約大都會藝術博物館

◆

這件搶眼的藍金兩色西服非常華美，而且是一件罕見的以原貌保存下來的歷史衣物，它的擁有者沒有為了迎合新時尚而將它拿去給裁縫師重新加工。[32] 簡約的羊毛布料是受到較具輕鬆感的英式時尚影響，雖然金光閃耀的花邊是標準的法式奢華，但仍比當時流行的大片繁花刺繡要收斂多了。[33]

寬形頸飾巾或領飾巾從大約1760到1790年間很流行，圖中這條是展示時為了呈現原貌而加上去的。最早時人們會將領飾巾繞脖子兩圈，兩端在前方做成長荷葉邊的樣子，垂在外套與馬甲背心外面。[34] 當時常見的無領外套特別適合搭配這種領飾巾打法。後來外套開始流行立領設計，使得脖子上圍的東西不再那麼顯眼；到了1770年，人們通常只將領飾巾兩端打一個不起眼的蝴蝶結而已。

1760年時，馬甲背心的長度通常會比外套短6到8吋，且這時的馬甲背心常常不做袖子，但本頁這套西服卻是例外（見下圖）。衣服上外面看不見的部分（以這個例子來說就是馬甲背心的袖子）通常會用樸素且較便宜的布料來做，比如女裝襯裙也是同樣道理。

衣服上的貴金屬花邊很少能完整保存下來，因為人們常把舊衣的貴重滾邊拆下來裝到新衣服上。此處這個倖免於難的特例是用純金緄帶直接縫在羊毛底布上。[35]

當時依然非常流行用圓丘形的金質或銀質扣子來點綴外套與馬甲背心。

閉合式袖口上裝飾著同樣的貴金屬飾邊與金扣子。外套袖口底下露出來襯衫的華麗蕾絲袖口，給人一種手臂變長的錯覺，1760年代法國特別流行這種風格。後來，有個在法國的英國海軍軍官建議同行英國旅客到這裡可以換穿相同風格的服飾，作為一種入境隨俗的禮貌表現。[36]

外套下襬相對而言還是頗為寬大，正後方有條長開衩。我們可以看到外套前襟稍往斜後方裁，往後的服飾將此處斜度做得更明顯。

此時男性日常穿著的長襪仍舊幾乎都是白色，用棉布或絲綢製成。

# 瑞典國王古斯塔夫三世結婚禮服「法式外套」

### 1766年，斯德哥爾摩皇家軍械庫博物館

◆

　　當我們試圖「解讀」歷史上的服裝流行時，皇家服飾扮演了複雜的角色。一方面穿著者的富有與權勢通常表示他們訂做的是最流行的款式，但另一方面，也正因為他們的富有與權勢，他們與一般男女的衣著簡直有雲泥之別。此外皇家的衣服也可能包含一些少見甚至獨特的要素，值得我們細究，比如1766年11月4日瑞典國王古斯塔夫三世迎娶丹麥公主索菲亞‧瑪格達列娜時所穿的這身禮服。這套衣服非常著名且廣受豔羨，該年稍後丹麥國王克里斯欽八世自己成婚時，就從巴黎特地訂做一套與這件非常相似的禮服。

..........................

這枚繡飾的徽章代表著瑞典的「皇家六翼天使勳章」，據說這種勳章最早創設於13世紀，後來由瑞典國王腓特烈一世重建制度，勳章本身是馬爾他十字架的形狀，上面有4個六翼天使頭像拱衛著中央盾牌。[37]

![1745年法國太子路易與西班牙公主瑪莉‧特蕾莎的婚禮]

**1745年法國太子路易與西班牙公主瑪莉‧特蕾莎的婚禮。**

擔任瑞典王子古斯塔夫使節的菲利浦‧克羅伊茨，在訂做王子結婚禮服這件事情上煞費苦心，努力調查法國太子在1745年結婚時的穿著細節。瑞典希望自己被承認為現代歐洲國家一員，而要建構起這等身分，很重要的一件事就是仿效法國宮廷的優雅時尚。宮廷禮服造型變化速度不如「平民」服飾那般快速，因此就算兩場婚禮相隔20年，兩位新郎穿著卻如此相似，11月4日當天前來謁見皇室新婚夫婦的眾人也不會感到奇怪。[38]

藍色箔片、金線與亮片繡出翻滾的雲層與雲隙間射出的陽光，這樣的設計花紋在整套衣物上不斷重複，象徵黑暗被征服、新的開始一片光明，同時這也是「太陽王」路易十四用過的一個古老花紋，瑞典王子在此處也展現他對法國文化的熱愛。

用銀緶帶繞在有色金屬箔片邊緣，這樣就能在燭光下製造出晶瑩閃耀、變化萬千的藍色光芒。依據歷史記載，古斯塔夫在位期間的朝廷也是這般風景：「燦爛」、「明亮」、「文雅」。1841年的一份紀錄說，直到古斯塔夫在1792年遭暗殺為止，他都是個「揮金如土但有能有為的國王」。[39]

這套西服有幾處保留傳統，特別是它那雙相對寬大的袖口，但其他地方古斯塔夫堅持要將這套禮服做得符合當時最新時尚。[40]外套長度及膝，扣眼只做到腰部而不是下襬，外套與馬甲背心前襟往斜後方裁成弧形，這三點特別呈現18世紀下半葉西服樣式的發展。

馬褲褲腳剛好過膝，這是1760年代以降常見的造型。褲腳用4顆繡飾扣子扣合，下面繡飾的膝帶以當時來講可謂前衛，因為這種設計要到1780年代才開始盛行。

# 絲綢西服（法式外套）

約1775年，法國，墨爾本維多利亞國家美術館

從 19 世紀以來，西方世界一直將淺粉紅（以及其他絕大多數深淺不同的粉紅色）視為女裝時尚的專門領域，是最能代表女人味的顏色。有趣的是，18 世紀使用粉紅色的卻幾乎都是男裝。這套西服優雅、精緻，上面有刺繡花卉作為點睛之筆，是當時法國男性時尚最高峰的極佳範例。

圖中看不見任何頸飾，但很有可能是藏在立領底下（立領從1760年代開始流行，在這套西裝上也有助於營造修長線條），穿著者應當會搭配賽勒特或折疊起來的樸素手帕。

袖子長而細，手肘處做出彎度，但這種視覺效果被相對較寬的袖口所抵銷。到了18世紀末，這種袖口設計就幾乎再也看不見了。

當時粉紅色不僅是男人專用的顏色，且粉紅衣服在18世紀中期還是區分上層與中產階級的一個指標。在此之前只有有錢人才用得起明亮飽和色系的布料，但隨著人工合成染料的出現，布料顏色變得更多樣，各種顏色的價格高低面臨一次大洗牌。於是乎上層階級就開始廣泛使用半色調與粉彩，例如這裡的粉紅色，來顯示自己與底層的人不同。[41]

這時代的男性西服雖然裝飾富麗，但仍維持18世紀後半開始盛行的修長俐落線條，比起過去相對較扁平。本章前面57頁羊毛外套的介紹中已有說明，當時的裁縫將兩側縫線做在更靠近後背中央的位置，把穿著者的肩膀往上提並往後拉，才能造成這種效果；此處外套與馬甲背心前襟邊緣的弧度對此更有襯托之效。

像這種單排扣馬甲背心通常扣子只扣到腰部而已，脖子和腰部以下往外弧線處的扣子純粹是裝飾用。1770年代流行把扣子做得很大，讓它們成為整套西服的視覺焦點。[42]

克勞德·路易·德斯萊，〈巴黎中產階級日常服裝〉，1778年。

1778年的蝕刻版畫，畫中人穿著一件與本頁圖例剪裁類似的淡粉紅色西服；雖然沒有華美繡飾，但兩套西服呈現的是同一種流行輪廓。

及膝馬褲在腰部處還是會裁得比較寬鬆，褲管沿著大腿往下收束，在膝蓋下面做出收緊貼身的一截褲腳。外側縫線通常會用3到4顆包原布的扣子來收合，如圖所示。

# 通心粉男的全套打扮

### 1770到1780年代，加州洛杉磯郡立美術館

　　首先，要知道，1770年代英國的時髦年輕人並不都是通心粉男（他們實際數量遠不及他們臭名響亮）。不過，時尚史上這一段不僅是在男裝領域很重要，且在對「男子氣概」的認知上也有種代表性。某些男性認為通心粉男破壞了兩性之間清楚劃定的分界，1790年的一篇文章裡清楚表達了這種反感：「居然遇到裝模作樣的通心粉男，真是太倒楣了！明明是個穿褲子的，連話都講不清楚，學著女人那嬌弱模樣，給別針扎了一下就要暈，如果有丁點塵埃落在他那雙天藍色的長襪上，他一定要受不了呢。」
[43] 通心粉男的形象在社會上引發一場對話，呈現時尚可以「白手起家」，因為人們發現不只貴族，就算是中產階級出身，你也能夠加入通心粉男的行列。這套西服是絕佳例子，它有年輕通心粉男喜歡的典型明亮大膽顏色組合，也有諷刺作家最愛做文章的誇張設計，並且也是一件獨一無二的博物館展品；洛杉磯郡立美術館負責人克拉麗莎・艾斯圭拉解釋說：「〔在《駕馭者男裝時尚，1715-2015》這場展覽之前〕從來沒有哪間大型博物館利用館藏品在展覽用模特兒上重現通心粉男的形象。」[44] 她也指出我們很容易在諷刺漫畫裡辨認通心粉男形象，但要從歷史衣物中找尋卻沒那麼簡單。此處這具模特兒身上呈現的是精心研究後挑選搭配出來的展品，展現出通心粉男衣著美學的國際化氣息。

.................................................................................................

仿山謬・希羅尼穆斯・葛林姆作品，約1773年。

這張諷刺蝕刻畫畫的是一名倫敦年輕人回鄉下老家一趟，他的富農父親見他這副模樣嚇壞了，大喊：「老天啊，這是我兒子湯姆嗎？」

通心粉男假髮頂端這個完全不實用的小帽子，是常見的點睛之物。

跟左邊漫畫裡的湯姆一樣，這套衣服的穿著者也在腰上垂著兩條繫錶腰鍊，腰鍊上有章，可以用來壓印信封封蠟。兩條鍊子的裝飾性遠大於實用性，它們的存在目的是告訴他人，此人放在馬褲口袋上的懷錶不止一個，而是兩個。

馬甲背心前襟裁出俐落的角度，胸前一排金屬扣子全部扣起，這兩點結合起來就更強化原本纖瘦合身剪裁的視覺效果。

圖中看到的這些明亮色調呼應西班牙、義大利與法國當時流行的顏色，這些地區喜歡織錦與刺繡絲綢、圓點、條紋，還有人造染料。通心粉男臭名昭彰的一點就是他們喜歡把這些要素混在一起，圖中的顏色包括當時的時尚色豌豆綠（這種顏色的布料需要用交染法才染得出來，取得不易，因此特別搶手）、紅色、粉紅，以及深橘色。[45]

通心粉男的裝扮中最招譏嘲就屬這頂高假髮，其高度可能達到12吋（30公分）；這在整個18世紀裡促進了與「製作假髮」和「戴假髮」有關的各項工藝技術。

外套領子極高，預告著1790年代將會流行的款式。

這些口袋蓋下面都沒有真的口袋。18世紀末期的人覺得在衣服上做出真口袋會破壞當時流行的癯瘦線條，而通心粉男對這點更是倍加重視。為了取代口袋的功能，男人會拿著手袋（reticule）上街，就像前頁諷刺漫畫所畫的那樣。對於典型通心粉男那種瘦竹竿般的身材，以及追求瘦身效果的西服，當時人的反應可能與他們對外國的印象有關；很多人認為法國與義大利的食物對健康不好，所以才搞出通心粉男這種看起來弱不禁風的模樣。[46]

手杖是出門必備品，柄上常垂著長繐作為裝飾。

提也波羅，〈人物速寫〉，約1760年。

本頁這件外套後背下襬比當時常見的設計要短很多，從通心粉男的國際性做派來看，這個特點很可能是受到來自外國的影響；上方這幅畫中是18世紀後期義大利人，他穿的外套後方下襬也同樣有這種被截短的造型。

馬褲長度及膝，兩邊外側往下突出一點，把觀者視線引往健美的小腿肌肉。褲腳以扣子和珠寶帶扣收合，呼應鞋跟上的裝飾物。這裡用的是白長襪，但通心粉男也常穿其他顏色的襪子，包括藍色、粉紅色與紫色。

# 男士三件式西服：外套、馬甲背心、馬褲

約1775到1785年，法國，賓州費城藝術博物館

◆

　　這套三件式西服差不多就是一套早期的辦公西裝，美國將軍喬納珊·威廉斯在巴黎買下這套服裝，穿著這一身在歐洲談生意。[47] 整套西服的剪裁、結構與花飾都非常時髦，上面有幾處細緻的繡花，繡的是流行的大自然花樣。雖然繡工精美，但這些刺繡長條花紋相對而言寬度不寬，且只點綴在前襟、袖口、領口與口袋處，顯示時尚潮流的發展傾向是裝飾愈來愈少。

⋯⋯⋯⋯⋯⋯⋯⋯⋯⋯⋯⋯⋯⋯⋯⋯⋯⋯⋯⋯⋯⋯⋯⋯⋯⋯⋯⋯⋯⋯⋯⋯⋯⋯⋯⋯⋯⋯⋯⋯⋯⋯⋯⋯⋯⋯⋯⋯⋯⋯⋯⋯⋯⋯⋯⋯⋯⋯⋯⋯⋯⋯⋯

外套扣子比馬甲背心扣子大很多，這是從大約1770年代開始流行的設計，同時也解釋了為什麼外套上面沒有扣眼。這種大扣子最受歡迎的材料是金屬，此處扣子表面包布，上面還可以再做刺繡。

刺繡的主要花紋是金色麥穗，麥穗在基督教裡代表富足、新生、重生與自我犧牲，非常適合放在一個想在外國社交圈給人留下良好印象的有錢專業人士身上。

絲袋假髮主要是用來搭配正式（大）禮服，假髮馬尾（一束綁起來垂在背上的頭髮）用黑色小袋子裝著，袋子通常是絲綢材質並上膠使其硬挺，袋口用一條束帶拉緊，再用一朵黑色蝴蝶結遮住束帶。

剪裁很貼脖子的小立領，很快它就會被1780年代後期與1790年代流行的高立領取代。

袖管頗為貼身，袖口寬度也與袖管差不多，下面看得到一點點襯衫袖口縐邊，長度快要到穿著者的手指指根關節處。

外套與馬甲背心上另一個主要花紋是開花的藤蔓，藤蔓也是聖經典故，象徵和平與富裕。

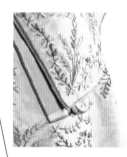

外套的口袋造型合乎1770年晚期到1780年初中期的流行風尚，過了這段時間後流行的就是無花飾的口袋蓋，下面也不會縫上裝飾性的扣子。

這件單排扣馬甲背心的下襬從腰部往外斜裁出角度，和外套的線條一致。馬甲背心扣子全部扣緊，衣料上的刺繡完全與外套的相符。

外套上完全沒有扣眼（不論是實用還是裝飾的），因為當時流行把外套敞開穿著，所以裁縫做衣服時常省去扣眼。

馬褲的剪裁與結構在18世紀後半葉沒有太多改變，一直都是合身設計。

麥穗與繞在周圍的藤蔓是用鎖鏈繡繡成，這種古老的裝飾工藝是用線在底布上繡出一長排精巧小圈，線從布的下方往上穿，將每個環壓著固定，看起來像一條鎖鏈。繡的時候不會將小圈拉緊，而是讓它鬆鬆的，一個接一個連起來。這種針法可以繡出像羽毛一樣的效果，所以有時又稱為「飛羽鎖鏈繡」。「雛菊繡」是把每個圈圈分開的變化繡法，現在還常被用在花卉圖案刺繡裡。[48]

# 佛若克大衣

約1784到1789年，荷蘭，阿姆斯特丹荷蘭國立博物館

◆

　　佛若克大衣原本是勞工穿的衣服，被上層與中產階級拿來改造成時尚新風格，而這件外套是 18 世紀晚期佛若克大衣的絕佳範例。本頁跟下一頁的例子有個共通點，它們都是整套西服中殘存的一部分，這是時尚史研究很常遇到的情況；這時我們需要更進一步探查考據，才能確定完整的西服是怎樣穿著、搭配哪些飾物。幸運的是外套所有者的畫像也被保留下來，且在畫中竟穿著同一套衣服，這是非常罕見的例子。畫像與實物兩樣珍貴的史料並存，讓我們能用完全不同的角度來審視同樣一件外套。

寬大的反摺領幾乎要披到肩膀邊緣。這時期的領子很多會做一個「中央尖稜」，就像圖中這件年代約為1790年的大都會藝術博物館藏品一樣。

據荷蘭國立博物館的說法，這件外套所有者雅各・阿勒烏金長年戴假髮，假髮結成馬尾且撒滿髮粉，所以外套領子髒得不得不拿掉一塊尖稜處的布料換成黑色亮光布。[49]

袖子相對而言算窄，袖口也做得不怎麼顯眼，這跟幾年前的流行已經有所差異。造型內斂的反摺袖口邊緣用銀色緶帶標出，上面還有裝飾性的扣子與扣眼。

右邊肖像畫中的外套，看似搭配點綴些許花紋的白色或乳白色絲綢的角襟馬甲背心。下圖大都會藝術博物館所藏約1780年的義大利馬甲背心，與肖像畫中的類似。

羊毛材質的佛若克大衣在這時期可以穿去任何場合，唯獨因它不那麼正式的本質和卑微的出身而進不了宮廷。既然是羊毛而非絲綢的外套，上面的裝飾花紋自然也就點到為止，但至少底布的深苔綠，襯托出兩排繡著單葉與複葉植物和繸鬚花紋的銀線刺繡，看起來像珠寶一樣。

這件外套上只有兩顆扣子，且沒有對應的扣眼，胸前是用兩對暗藏著的鉤子與孔眼來扣合。外套前襟從胸部以下就往外斜開，根本無法扣起，所以這裡不縫扣子或鉤子也是很正常的。

阿德利安・德・萊利，〈雅各・阿勒烏金〉，約1780到1790年。

1780年代的馬褲是合身剪裁，長度剛好過膝。馬褲到了1770年代通常是用帶扣或鈕扣在褲腳處固定，偶爾也會用繫繩綁結。上圖肖像中的阿勒烏金身穿黑色馬褲與白色長襪，這種搭配在1780年代後最為常見。

外套下襬有逐漸後縮形成窄燕尾的趨勢，這到了1790年代會變得更明顯。

# 稜紋絲綢外套

約1780年代，英格蘭，賓州史賓斯堡大學時尚檔案與博物館

➤

　　這件柔藍色的外套是騎裝風格，上面有同樣顏色的扣子，剪裁樸實美觀，讓我們得以一瞥當時某些重要的裁縫技術與時尚要素。這件外套與前頁的例子一樣缺少原本成套的馬甲背心或馬褲，但當初穿著者很可能會搭配對比色的其他衣物。

......................................................................................

肩部窄而斜削的剪裁特別明顯，不使用任何形式的肩墊，這也是之後的流行趨勢。用歷史學家安妮‧荷蘭德的話來說，這一點加上當時男裝強調腹部、髖部與大腿的設計會讓穿著者顯出「稍微有點矮墩墩像小孩子」的輪廓，與我們今天對「男子漢」體型的詮釋大不相同。[50]

前頁的佛若克外套只有兩顆扣子，但這件就多得多了。像這種大扣子以前曾是愛打扮的通心粉男專用配件，但此時已成為時髦男士的尋常裝飾。1794年的《分析評論》雜誌曾描述：「鈕扣狂熱者在1786年占領世界，他們……衣服上的鈕扣奇大無比，大到跟1克朗硬幣差不多。」[51]

第二顆扣子下面藏著一對鉤子與鉤眼。

領子在背後的地方做得很高，這是1790年代「立式摺領」剪裁的先驅。後方中央也有一個小尖稜，跟前一頁的圖例一樣。

從1770年代以來，裁縫師都會把大衣外套後方兩側縫線做得稍具弧度。到了1790年代，這兩條縫線幾乎要在背部中央會合了。

後方中央開衩（方便穿著者跨坐馬背上），上面用另一塊布料蓋住。

側邊褶襉底下有扣子，可以把外套下襬收攏固定，這在騎馬和進行其他體育活動時很實用。這裡，兩邊底部各縫了一顆扣子，將外套這兩個地方扣合連接起來。

此處袖口完整包覆手腕，沒有開衩，但其實佛若克大衣袖口很常見的做法是在後方開一道衩（到今天還是這樣）。在1780年代中期，愈來愈少人會把襯衫袖口蕾絲從外套袖子底下露出來。

1780年代大多數外套都將口袋做在髖部高度，這件也不例外。口袋蓋很大一片，下面緊貼著有一排扣子。上圖可以看到口袋本身的模樣，袋口做成方便拿東西的V字形。

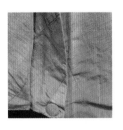

下襬底部是用比較小片的布片縫成，這種做法在那個時代稱為「拼縫」，專門用在外套上看不見的地方，是18世紀男女裝通用的省錢技巧。

# 喬治‧華盛頓的西服

約1789年，維吉尼亞州維農山莊喬治華盛頓故居

◆

　　美國第一任總統喬治‧華盛頓的種植園大宅老家維農山莊擁有豐富的收藏品，這套西服就是其中之一，華盛頓穿著它的時期大約是在第一次總統就職典禮（1789年4月30日）前後。衣服布料是美國製造的褐色粗絨布（broadcloth，一種厚實的毛織品），美國戰爭部部長亨利‧諾克斯（Henry Knox）說這種布料「質劣而粗糙」而拒絕使用它，但它卻象徵華盛頓對於美國本土製造業的用心，它的樸實無華也代表華盛頓提倡簡素衣著、反對歐洲宮廷奢靡浪費之風。華盛頓在1761年寫道：「我不要蕾絲也不要刺繡。樸素的布料，金或銀的扣子，只要做成文雅的衣服，那就是我所想要的。」[52]

高高的立式摺領，以及寬大的鈍角下領片讓穿著者肩膀與軀幹看起來更寬。

1780年代的外套袖管會在肘部做出弧度，這樣穿著者站立時手肘稍微彎曲，袖子會呈很自然的狀態落下。

衣服表面唯一向裝飾性妥協的地方也有其功能性，這些大型金屬「聯邦式」扣子上面有美國鷹的紋飾，雙排扣外套的扣子排得很近，縫成垂直兩排。扣子是為了這件就職禮服特別做的，在典禮前夕才完工。華盛頓收到第一份樣品時寫信給亨利‧諾克斯說，這些扣子與搭配的布料「確實展現這個國家工業生產的成就」。[53]當時為了就職典禮製作的扣子可能多達22種設計，有的給參加典禮的諸位代表使用，有的則給觀禮民眾當紀念品。扣子上面是手工印製的花紋，包括老鷹和太陽之類，再加上「人民至上」或「總統萬歲」等標語。歐洲與美國各地的男士獵裝都會使用類似風格的扣子。[54]

白色絲質長襪搭配褐色馬褲。

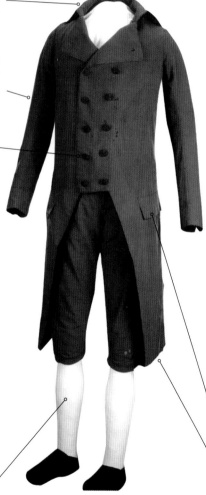

「英國熱」在1770與1780年代橫掃法國，帶起一股簡約「鄉野」與講求合理性的衣著風潮，而這些都與美國革命的理想不謀而合。華盛頓本人一定認為「男性、女性能用簡化衣著的方式去除階級隔閡」這種想法很有活力，本頁這套西服的簡單顏色與內斂設計就反映此事。不過話說回來，此

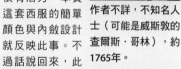

作者不詳，不知名人士（可能是威爾斯敦的查爾斯‧哥林），約1765年。

處外套與馬褲的合身剪裁也的確符合18世紀時尚中的階級指標，合身的衣物清楚表示穿著者不需要衣物寬鬆便於活動，不需要在田裡勞作，而是要維持公眾人物的形象。這套西服讓穿著者能展現優雅挺拔的姿態與高雅舉止。

口袋設計簡單無裝飾，上面沒有真扣眼也沒有假扣眼。

依據布料專家琳達‧鮑姆加頓的研究，華盛頓身材高瘦，四肢瘦長。這件外套下襬及膝，蓋住髖部與大部分大腿，能強調出華盛頓的修長高挺身材。[55]

# 法國「無套褲漢」的西服

約1790年，加州洛杉磯郡立美術館

◆

　　這套 1790 年的夾克外套、襯衫與長褲組合代表法國社會裡一個非常特定的重要團體，「無套褲漢」（sans-culotte 這個詞有好幾層意義與脈絡，但我們通常將它直接照字面翻譯）可說是代表著法國大革命中最激進的階段，其成員多為都市中的無產階級，這些因幻滅而憤怒的男男女女在革命中聚集，扮演起平民領袖的角色，替那些傳統政權下的弱勢者發出聲音。衣著是無套褲漢一望即知的標誌，用來展現黨派立場與背景，具有重大意義，這種情況在所有的政治與革命運動中都很常見。此時以褲子的重要性最顯著，但我們也要知道它代表的是歷史中一段非常複雜混亂的時期，最好不要誇大了這種長褲對後世男裝時尚的影響力。長褲取代馬褲的過程是漸進的，且直到 1820 年代中期人們才普遍把長褲當成流行的日常衣物。當時某些時髦男性也會穿長及腳踝的老式緊身褲（pantaloon），但這種褲子剪裁合身且線條優美，跟「無套褲漢」的簡單舒適衣著完全沒有一點關係。

........................................................................................

詹姆斯・吉爾雷在 1792年畫的諷刺漫畫，畫裡是一名一貧如洗、真真正正連套褲都不穿的「無套褲漢」坐在火邊，〈自由的法國人與受奴役的英國人〉。

查爾斯・狄更斯（Charles Dickens）在1860年說：「大革命一把拔去男人脖子上的領飾巾。原來，人們嗜血的喊叫不夠大聲……是因為聲帶被細棉布給桎梏住了呢。無套褲漢的喉嚨必須無拘無束，這樣才好運用肺臟；他們敵人的喉嚨也必須無拘無束，這樣才好上斷頭臺。」[56] 圖中這位無套褲漢脖子上鬆鬆繞著麻布圍巾，很容易可以取下，圍巾末端自由垂墜，不必紮死在馬甲背心裡頭。革命分子有時候也會穿馬甲背心，但目的是要呈現他們的理想，而不是與整套西服做搭配。本頁右下這件1789到1794年的馬甲背心也是洛杉磯郡立美術館藏品，是當時人用家裡自己織的布所做，以此宣揚法國大革命的理念。這件馬甲背心每個細節都有象徵意義，舉例來說，它的下領片上繡著小毛蟲與蝴蝶，象徵著1780年代人們的「浮華不實」；蝴蝶翅膀被剪斷，象徵奢侈浪費的穿衣風氣就此告終，左手邊的毛蟲則代表時尚為此做出犧牲。兩邊口袋上寫著法國俗語，右邊是「穿僧袍未必是真僧侶」，左邊是「以貌取人最要不得」。這兩句話都與英文俗諺「不要只靠封面評判一本書」有異曲同工之妙，同時也讓人想起英國嘉德勳章的訓言。當時任何能跟英國扯上關係的東西都很流行，這表示「英國熱」一直存在於法國文化與法式品味中。[57]

弗里吉亞軟帽又稱為「紅軟帽」或「羊毛軟帽」，它的起源仍有爭議。但可以確定的是它參考了古希臘的服裝風格，呼應著「無套褲漢」所擁抱的新古典論述，且同時它的形狀也類似工人戴的羊毛帽。[58] 法國大革命期間，民眾攻進杜樂麗宮之後強迫王室成員都要戴弗里吉亞軟帽，這種帽子於是成為法國的愛國精神象徵，人們戴它的時候常會別上一枚紅白藍三色帽徽，如圖所示。

這件長得像罩衫的夾克叫做「卡曼紐外套」，源自義大利的卡曼紐鎮，原本是當地農民世世代代的傳統衣著，但被法國人拿來改良而融入法式服裝之中。[59] 外套長度偏短，後背偏寬，材質通常是羊毛布或棉布，整件僅用鈕扣來裝飾，其他唯一向流行看齊的部分只有寬大的翻領。

長褲扣合處的設計是「垂門襟」，將前襠處的一片布料用兩顆扣子扣起來，這種門襟形式也常用在馬褲上。褲子整體剪裁是要讓褲腰剛好位在自然腰線上面一點的地方。

一直到18世紀末，寬鬆剪裁的長褲通常被視為下層階級衣著，拿來作為「無套褲漢」的制服也就特別合適。然而，歷史學家丹尼爾・羅希認為這個前提假設有問題，因為法國大革命幾次「起義」的相關史料裡都沒提到這種服裝，[60] 此外我們還知道大多數巴黎工人此時仍繼續穿馬褲搭配長襪，並未為了革命改換衣著。話說回來，不管長褲的源頭或它在社會史上的正確定位為何，它確實是無套褲漢會穿的衣服，也確實被用來象徵一種好戰的理想主義。本頁圖例這件長褲是個絕佳例子，它用彩色條紋取代貴族服裝的華麗繡飾，讓衣服美觀而擁有變化性，至於彩色條紋本身也可說是源自法國國旗與革命分子的標誌三色玫瑰花結（rosette）。純粹從實用角度來看，由於紡紗與織布技術在18世紀末的進步，條紋布（橫條紋與直條紋）愈來愈容易取得，且隨著另一場革命「工業革命」的興起而繼續流行到19世紀。[61]

背心，法國，約1789到1794年。

# 絲綢外套與馬褲

## 1790年代，法國，紐約大都會藝術博物館

這件 1790 年代的外套與馬褲和刺繡絲綢馬甲背心搭配成套。這套「**便裝**」或「**英式套裝**」雖不如 1795 到 1805 年的例子那般高腰或誇張，但依舊能做出引人注目的輪廓，代表著大革命過後法國男裝典型樣貌。這套西服特別能呈現當時年輕男性常穿的風格，而我們也能從 18 世紀前襟裁短的設計中看見 19 世紀燕尾服的發展雛形。

從1780年代以來，馬甲背心與外套都會做成立領與翻領的樣式。

外套上這種條紋花樣很明顯是1790年代的產物，扣子使用金銀線鑲**邊工藝**，在木扣子表面以絲線做出縱橫交錯的平織紋裝飾，既與外套布料相搭配，又能增添一點不一樣的地方。

寬而圓的**下領片**是1790年代標準造型。時間愈往後，立式摺領與下領片之間的空隙就愈寬。

這件燕尾服外套腰部是非常明顯的直線剪裁，腰線高度相對來說很高，下面的馬甲背心和馬褲大部分都會露出來。

到了1790年代，雙排扣外套變得比以前更流行，這種設計搭配外套腰部方正的線條能取得比較平衡的視覺效果。[62]

這件單排扣馬甲背心腰線處採取「矩形剪裁」，又稱「紐馬基特式」設計，上方的兩個長方形口袋開口有強調造型的效果。有趣的是，兩個開口位置高低有些差異，這表示此件馬甲背心可能是家庭手工製作，或是它被改動過。這時期流行的馬甲背心沒有下襬，背後一個或多個綁結處可收緊讓衣服更貼合身體線條。素色底布上面繡著重複的花卉水果圖樣，乍看好像很平淡，但沿著門襟前緣有個趣味細節，綠色線繡的直條藤蔓不斷在扣子間伸出捲曲分支，為整個設計增添更多綠意。相對應地，這裡每顆扣子中央都繡著花朵與帶葉子的枝幹。

從背後看，可以看出剪裁方式的變化如何造就此時流行的纖瘦線條。外套口袋被擺在髖部正後方位置，因為後方兩側縫線弧度變得愈來愈明顯，所以裁縫師就不得不把口袋一起往後移。如果比較這件外套與前面1780年代佛若克大衣的剪裁，會發現一些非常有意思的顯著差異。

當時流行將馬褲在大腿位置做得特別合身，褲腰通常很高，比自然腰線高出許多。

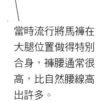

馬甲背心，約1790年。

# 尚‧路易‧達希仿卡爾‧韋爾內作品，〈奇男子〉

約1796年，阿姆斯特丹荷蘭國家博物館

大革命期間無套褲漢的破爛風退潮之後，活過恐怖統治的年輕貴族男女在督政府時期終於又能一擲千金追逐流行，只不過用的方式與革命之前有些不同。女人中有些人成了「奇女子」，男人中也出了一批「**奇男子**」，他們把英式服裝搞得誇張無比，讓革命前夕才剛流行起來的那些服裝風格再度回歸。本頁這兩位先生的穿著看得出當時流行的男裝輪廓，這兩人雖是諷刺漫畫的角色，但他們身上衣服與湯瑪斯‧卡萊爾所謂「類丹迪男」（dandiacals）這種光怪陸離巴黎人的打扮也差不多了。

「奇男子」雖是追懷傳統政權舊日榮光的保皇黨，但他們選擇的打扮方式卻是刻意搞得衣衫不整，以漫不經心的態度展現「頹廢」之風。重點有兩個，一個是看似鯔魚頭（mullet）的長髮髮型「豪豬頭」，另一個是把領飾巾在脖子上繞很多圈、尾端留很短且結打得很粗大。領飾巾通常用的是綠色（見下圖），顯示他們支持王室的立場。[63]

此幅版畫在1796年12月一夕之間爆紅，就連「奇男子」自己都覺得這種「一個花枝招展的年輕人毫不掩飾地打量另一個」的畫面很有趣。圖右這人把手持單片眼鏡舉在眼前，這種視力輔助器除了實用功能之外也被很多人當成飾品。畫家的意思是在暗示他「帶著些（批判性的）疑問態度」打量眼前另一人的衣著。

飾品是「奇男子」衣著美學中的關鍵，以大型耳環、鍊墜，以及帶鍊子的懷錶最重要。這種打扮出名到什麼程度呢，拿破崙麾下一批軍人拿到拖欠許久的薪餉之後居然引用這典故：「他們去買珠寶……每個人都戴著到處炫耀……鍊子啊，飾品啊，就像那時巴黎最流行的。我們把自己變成『奇男子』了！」[64]

大革命過後，曾經一度流行的三角帽差不多從法國消失，它的地位被雙角帽取代。

「奇男子」有時候會疊穿兩件馬甲背心來增加更多顏色與材質變化，圖中這裡是外面一件馬甲背心的花卉紋樣領片，能讓疊在下面的外套領片誇張剪裁看起來更顯眼。

**外套，法國，1790年**

這個人穿的外套（以及上方小圖的外套）都有著高而窄的常禮服式腰線剪裁。在本頁這兩位「奇男子」身上，外套的窄腰設計都能把大鵬展翅般的巨大領片襯得更加寬闊。

「奇男子」排斥無套褲漢那種寬鬆長褲，喜歡緊身的馬褲，且要從膝蓋那裡垂下幾個長長的緞帶環，讓人想起17世紀中期的綯邊與邊褶造型。顯示過去那種花俏的男子氣概風潮再度回歸。

這人手中這頂帽子是19世紀煙囪禮帽的前驅。

外套流行明亮色系，特別是各種色調的紅與綠。紅色作為反動派的象徵顏色尤其切題，它常被用來代表斷頭臺上流淌的鮮血。

平底淺口尖頭鞋搭配白色或彩色長襪，這是最常見的足部穿搭。

# 外套、馬甲背心與馬褲

1790到1795年，法國，加州洛杉磯郡立美術館

◆

　　這套西服中的絲質外套非常能代表1790年代獨特的轉變期風格，它保留了「奇男子」衣著某些浮誇要素，但也呈現一個遠離極端偏向中庸的方向，且——在法國流亡貴族紛紛從英國歸來之時——強調法國時尚界向英國風格學來的柔和線條。這件外套線條大膽俐落，領子造型誇張，完美呼應當時整個歐洲正在經歷的轉變，並呈現出男性化與女性化審美之間的融合與互相借用。

⋯⋯⋯⋯⋯⋯⋯⋯⋯⋯⋯⋯⋯⋯⋯⋯⋯⋯⋯⋯⋯⋯⋯⋯⋯⋯⋯⋯⋯⋯⋯⋯⋯⋯⋯⋯⋯⋯

整套展品中最耀目的就是這件絲質條紋外套，其設計用的是從1770與1780年代延續過來的平直線條。領子在背後翻摺，做得很高，整個蓋住脖頸，且幾乎要碰到穿著者的下巴。三角形的下領片非常寬大，尖端一直伸到肩膀下方的位置。

這裡和袖口都有包布大扣子，提供另一個視覺焦點。

條紋繼續流行，成為男裝布料最流行的花樣，直到約1795年為止。

〈婦女時尚〉，1800年1月5日。

這幅時尚插畫反過來呈現18世紀末到19世紀初的女裝外衣如何受到男性時尚影響。高領設計與腰部的環繞式固定法打造出與當時男裝相似的輪廓，使得位置極高的腰線更加顯眼。

外套此處截得極高的腰線與當時女裝時尚非常類似，女裝的「帝國式腰線」剛好位在胸部下方，這件夾克的設計也與此相應，露出外套下方的花布馬甲背心。

〈奢華與時尚〉，1786到1826年。

這張時裝版畫年代大約是1787年，畫中紳士身穿條紋外套，外套有類似的寬翻領。紳士頭上戴著高帽子（很可能是毛氈材質），這種帽子就是用來搭配本頁這類西服；帽冠稍呈錐形，到19世紀逐漸發展成為大禮帽的樣子。

這件單排扣馬甲背心有很大部分露在外面，讓外套高腰截斷的設計看起來更顯眼。馬甲背心用的布料是平紋綢，上面用真絲線與金屬線做出鑲邊工藝，馬甲背心的口袋也以同樣技法進行鑲邊裝飾。

外套的燕尾很長，長度及膝，這時期還有其他燕尾長及小腿肚的例子。燕尾設計符合當時喜愛誇張的審美觀點，它的不實用也暗示出一種富貴閒散的氣氛。傳說1791年日耳曼某些地方流行的外套燕尾甚至長及地面，穿這種外套的男士走路時必須像女士提起長裙那樣提起燕尾，不讓它在路上拖著。[65]

# 約翰尼斯・彼得・德・傅萊仿雅各布斯・約翰尼斯・勞威爾斯，〈拿陶罐的農夫〉

## 1770到1834年，阿姆斯特丹荷蘭國家博物館

　　這幅 18 世紀晚期的蝕刻畫是很重要的史料，讓我們得以觀察下層階級男性勞工衣著，這在時尚研究裡頗為難得。畫中這人雖然衣服穿得比較隨意，而且沒穿外套，但他身上這整套仍然清楚看得出當時流行的輪廓，只是為了適應勞動者的需求而經過改造罷了。畫作詳細年代不清楚，但畫中一些要素讓我們能推測它大約是 1790 到 1800 年間的作品。

匠人與勞工一早開工時可能會拿條領飾布或手帕把襯衫領口紮起來，而這幅畫畫的是工作一整天之後衣冠不整的真實模樣，同時也是鄉下人穿著比城市居民隨便（不得體）的情況。

工人的襯衫多為麻布製，輕薄透氣且耐用。

馬甲背心通常是羊毛或棉布材質，大圖中單排扣馬甲背心的剪裁（不談布料與裝飾的話）跟貴族穿的倒也差不了多少（小圖：絲質馬甲背心，約1780年）。不過，很多工人選擇穿罩衫而不穿馬甲背心搭外套；罩衫有袖子，衣服長度到髖部或大腿，形狀是直筒到底。這種衣服很耐用，易穿易修補，適合各種粗活，且保暖能力足夠，免去了搭配馬甲背心或夾克的麻煩。

比起貴族的衣服，這件馬褲比較寬鬆也沒什麼造型可言。但時髦男士的馬褲常被他們較長的馬甲背心與外套遮去大半，不像這裡清楚露在外面。這種馬褲大概是用整片或者比較寬的「垂門襟」來固定褲腰，前方的蓋片從一邊的側縫線延伸到另一邊，因此蓋片本身的兩邊會被馬甲背心遮住，但這裡仍看得見中間扣扣子的閉合處。大約從17世紀以來，各個階層人士所穿的馬褲都會做裡，其作用類似內褲，能提供額外的保暖效果。[66]

約翰尼斯・彼得・德・傅萊，〈背籃子的農夫〉，約1770到1834年。

同位畫家所繪，畫中的農夫或工人（可能與左圖是同一人）衣著齊全，穿外套還打領巾。這件實用取向的外套長度僅及髖部，沒有燕尾，形式類似大革命後無套褲漢愛穿的卡曼紐外套，這種外套更早之前是義大利勞動者的傳統服飾。

馬褲可能是用皮、羊毛或厚棉布製成，圖中這件褲腳處用來收合的帶扣沒扣上而垂落。

長襪的材質多為棉或梳毛紗（用梳理過的羊毛纖維紡成的紗線），鞋子通常是有帶扣的鞋或靴。

# 第三章

# 1800–1859

任何討論19世紀早期男裝的文獻都會提到「丹迪男」，那時候的人對他們的稱呼還包括「花花公子」（buck）和「美男子」（beau），有時也會聽到「繡花枕頭」（fop）這個比較貶義的詞。丹迪男不是之前18世紀的通心粉男，但這兩個稱呼的定義基礎很類似，都是指他們在衣著打扮上細心與一絲不苟的態度。再往下講，丹迪男不只是個展示衣服的人形架子而已，他選擇的衣服代表某種生存方式、某種心靈狀態；用史上有名的丹迪男，小說家巴貝·多爾維利的話來說，這「由許許多多深淺色調組成……是『體面』與『無聊』之間無止境戰爭直接導致的結果。」[1]

一提到「無聊」這個詞，我們就知道這位男士有太多空閒時間可以用來「以大膽而優雅的方式打扮自己」（此處引用多爾維利的原話）。本章不會太深入討論丹迪男的心理狀態與思考方式，因為歷史上實際能被歸類為「丹迪男」的人數量很少，且大多都是特權貴族階級。不過丹迪男這種社會現象對19世紀男裝典型的剪裁完美、整潔、無裝飾的西服影響深遠，所以我們還是需要簡短討論。

丹迪男的標準服飾就是把18世紀晚期獵裝弄得完美無瑕，1800年代早期歐洲、美洲與英國所有時髦男性都穿獵裝，只是形式稍有不同而已。獵裝包含一件「晨間」外套（這麼稱呼是因為紳士通常在早上騎馬）與馬褲，模樣就是上一章最末幾個例子呈現的那樣。外套上面比前襬長的後襬「燕尾」逐漸變得愈來愈窄，最後出現了「燕尾服」（tail coat），又稱「晚宴外套」（dress coat），這是體面男士的必備衣物，直到1820年代下襬較完整的「大禮服」（frock coat）出現為止。

在1840年代之前，晚宴外套與大禮服外套都能用於日常穿著，這讓男士們平日著裝有更多選擇。此時期男裝最重要也最明顯的變化之一發生在下半身，1820年代長褲已經擁有和馬褲相同的地位，而這有一部分要感謝當時的時尚領導者喬治·「美男子」·布魯梅爾（George "Beau" Brummell）所造成的影響。在此之前還出現了另一種褲子「老式緊身褲」，是及膝馬褲到及踝長褲之間的一個過渡型態，但它實在太挑人穿，它的褲管會像手套那樣緊貼身體曲線，只有形態優美、最好是稍微有點肌肉的雙腿穿起來才好看，據說某些男士甚至會在小腿處人工加墊以獲得良好視覺效果。原本人們都覺得只有勞動者（特別是水手）才穿長度較長、褲管較寬的長褲，1790年代早期法國無套褲漢就用這種褲子來象徵他們的反抗精神。一直要到大約1830或1840年代，類似的較寬的褲子才進入流行時尚的世界；這段時期「老式緊身褲」與「長褲」兩個詞在某種程度上可以通用，因為它們在當時都指「長而較貼身的褲子」。[2]

外套與長褲
約1830年代
美國

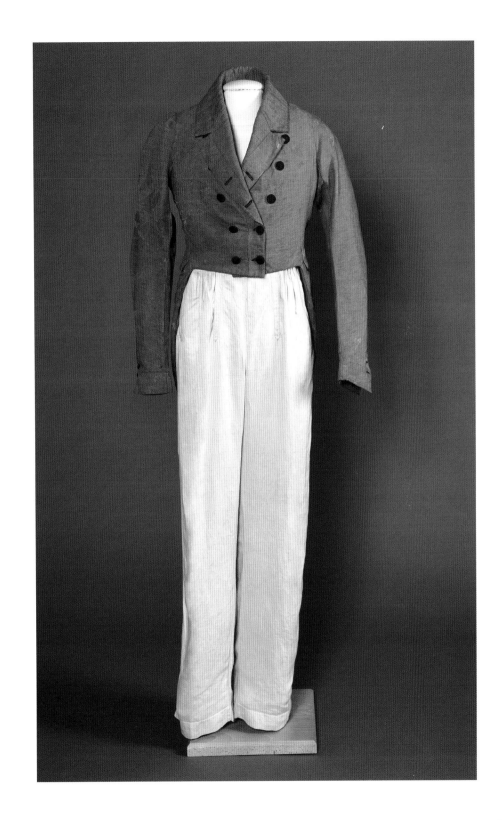

對布魯梅爾而言，要完成他心目中的完美風格，關鍵就在於讓剪裁貼身、讓身體線條連續不間斷。為此，他把口袋蓋移到外套正後方以免破壞軀體輪廓，並在外套上加入「縫合摺」（dart）使其巧妙地貼合身體曲線，此外他還在外套肩膀與軀幹處隱密縫入一層層羊毛或硬麻襯（buckram）來做出理想中的整體形狀。藉著新發明的布尺（tape measure）之助，裁縫師與顧客要重複量身試穿多次來確保成品盡善盡美。[3] 這下子，不只是布魯梅爾這身衣服，還有他穿著這些衣物的態度，以及他殫精竭慮讓衣櫃內每一件衣物、自己每一天的打扮都無懈可擊的精神，這些事情都對男裝時尚造成不小衝擊。

許多人都看出布魯梅爾專在細節上鑽牛角尖，他不用織錦與刺繡來吸引注意，反而堅持實驗各種方式來把一條領飾布在脖子上打出完美的形狀（這是其中一個例子）。在他這種講究之下，1818年出版的《領巾大學問》原來是本帶有諷刺性的小冊子，後來此書卻被夢想成為丹迪男的眾位人士奉為圭臬。書本序言將丹迪男的人生目標總結為：「……每一名紳士最大的願望就是說服所有人承認他是個紳士……而他必須靠衣著做到這一點。」[4] 比較廣義而言，這段話是說男性可以、且應該把衣裝當成一個人是否值得他人尊敬的最重要的標準。要達到這標準，個人清潔也是條件之一，而這也是布魯梅爾美學的另一個關鍵，只有注重清潔的男士才可能讓頸間那條長麻布常保潔白如雪。

傳說布魯梅爾每天早上能花到10個小時來打扮，有時他一邊打扮還一邊讓人參觀，參觀者都是來向他求教穿著搭配技巧的人。波特萊爾（Baudelaire）就說了，這種縱情沉迷的行為適合什麼樣的人呢？只適合「有錢，閒散，並且……除了一直追求快樂以外無事可做〔的人〕……這種人唯一優點只有優雅而已。」[5] 然而布魯梅爾出身其實並不高貴，他在1778年誕生於中產家庭，全靠自己的力量一步步進入攝政王喬治的社交密友圈裡。因為他的成功，其他非貴族出身的男士也起而效法，敢於在穿著上展現與上層階級相同的自信與優美；這種情況在18世紀那個衣服上流行奢華裝飾的時代裡是不可能出現的。只不過，到了1840年，布魯梅爾晚景淒涼地死去，而此時成衣業的興起（見下一章）也扼殺了丹迪男發揮他最重要技能的機會。丹迪男必須「構思」自己的衣著，羅蘭・巴特（Roland Barthes）是這麼說的：「就像現代藝術家會基於可取得的材料來構思一件創作……一般而言丹迪男的衣服不可能是『買』來的。」[6]

隨著時間過去，丹迪男這股風潮在歐洲各地逐漸與各種不同的社會群體和行為準則連結起來，其中包括了「痞男」（ruffians，打扮浮誇刺眼的怪異人士）和「精緻男」（exquisites，完美主義的禁慾者）。想也知道布魯梅爾的理想不可能被後世一點不差地傳承下去，他留下的影響比較是廣泛的，是一種優

路易—利奧波德・博伊
〈紳士畫像〉
約1800年

雅但節制的風格，是把剪裁與合身擺到第一位的態度。用他自己的話來講，「如果你走在街上會讓約翰牛（John Bull，指一般英國男性）轉身來看你，那就表示你穿得不對。」依據約翰·哈維（John Harvey）的說法，布魯梅爾留下的是「不久之後維多利亞時期全英國都在穿的平實俐落黑色衣服之原型，且更有種嚴肅陰鬱的氣質。」[7]

然而，只有某些人知道這樣一個歷史發展脈絡；比起19世紀初，19世紀末的人看待丹迪男的態度似乎變得更疑忌、更不自在。威廉·康諾·席德尼（William Connor Sydney）在1898年寫道：「1819年，龐德街丹迪男身上的衣服有一半男一半女。這種人把老式緊身褲紮進腰帶，就像女人把襯裙紮進馬甲背心裡頭；他們還把外套前面做得膨大，腰部做得緊，髖部位置有很寬的抽碎褶（gathers）。」[8]在21世紀人的眼中看來，正如時尚史專家所認定的，19世紀初年的男裝讓男人的身材一覽無遺；安妮·荷蘭德說這是「把普通鄉間裝束加以理想化而變得上流文雅……強調出衣服下面的人體。」[9]意思就是把腰線上抬，用淺色緊身馬褲或長褲包裹兩條長腿，展現出最具男人味的肌肉線條。

到了19世紀末，西服的樣子已經經歷大幅轉變，但仍然徹底保留丹迪男必穿的外套、馬甲背心與長褲三件一套這個形式。不過，此時新出現的思潮是重視運動與體格，而這可說主宰了當時人們對「男子氣概」的認知，造出一種與過去大相逕庭且頗具防衛性、頗缺乏安全感的「男性氣質」構思。

如這幅肖像畫所示，攝政時期（Regency）雖然比18世紀那些絲綢與素緞要沉著一些，但就很多方面而言這時代可謂是男裝史上的色彩絕響，因為緊接著維多利亞時代就出現衣著流行色調的大變化。畫中人身穿茄紫色外套，內搭的花卉圖案馬甲背心上點綴著深紅花朵，配色豐富而溫暖，看得出顏色與花樣都經過仔細搭配。另一方面，縱然丹迪男的衣著哲學認為男士應當煞費心思打點自己全身上下每樣東西，但也有其他人對這態度不表贊同。珍·奧斯丁（Jane Austen）在1796年1月寫信給她姊姊卡珊德拉（Cassandra），說到一個與她短暫調情過的男士湯姆·勒弗洛（Tom Lefroy）：「他只有一個缺點，我相信這問題時間久了就能全改——他穿的晨禮服外套實在太薄了。」[10]

本章會呈現西服在剪裁與合身程度上的緩慢變化，從19世紀早期的高腰膨袖鴿胸丹迪男造型轉變為1850年代修長細瘦、肩部線條平滑的模樣。話說回來，19世紀前半的男士想必覺得男裝流行改變的速度比起女裝簡直有如龜爬。《雪梨公報與新南威爾斯廣告商》在1831年對這情況做出一段淒慘的總結：

自從上個月以來，衣著時尚僅有的改動如下：腰線短了一點點，髖部的扣

子更靠近了一點點,下領片的尖少了那麼一些些且頂上變大了一些些,領子變長了一丁點且後面的拼布也露出來一丁點。[11]

　　然而,這些變化如果放到一個流動的時間線裡來看就會變得很明顯。有興趣的人瀏覽這個時代的博物館展品或是藝術作品時,又或是觀賞電視節目或電影對這個時代的詮釋時,他們都能以此作為輔助。

　　看看當時留下來包括時尚插畫在內的許多圖像,畫中男士大多身穿又長又寬的**大衣**(topcoat)遮住整套西服,只有長褲還看得見。因此,我們若

要「解讀」當時西服，就必須了解這些大衣的種類與樣式變化。前一章我們已經介紹過**厚大衣**，而1840年之前，其他的大衣選項還包括有領子的長斗篷大衣（cloak）或是剪裁與大禮服非常相似的長外套（包括1823年化學家查爾斯・麥金托什〔Charles Mackintosh〕申請獲得專利的**麥金托什防水雨衣外套**〔mackintosh〕）。

　　從1840年代一直到20世紀之前，男裝外套最主要有兩種設計，事實上這兩種外套到今天都還存在。「**柴斯特菲爾大衣**」得名於第六任柴斯特菲爾伯爵（Earl of Chesterfield）這位社交界與政界的著名人物，緊接著出現的則是「西

左圖
柴斯特菲爾大衣
W・C・貝爾攝
約1860到1870年

右圖
帶披風的大衣
約1860到1890年

裝便服」（lounge suit），兩種外套相同處在於它們背部都是平坦一整片，且腰部沒有環繞一圈的水平縫線。柴斯特菲爾大衣可以是單排扣或雙排扣，整體只靠不起眼的縫合褶與兩側縫線做出一點點曲線。結合這些特質，柴斯特菲爾大衣是一種舒適、多功能且非常受歡迎的衣物。「袋形大衣」（sac）是它的變體之一，比一般的柴斯特菲爾大衣更寬鬆，且完全沒有任何曲線；不過，就算是在當時的文獻裡，人們有時都會混用這兩個名詞。

1860年代從愛爾蘭引進英國的「**阿爾斯特大衣**」（Ulster）是當時另一個時尚寵兒，它與柴斯特菲爾大衣的差別在於它可以做成半腰帶（half belt）或全腰帶（full belt）樣式，外面可以加上組合式的覆肩短披風（shoulder cape）也可以不加。[12] 喜歡披風造型的男士還可以選擇「英佛尼斯大衣」（Inverness），它衣如其名是源出於蘇格蘭，材質通常是粗呢或方格呢，長度通常是全長、寬大、有腰帶，且一定有領子和長及手肘的披風。此外，英佛尼斯大衣還可以不要做袖子，也就是說人們可以選擇把它做成有袖子的外套或沒有袖子的大件披風。

當鐵路運輸在1830年代興起，由於上述這些大衣都很適合出門旅行穿著，它們的設計也就變得更多樣，以便提供更多顧客更多選項。從1840年代開始，我們可以看到報紙上大量文章都在稱讚那些專門為此需求打造的「鐵路外套」（railway coats，這個詞有時候可以泛指各種大衣），而英佛尼斯大衣這種既舒適又可以做出很多變化的外套自然常被這些文章拿來推薦，甚至在它退流行之後依然如此。1867年，《西街紳士公報》說英佛尼斯大衣「並不時髦，但鐵路旅行時它永遠是可穿可披的最佳良伴，就這點與其他類似用途而言沒有任何一種衣服比得上它，所以它一直都會在人們的衣著清單裡。」[13] 這類外套後來影響了「凱里克大衣」（Carrick）與專門設計給汽車族使用的「防塵長外套」（duster）等服飾風格的發展。

# 天鵝絨三件式西服

約1800年，歐洲，加州洛杉磯郡立美術館

◆

　　這套繡飾華美的西服上面標的製作日期是「大約 1800 年」，此時大禮服外套、馬褲與長襪的組合早已退出流行，只有在宮廷裡或其他非常正式的場合會出現。拿破崙在法國登基後，之前無處可用的宮廷服飾又得以重出江湖，因此我們得以在這個時代看到外套與馬甲背心上有著一模一樣極富裝飾性、每一個小細節都左右對稱的設計花紋，內外完美呼應。本頁這個例子呈現舊時風格如何在社會的某個特殊小群體中得到延續，以及 19 世紀很常用在這類衣物上的幾種裁縫技巧。

............................................................................................................

一直到1800年前後，男性的「正裝禮服」普遍都是跟著流行變化的腳步走，用的是那個時代最受歡迎的剪裁輪廓，差別只在於正裝禮服使用品質最好的布料，上面加上工藝繁複的奢華刺繡。[14] 然而，進入19世紀後情況就不同了，或許是為了將宮廷服飾與民間日趨樸素的流行男女裝區分開來吧。這時代大部分男性能接受的衣物模樣就如同前一章最後面1790年代的那個例子，也就是雙排扣和高而寬的翻領設計；本頁圖例外套這種弧形前襟與寬袖口的古典剪裁清楚顯示它僅供最隆重的場合使用。

外套、馬甲背心與馬褲的底布材質都是花式天鵝絨（有時也稱為「割絨」或「燒花絨」，但其實用的工法稍有不同），製作方法是去除某些區域的布面絨毛來顯現圖樣。[15] 我們在整個19世紀的貴族男裝上都可以看見這種耗時費力的工藝。

這具展覽用模特兒頭上是19世紀早期流行的短髮樣式，但當時的人如果穿這樣的西服進宮廷，一定會搭配一頂18世紀的絲袋假髮（見第二章）。

此處領子做得極高，是這件外套少數仿效1800年左右流行樣式之處。

外套上有大量花卉紋樣，以蒲公英最為顯眼。匠人在刺繡花樣下面塞入填充物（可能是牛皮紙或羊皮紙）來做出立體效果（此技法在18世紀稱為「凸紋」），[16] 讓絲線繡的某處鼓起來，有如蒲公英絨球一層層膨起。

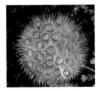

如此奢華的一套西服卻用上蒲公英花樣，這不得不說有些諷刺，因為蒲公英在 18 世紀是眾所周知的「窮人金」，在野外非常普遍，常被赤貧者採來下鍋煮湯。[17] 這套衣服上面其他的花卉包括勿忘草、羽扇豆和雛菊。

這頂1790到1810年的**雙角帽**是用海狸皮與真絲製成。這種帽子常用來搭配正式的大禮服，設計風格源自軍裝，因為拿破崙而開始流行，且它到了19世紀早期已經開始取代**三角帽**的地位，成為軍官與外交官員最愛用的帽子型式。

# 舞會廳裡的舞蹈課

約1800到1809年，巴黎，紐約公共圖書館

◆

　　這幅畫年代約在1800到1809年之間，畫中舞會場景裡有4個人，兩名男士身穿綴邊襯衫、領飾巾、及膝馬褲與跟鞋的模樣很能呈現19世紀早期時尚，且他們身上的「**斯賓賽短外套**」是不常見的男用版本，很具史料價值。這種沒有燕尾的斯賓賽短外套只在男裝界存活很短一段時間，隨後這種設計就被女裝借用（女用版本的長度更短）。

..................................................................

這時期馬甲背心通常採取矩形剪裁，與穿在外面的外套腰部剪裁相符合。在19世紀最早的時候，人們偶爾會在馬甲背心裡面多穿一件襯裡背心以便保暖，這種背心通常有袖子，但整件都會被外衣遮住而看不到。

1800年的法國時尚插畫，畫裡是早期的女裝版本斯賓賽短外套，外套上有從男裝那裡學來的領子和下領片。

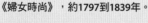

**《婦女時尚》**，約1797到1839年。

襯衫材質通常是平紋細棉布，前襟有兩層或三層硬挺的綢邊，用以強化當時流行的「鴿胸」這種彷彿是向外滿溢的視覺效果。此處這幅1803年的「巴黎時裝」插畫（細節）裡可以看到非常類似的打扮方式。

18世紀最末的歐美有錢人流行穿圓頭低跟鞋，但等到進入19世紀時最受歡迎的已經變成淺口便鞋。

這種沒有燕尾及下襬的外套在當時應是被稱為「斯賓賽」，其他如伊頓公學學生穿的夾克，或軍官的軍用晚禮服夾克，也都屬斯賓賽短外套。這種外套怎麼被發明出來的？流傳好幾種說法，卻沒一種能被證明為真。第一說是，第二任斯賓賽伯爵喬治·約翰·斯賓賽從馬上摔下來時扯掉了外套燕尾，但他沒換衣服就又上馬繼續騎行，據說人們爭相仿效這身「新造型」，一夕之間蔚為風尚（斯賓賽伯爵本人對此大概並不訝異，畢竟此人自稱能把「任何造型都穿成時尚」）。還有一說，他的外套燕尾在火災裡燒掉了，另一說他打賭賭輸所以自己把燕尾剪了。[18] 無論真相為何，總之這種外套很快就變成19世紀初女裝時尚裡最好認的部分，且一開始還在男士間流行了一陣子，如圖所示。斯賓賽短外套比起當時其他外套少了燕尾且袖管窄長，穿起來活動更自如，適合運動或騎馬等場合。畫中參加舞蹈課的年輕男士身上外套風格非常接近斯賓賽短外套，後背比前襟更短一些，袖子長而窄。

1800年前後，男士的下半身逐漸開始從馬褲變成長褲，不過馬褲一直到大約1830年都還被當成一般日常服飾。[19] 如圖中所示，馬褲的顏色通常比西服其他部分要淺。

# 湯瑪斯・勞倫斯爵士，格蘭維爾・萊維森——高爾勛爵，後來的第一任格蘭維爾伯爵

1804到1809年，美國康乃狄克州新哈芬耶魯大學英國藝術中心

　　這幅貴族肖像畫得氣宇非凡，畫中是一名作丹迪男打扮的年輕勛爵，身穿攝政時期最流行的服飾。此人是英國輝格黨（Whig）政治人物與外交官，許多人都認為他是那個時代模樣最俊美的男性之一。[20] **丹迪男**衣著美學的關鍵就在於剪裁、版型，以及布料貼合軀體的方式；此外，就像女裝的情況一樣，男裝設計也會模仿新古典主義雕像作品。格蘭維爾的穿著與姿勢都符合安妮・荷蘭德所謂的「浪漫主義—新古典主義的理想表現」，也就是「強調衣服底下的人體」，並由當時畫家以巧妙的方式呈現出「以衣著而非裸體所造就的古典男性形象。」[21]

畫中人脖子上結著亮白色的領飾布，末端紮進馬甲背心。仔細看的話可以在圖中看見馬甲背心的立領。

19世紀前半男裝外套很常在領子處用對比性的毛皮或天鵝絨等材質做內襯（見右圖），但本頁這幅圖似乎整件外套都有厚毛皮裡子與飾邊，用的很可能是海狸皮。1800年代早期不但流行用氈化的海狸毛來製作大禮帽，同時也大量使用未氈化的海狸皮草來做衣服飾邊，這被視為一種珍貴的奢侈品。[22] 格蘭維爾身上這件外套竟然用了這麼多海狸毛皮，可見他地位不凡。

安東尼・威倫・亨德利克・諾特紐斯・迪・曼恩，〈戴大禮帽的男士〉，1828年。

這身裝束從頭到腳全黑，既是畫家的藝術技法也是當時的時尚流行。格蘭維爾全身衣服是同一種暗色調，這能讓他原本瘦長的身材看起來更悅目。男裝歷史發展到這個時期，男性還是會穿彩色雨衣外套，但勞倫斯爵士這幅畫像預告了19世紀會是黑色的天下，畫中的黑色衣服呈現了最極致的優雅、品味及奢華。

黑色馬褲，褲腳有緞帶結。這種褲子最接近當時所謂的「正裝」或「半正裝」風格，所謂半正裝是指在私人宴會或戲院這類社交場合可以穿的服裝。褲子搭配黑長襪與高腰設計的外套，更顯雙腿修長，也強化他所展現那種高挑、纖瘦、慵懶的形象。

淺口包鞋鞋頭微尖，上面繫著軟緞帶，這也符合當時所謂「便裝」的定義。

# 羊毛粗絨布外套與老式緊身褲

約1805到1810年，美國革命女兒會，華盛頓特區

　　用來製作這件外套的「黃褐」羊毛布其實混了各種明暗不同的灰色，造成一種微帶綠色調的效果。粗絨布是一種織得很密、製造起來很費工的布料，過程中需要使用特大紡織機（以便織出寬度為一般布疋兩倍的成品），最後還必須進行氈化以增加織品厚度。[23] 因為這樣，粗絨布成為耐用的頂級冬季布料，買得起的人不多但卻供不應求。除此之外，因為當時美國人努力試圖建立起本國的紡織產業，美國工廠出產的粗絨布也就更被賦予一種「愛用國貨」的意義。

襯衫領子很高，邊緣貼在臉頰上。在下面這幅大約1800年的肖像畫中，我們可以更清楚看到這種造型導致的視覺效果。當時有報導說某些最追求時髦的男士把襯衫領做得極高且硬挺，卻因此弄傷自己臉頰與下巴。[24]

作者不詳，〈自畫像〉，
約1800到1805年。

外套，1822年。

這份平坦的布料稱為「馬甲背心雛形」，製作年代約在1760到1775年之間，但也可以作為一個例子呈現主圖中馬甲背心的製作過程。此處可見布料上已經排好版，邊緣處已經繡上圖案（見左圖）或印上花樣（本頁例子），預備要被裁剪下來縫成馬甲背心成品。[25]

這件**老式緊身褲**是現代仿製品，但能幫助我們想像這種外套與馬甲背心會搭配何種下半身服飾。大約在1810年之前，老式緊身褲都是用貼住身體的針織布料製成，只有兩腿外側有縫線，到1810年之後才增加兩腿內側的縫線。[26]

這個M字形的孔洞稱為「M字缺口」，做在領子與下領片交界處。本章後面會講到其他形狀的缺口，如「V字缺口」，但M字形是最主要也最受歡迎的一種造型。上面這件1820年代例子的M字缺口看得更清楚，也能呈現這缺口的位置讓外翻的領子更平順，整體線條俐落搶眼。

袖口很長，蓋到手指根部，底下還露出襯衫袖口邊緣，使得整條袖子看起來又更長了。

這時期的老式緊身褲褲腳通常位在腳踝或腳踝上方幾吋處。這種長度的緊身褲要搭配圖中這種淺口有帶扣的皮鞋（此處這雙也是現代仿製品）才最好看。

# 夾克與長褲

### 1820年代，哥本哈根丹麥國立博物館
▸

　　藍白條紋棉質夾克搭配杏黃色南京布（Nankin）長褲，這是非常典型的1820年代時尚，但19世紀早期整體常見的衣著色調其實是黑色或暗色系外套搭配較淺色的長褲或老式緊身褲，與這套西服全部淺色系的搭配大不相同。當時男女兩性服飾都受新古典範式影響，女裝界普遍流行白色，但令人驚訝的是淺色男裝卻沒有那麼常見。

.................................................................................

袖子在肩部有做一點點抽碎褶，呈現出1820年代男裝流行的發展方向。本章後面有幾件西服外套肩膀做得比這件膨大許多（且常附有肩墊），與女性緊身上衣在當時流行的模樣相呼應。

1820年代大部分雙排扣外套都會在前襟內裡邊緣多縫一條布料來加固縫扣子與開扣眼的部分，稱為「裡襟」。[27]

南京布是從中國南京進口的結實棉布，在19世紀早期非常流行，尤其常用來製作類似本圖這種較寬鬆的夏褲。歐洲人試圖仿製這種織品，但成果正如1810年某本商業辭典所述：「品質不佳⋯⋯下水洗過三次後鮮有不變形的。」[28] 幸好這種進口布料還算容易取得，有時甚至出現供過於求的現象。英國東印度公司首席辦事員威廉・西蒙斯在1820年報告說：「倫敦的中國生絲與南京布存貨已經整個囤積過量，完全賣不出去，現在公司倉庫裡就儲著80萬份南京布。」[29]

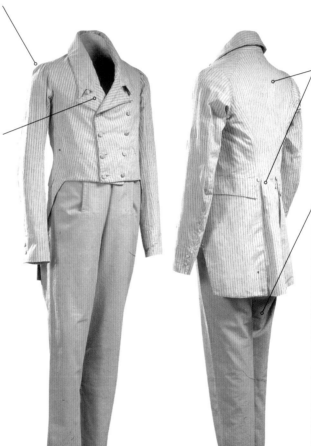

這套西裝會搭配白襯衫與白色領飾巾，深色系的要再過10年才開始流行。

外套口袋依然做在背後，彼此距離很近，這樣腰部視覺上會變窄，同時讓肩膀看起來更寬。

和本章前面幾個例子不同，這件褲子長而寬鬆且實用，很明顯是從勞工階級褲裝演變而來。

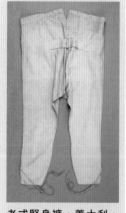

**老式緊身褲，義大利，1820年代。**

這種風格的褲子是用褲腰後方的金屬帶扣或鈕扣式腰帶來束緊腰部，其形狀前方平整、後方寬膨，整條褲管大致上是直筒造型。

# 湯瑪斯・布斯比勛爵，〈清道夫〉

約1820年，紐約公共圖書館

◆

　　不難想像 19 世紀與之前的時代留下來關於勞工衣著的圖像史料都非常少，我們只能盡力蒐集這些資料建檔並加以討論。這幅版畫出自英國，當時英國絕大多數的人口都穿畫中這類衣服；研究這個課題不僅能讓我們更清楚這些人日常生活如何，還能拓寬我們對於歷史衣物演變與影響的認知。畫中人物是一名清道夫，受聘於地方政府，負責清掃城市街道，從事這種骯髒辛苦工作的人身上衣服自然是很邋遢，但其中也可看出一些各階層男士西服都有的時尚要素。

這位勞動者的外套與有錢人的外套（如下圖所示）本質上幾乎沒什麼區別，甚至這兩件外套後方中央開衩處的兩側都有類似的包金鈕扣。

所有階級的人都會戴帽子，這頂飽經風霜的帽子跟「約翰牛」大禮帽十分類似，都是帽冠淺、帽簷彎翹的形式。

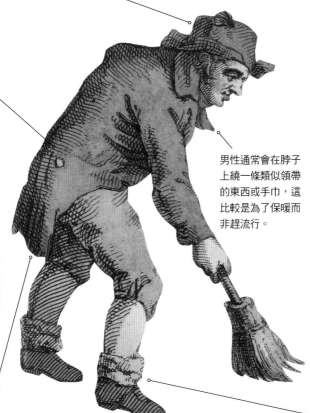

布斯比，〈兔肉販〉，1820年。

西服套裝，約1820年，美國。

男性通常會在脖子上繞一條類似領帶的東西或手巾，這比較是為了保暖而非趕流行。

工人身上這件外套的燕尾邊緣粗糙且沒有長尾巴，很可能是被穿著者刻意截短以便幹活。

19世紀初穿長褲的通常是下層階級的人，其中大多數是水手，他們穿這種褲子來保護腿部，同時這樣也方便在船上活動。從18世紀晚期以來，像圖中清道夫這類的人會穿棉質馬褲與麻質襯衫、罩衣、棉質馬甲背心，以及羊毛外套。[30] 人們穿馬褲時一般也會穿長襪，圖中可以看見長襪沒拉好而堆在穿著者的腳踝處。長褲大約是在1810年成為流行日常服飾，但及踝長褲要到1820年代中期才成為大多數勞工的標準穿著，如上方這幅同一位畫家畫的另外一件作品所示。

# 燕尾服、老式緊身褲、馬甲背心

約1825到1830年，加州洛杉磯郡立美術館

◆

這套西服完美呈現攝政時期丹迪風紳士的模樣，外套領子很高，肩部有抽碎褶與肩墊，腰部收緊，腿部如古典雕像般纖瘦。每一個部分都是匠心獨運，散發出優雅自若與品味卓越的氣息。1820年代的人說起丹迪男馬上想到的就是「優雅」一詞，但這種觀感到了1830年卻開始轉變，部分原因是巴爾札克在該年發表〈論優雅生活〉一文。巴爾札克在文章裡說丹迪風格是「優雅生活的異端」，丹迪男不過是「擺在婦人閨房的家具，一具穿著衣服幾可亂真的人體模型。」[31]

...........................................................................

1820與1830年代的外套領子都做得寬且高，裡面常加硬麻襯來固定形狀。

這種袖子稱為「羊腿袖」，肩膀處做抽碎褶來讓袖山微微膨起，連接因為過長而在手臂處堆疊（使得體積看起來更大）的袖管。袖子造型與高領的組合增加視覺上的寬度，強調出軀幹上半部；在此可見V字形輪廓的雛形，這種輪廓至今仍被時尚界視為最具男性特質的理想輪廓。外套上高得不得了的大翻領加上抽褶袖、高腰線、如水面泡沫般的襯衫縐邊，看起來與當時流行的女裝輪廓有些相似。右邊1824年的時尚插畫畫出了類似處。

巴黎時裝插畫。

這件真絲縐綢老式緊身褲幾乎完全緊貼肌膚，效果與古典雪花石膏雕像那種光滑感一模一樣。但除非擁有一雙完美的腿，否則這種褲子穿起來可能不怎麼賞心悅目，18世紀最初20年有些男士乾脆在褲子裡塞墊子做出理想中的肌肉線條。右邊諷刺漫畫裡一名時髦年輕人在腿上綁墊子，身上還穿著男用束腰。

匿名，一位丹迪男在繫帶，1819年1月26日。

寬硬領巾是用馬毛或硬麻襯做的硬挺寬條狀物，外面包覆絲綢、素緞或天鵝絨。約1822年在英王喬治四世推廣下開始流行。一說是英王的喜好來自對軍服的興趣，因為寬硬領巾一直都是正裝軍禮服的一部分。[32] 本頁圖中的寬硬領巾包覆淺杏色褶襉絲綢，外面再打上一個漿挺的褶襉蝴蝶結。

這件外套看來線條平順，部分原因是它前面沒做口袋。背後開衩處兩側各有一片方形口袋蓋（下面應該只是假口袋或沒有口袋），還能找到一個新發明，就是做在下襬內裡上面的隱藏口袋。[33] 這種口袋並不大，也不怎麼實用，是為了時髦而犧牲實際效用的最佳例子。

外套扣起來後，兩直排緊密排列的扣子能讓腰部看來變細。為了達到這效果，人們還會墊高胸口，和襯衫的皺褶領一起製造出「鴿胸」的效果。

麻布長褲，1830年代，美國。

左圖這件老式緊身褲腰部是當時流行的「垂門襟」設計，其做法只是在馬褲或緊身褲腰部前方剪出一段布料（一般是5到8吋寬）往下垂，然後再將這段布料拉起來用鈕扣扣合在腰帶或底布上面。[34] 某些女用緊身上衣或女裙上面也有類似的設計，前者（19世紀早期特別常見）稱為「圍兜」或「垂片」，後者稱為「前圍裙式設計」。

# 格子呢西服

1830年，愛丁堡蘇格蘭國立博物館

━━━◆━━━

　　這套引人注目的西服呈現當時流行的剪裁與設計，搶眼的格子呢（tartan）更為它注入地方特色。蘇格蘭男性在歷史上的另一種模樣，不是蘇格蘭裙套裝或其他地方流行的深色燕尾服搭配淺色長褲，而是結合兩者巧思製作出這套色彩繽紛的套裝。因此，這套西服不僅強烈呈現穿著者的國族認同，也反映出那些遠離倫敦卻又希望自己衣著入時的男士的生活與穿著。更重要的，它還呈現出格子呢隨著「高地主義」的興起而重新受到蘇格蘭人重視；自1746年《繳械法案》通過，格子呢與格子花紋直到此時才得以回復地位。當年，繳械法案剝奪蘇格蘭人穿著民族服飾或格子呢的權利，也不准將其視為蘇格蘭「國族精神」的象徵，以便壓低詹姆士黨叛亂之後政治上的緊張氣息。雖然1782年廢除了繳械法案，但還要再過30年人們才會因新浪漫主義情懷與哥德美學而重新開始重視蘇格蘭格紋。[35]

...................................................................................................

這套西服裡的馬甲背心是立領造型，這種設計大約從1830年代開始退流行。

本章曾介紹外套領片上的M字形與V字形兩種缺口，此處可以看到方形缺口與水平溝槽。由於布料花色本身很熱鬧，所以這類細節看起來較不明顯，但作工毫不馬虎。

「美男子」布魯梅爾最愛穿黃銅扣子的深藍色外套，因而帶動起金屬扣子的流行。原本流行的鈕扣樣式比較樸實無華，到1820年代卻出現改變。推訂一套服飾的年代時，扣子是很重要的資訊，像這裡外套與馬甲背心上的扣子就是很好的樣本，它們是在1790年左右開始生產的鍍金扣子（黃銅扣子鍍上金膜）。[36] 在這套西服製作的年代，這類扣子上會有手工雕鑿或機器鑄型的裝飾花紋。本頁衣服上的扣子製造商是伯明罕的哈蒙·透納與狄金森，這家鈕扣公司創始於18世紀。[37]

布料沿布紋的對角線方向裁開，和《高地輕裝步兵編年史》在1906年所說「現在都讓條紋朝著上下方向」不一樣。[38] 長褲外側整條縫線上都有短流蘇邊，這是一種常見的裝飾手法。

說到蘇格蘭傳統服飾，最先想到的大概都是蘇格蘭裙，但其實蘇格蘭人早在16世紀就開始穿長褲或緊身格子呢褲，這是在寒冷冬季用以代替蘇格蘭裙的實用衣物。緊身格子呢褲是「羅斯塞與開斯內斯防衛軍團」的制服，在歷史上頗有名氣；這套制服製造出不少爭議，但受到該團團長大力擁護。下面這首詩歌頌的對象就是這個軍團：

*蘇格蘭短裙，捆腰大裙，都讓別人去吹噓吧。*
*我們身上是古老呢褲，父祖流淌鮮血時也穿的這衣服。*[39]

袖山處的抽碎褶不像前頁例子做得那麼膨，但整體裁縫仍很明顯地在強調肩膀部位。

男性獵裝夾克，蘇格蘭，1825到1830年。

格子呢外套是燕尾服造型，上面小圖中的則是獵狐時穿的騎馬外套。燕尾服原本起源於早先的騎裝風格，但後來發展成前襟在腰部高度水平直直截斷的造型。小圖中這件外套前襟的弧線剪裁與燕尾服有一些類似，表示這件衣服結合了正式性與方便活動的兩種特質。

本頁這套西服的格子花紋是「皇家斯圖亞特式」，算是蘇格蘭格紋中最著名的一種，屬於英國王室成員與英國御林軍之一「蘇格蘭衛隊」專用。據說英王喬治五世說這是「我個人的蘇格蘭格紋。」[40]

# 真絲燕尾服與馬甲背心，天然麻長褲與黑色寬硬領巾

約1833年，紐約大都會藝術博物館

◆

　　1830年代的男士禮服外套通常是黑色，但正如1831年9月的某份報紙所言，男士也可以穿「藍色或深綠」的禮服外套，一樣既時髦又體面。[41] 這件深藍寶石色的外套與當時最時興的黑色天鵝絨領飾相得益彰，下身搭配高腰「哥薩克式」長褲，呈現當時男裝界短暫流行一陣子的「大腿寬壯小腿細瘦」曲線。雖然強調的身材重點與之前不同，但衣服構造基本沒什麼改動，只有長褲「前方整片做得更膨或有更多打褶，兩邊都要多用4到6吋的布」，此外「構造與其他任何長褲一模一樣」（根據1833年《馬褲剪裁工藝》所述），因此這種褲子既時髦又不難以取得。[42]

........................................................

襯衫上面搭配一片硬質的黑色天鵝絨領巾，用鉤子或帶扣在脖子後方固定。這裡的例子類似「壯維勒」風格，也就是將一個平整蝴蝶結的帶子兩端藏起來。[43]

外套主體與燕尾是分開剪裁，這樣軀幹處就能做得比較長、比較合身，將觀者的視線引導到細腰，及緊貼手腕的袖口處。

時尚插畫，約1830年代。

右邊的細部圖是外套前襟內側拼布工藝，這是為了依照穿著者的喜好在衣服裡加墊做出需要的體型，以此強調或模仿出一種精壯而陽剛的身材。裁縫師也可以依穿著者的個別需求，在外套的其他部位加墊。1830某篇報紙時尚專欄這樣說：「若此人髖部不夠寬，就該在外套下襬填絮。」[46]

袖管上半截還是做得有點膨，這點以及纖腰寬臀的輪廓都與當時女性洋裝流行的線條如出一轍。

單排扣馬甲背心裁到腰部高度，前襟下緣正中有個不太明顯的尖稜，此造型到了約1825年後會做更顯眼。[47]

絲綢洋裝，約1831到1835年。

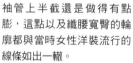
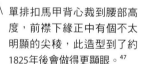

這件亞麻長褲是典型的**哥薩克式長褲**，大約流行於1814到1850年之間（當時稱為「打褶長褲」）。這種設計源自俄國騎兵軍裝，是1814年沙皇造訪英國所帶起的流行風潮，與之前前方平坦的長褲有很大不同。[44] 褲腰處的布料做出褶襉，造成髖部豐滿的視覺效果，但褲管愈靠近腳踝愈明顯地收緊。[45] 褲褲褶襉製造出的圓膨效果類似女裙，這點常被報章媒體拿來嘲諷。

腰帶後方有兩顆吊帶調整鈕扣，1830年代早期製作的西服常會加上這個東西。

跟1830與1840年代的男用長內褲一樣，老式緊身褲褲腳通常有孔眼與綁帶。依《勞動婦女指南》解釋，這兩物的功用是讓穿著者依照自己體型與喜好「把它們〔褲管〕拉成適當大小」。[48]

這種連扣子的繫帶有時被稱為「錨帶」，因為它們能像船錨一樣把褲腳固定在足部。繫帶繞過靴子或鞋子底部，褲腳連接繫帶處誇張的拱型凸起是為了確保布料能被拉緊不出現褶皺。不過使用這種繫帶頗為麻煩，因為它很容易弄髒不衛生，也會妨礙穿著者活動。報章傳媒對此一方面積極提供解決之道，另一方面又樂於拿這東西的不合理之處來開玩笑。《南澳紀事報》在1845年引用某位年輕男孩的話：

「老爸，你為什麼用繫帶？」
「為了把褲子往下拉呀，約翰。」
「老爸，你為什麼用吊帶？」
「為了把褲子往上拉呀，約翰。」
「唔，老爸，這倒有趣了。」[49]

# 燕尾服、長褲與馬甲背心

1840年，英格蘭；1845年，蘇格蘭。加州洛杉磯郡立美術館

◆

雖然大禮服外套在 1840 年代很快成為各種日常場合都可穿著的流行衣物，但燕尾服或常禮服（cutaway）外套並未因此退出時裝界，此處兩個例子就都能呈現 1840 年代服飾風格特點。

⋯⋯⋯⋯⋯⋯⋯⋯⋯⋯⋯⋯⋯⋯⋯⋯⋯⋯⋯⋯⋯⋯⋯⋯⋯⋯⋯⋯⋯⋯⋯⋯⋯⋯⋯⋯⋯⋯⋯⋯⋯⋯⋯⋯⋯⋯⋯⋯⋯⋯⋯⋯⋯⋯⋯⋯⋯⋯

兩個例子都搭配中等大小的白色或乳白色領結，但到了1840年代末期比較流行的則是深色系領結。

袖子順著手臂自然線條剪裁，從肩膀到手腕都是如此，這種剪裁方式有時被稱為「簡便剪裁」。

為了把外套做得非常非常合身（理想上門襟這兩顆扣子應無法扣在一起），人們在1830年代晚期發展出一種新的裁縫技術：在袖孔下方到腰線之間的位置插進一片稱為「脇腹」的直幅布片。[50]

1840年代中期開始流行將長褲剪裁得稍微寬鬆一些。1840年那時候很常見用扣子扣合的前門襟。

1848年某本裁縫教學書籍裡描述的禮服外套構造與本頁這兩件非常相似，該書作者寫到領子時，強調下領片「必須夠長，因為要配合腰部長度……上面應該要寬而方，才與領子前面的造型配合；應一路反摺到幾乎到最下面一個扣眼處的位置。」[51] 只不過，後來的人卻覺得這種風格滑稽可笑，1872年《西街紳士公報》說1830與1840年代外套的下領片「太長而沒完沒了」，還說這種外套本身「重得不得了」且做一件要花好多錢，「1840年的裁縫師做外套……工資是每星期21先令，但做外套的工序實在太繁重，一般人賺的錢根本不足以付裁縫師工資。」[52] 這類評論與歷史上的裁縫工人罷工事件有關，它們是很重要的訊息，提醒我們時尚在歷史進程中造成的社會成本。

將布料在脖子後方做成高高的翻領，然後豎立著與脖子隔開一點距離繞到前面，稱為「馬領」。它代表1840年代禮服外套在剪裁與設計上的一項重大發展，而這平順的線條可能是裁縫師在斜裁襯領上縫了墊片所造成的效果；襯領是縫在（或說用拼布工藝接在）表布上的一塊硬質毛襯。（現代裁縫技術中是加入黏合襯來達到同樣的效果。）[53]

男用背心，英格蘭，約1845年。

當時流行穿外套時不扣扣子，於是上圖天鵝絨馬甲背心就能代替外套起到保暖作用。它有中央尖稜、收窄的腰線及胸部襯墊，能做出當時理想的男性體格輪廓。領子這種剪裁稱為「全翻」：領片一整片呈弧狀翻開，中間沒有裁出缺口。馬甲背心的扣子以原布包裹（這種扣子受歡迎的程度在1850年開始超過金屬、玻璃與寶石扣子），[54] 布料鮮亮華麗的花紋為整套西服畫龍點睛，替外衣增添一抹色彩。

男鞋，約1848年。

這兩雙鞋子都是19世紀中葉最流行的男鞋樣式：跟很低，鞋帶綁在比較低的位置。1790年代人們發明漆皮並用以製鞋，到了此時漆皮鞋已經是非常受歡迎的男用正裝皮鞋。[55]

# 大禮服外套與西服

## 1840年，英國，雪梨動力博物館

◆

　　腰部長、下襬短的大禮服外套一直到 19 世紀末都是都市人最主要的「正式」日用服裝，這種外套一般是黑色，但暗藍色的也算常見，此處即為一例。這套衣服符合某家澳洲報紙在 1840 年 11 月對「外出服」的定義：「大禮服外套，雙排扣……緊袖管，腰身偏長，下襬緊合穿著者身材。」[56]

⋯⋯⋯⋯⋯⋯⋯⋯⋯⋯⋯⋯⋯⋯⋯⋯⋯⋯⋯⋯⋯⋯⋯⋯⋯⋯⋯⋯⋯⋯⋯⋯⋯⋯⋯⋯⋯⋯⋯⋯

黑色布料、特別是黑色絲綢製的領飾巾在1840年代早期逐漸取代白色平紋細棉布。這裡的領飾巾打了個結，可能還用了別針來固定。此時襯衫領子仍然高高立起，未來才會翻下來蓋過領飾巾。

雙排扣馬甲背心上面是簡單的水平條紋，領片上有很寬的缺口，這是很常見的晨服樣式。有的馬甲背心會把下領片拉開平貼，在尖角處用另一顆扣子固定住。馬甲背心背後有繫帶，可以調節鬆緊來讓衣物合身並製造出不同曲線，如下圖這件大都會藝術博物館所藏的英國製品所示；這種做法一直使用到1845年左右。

無論是在整個1820年代或是稍後的時期，男士「高」帽子的帽冠頂部與帽簷通常都是彎弧狀。本頁這頂帽子沒有很明顯的彎弧造型，因為1820年代結束後這種設計就漸漸消失，帽冠邊緣變成平坦狀。

**時尚插畫，約1840年代。**

本頁圖例，以及上圖這幅1843年時尚插畫裡的外套都是下襬整圈齊平。上圖中面對我們的男士身穿與本頁例子類似的馬甲背心，用淺色布料製作，領子是大大的新月領。這幅時尚插畫也畫出當時流行讓長褲的顏色不同於外套與馬甲背心，比如本頁圖例中搭配的就是灰白色長褲。

大禮服外套通常是雙排扣，穿著時基本如圖中這般不扣扣子。外套腰部做得很長，下襬長度剛好到膝蓋上方；等到19世紀中葉，那時的大禮服外套下襬已經長過膝。

一直到1840年代中期，長褲褲管下半截都會做得很窄，且人們依然常用足背繫帶將褲腳拉到足踝處。

袖子很貼身，整條袖管都是相同寬度。1840年代愈往後期我們就可見到裁縫把袖口做得更長蓋過手腕。

「小型垂門襟」或「全垂門襟」（垂門襟是用中央襟片與兩顆以上扣子來收合褲襠）一直流行到1840年代早期，在那之後一般門襟變得更常見，而這個趨勢在本章前面已經呈現出來了。[57]

# 黑色羊毛西服套裝與棉麻格紋西服

約1850與約1845年，紐約設計學院博物館

◆

　　這兩套西服分別製作於 1850 與 1845 年，呈現當時男性如何在穿著打扮中加入些不一樣的顏色與質感。兩件外套一件是**燕尾服**，另一件是**大禮服**，都是這時期紳士的日常裝束。19 世紀初外套加肩墊的做法，以及整體較圓較柔和的線條已不復流行，這兩件外套展現的都是以直線為主的俐落輪廓。

........................................................................................................................

　　襯衫領子開始往下翻，與之搭配的領帶（19世紀中期的人會用「領帶」和「領飾巾」稱呼不同頸部飾品）也必須打在比較低的地方、必須變窄。此處的領結是當時最受歡迎的一種頸飾，人們可以買領帶回來自己打結，也可以買到打好結的成品。黑色絲綢是入時選項，不過從美國到歐洲人們的喜好各有不同，某些地區甚至會用領帶顏色來區分社會地位或政治立場。[58]

這種黑色燕尾服一直到1855年都是城市人常穿的日間正裝。之所以能確定圖中這件外套是日間而非晚宴使用：一是它前襟底部是一直線剛好裁在髖部上方，另一個是它的燕尾呈方形而非圓弧形。因為軀幹部分做得比較長，所以要用額外的縫線來讓腋下與腰部整圈變得合身，裁縫工藝比起前面的高腰線燕尾服外套更複雜。

外套前襟通常不扣扣子，以便露出底下五彩繽紛的馬甲背心；某些外套甚至刻意讓前襟接觸不到一起而扣不起來。沃爾特・司各特爵士首先帶起格子呢流行風潮，而等到這件馬甲背心製作的年代，格子呢又因維多利亞女王每年會在蘇格蘭巴摩拉宮待一段時間而更受歡迎。[59]格子呢與格紋也是女裝與童裝裡的流行元素，常可見到男士身上馬甲背心的花色與當時流行的洋裝一模一樣（如下圖童裝所示）。

格紋與方格呢約在1845到1850年首度登場，直到19世紀末都是時尚寵兒。此處大禮服外套、馬甲背心與長褲都使用相同花樣的布料，這種套裝稱為「同料西服」。

胸前只有左手側做了一個口袋，通常外套還會在髖部多做兩個口袋，或是把兩個口袋藏在下襬褶襇裡。

上圖是一件類似風格的外套的背後模樣，約1845年。

1850年前，馬甲背心底部常裁成一直線，領片長度、領片剪裁與設計都與外面外套相同。

1840年代的大禮服外套下襬會做得比較寬、比較外展，長度通常到大腿。上面小圖中這件1845年左右的類似風格外套，從背後可以看出整體設計是腰部偏長、下襬偏短。

格紋花樣和（或）淡黃褐色底色，這種長褲也可以用來搭配不同花樣、不同顏色的外套與馬甲背心（如右圖這幅1847年的時尚插畫所示，搭配具有對比性的花樣或顏色）。

時尚插畫〈巴黎時裝〉，日耳曼地區，約1840年。

整套童裝，約1860年。

# 大禮服外套與長褲

約1852年，北愛爾蘭，加州洛杉磯郡立美術館

這件大禮服外套的形狀與前一頁很像，但某些細部差異讓兩者所造成的視覺效果差別很大，其中最重要的是這件使用黑色，這種嚴肅的顏色將會成為 19 世紀中期到晚期男裝的代表色。這個例子也讓我們看到當時男性最愛用的一些飾品：大禮帽、手杖和懷錶短鍊。

如同前面幾個例子，此處的領帶也打成一個寬而平的領結，可能是當時最常見的領帶打法。當時還流行另一種「鞋帶式領帶」，帶身很細，可以打成蝴蝶結也可以簡單打一個結讓兩端長長垂下，下面兩張當時留下來的照片分別呈現這兩種打法。這兩張照片還顯示當時男裝並非全是黑色。領帶與馬甲背心都能替整套西服加入一些活潑感。

打鞋帶式領帶的男性，約1850到1870年代。

這件馬甲背心的年代是1846年，上有白底藍色交錯的花紋，類似17世紀刺繡與黑繡裡會看到的抽象蕨葉線條。

黑繡橫幅，麻質底布與真絲繡線，約1580到1620年

馬甲背心是新月領設計（自1820年代以來都很流行），長度及腰，剛好蓋住長褲腰帶。

袖子相對來說比較寬，袖孔位置比1840年代做得要高一些。

此時大禮服外套開始取代燕尾服外套（見前頁例子）成為男士最常穿的日間服裝，而報章雜誌也對大禮服外套各種實用與美感上的優點讚不絕口，比如1851年的《雪梨晨鋒報》曾說：「大禮服外套……比晚禮服或晚宴外套都要好，它扣起來以後能保護胸部，這對男性來說是很重要的部位；且它本身就是一件完整的衣物。」[60]下面這張照片攝於同年，呈現出大禮服外套扣起來的模樣。

到了1850年，長褲褲腳已經不做繫帶，褲管長度及踝或者剛好蓋過腳踝，整體剪裁成頗為筆直的直筒樣式，但有時（比如這裡的例子）會把褲管做成往褲腳方向稍微變寬。

# 「優雅」，《裁縫雜誌》

1854年10月1日，作者不詳，阿姆斯特丹荷蘭國家博物館

19世紀中期時尚插畫愈發詳細，呈現出服裝和當時時尚社交圈的風景。美化的畫面提供了重要資料，讓我們知道當時中產與上層階級紅男綠女心嚮往之的潮流（意為預測未來時尚而非記錄當下時尚）。插畫中人身穿各種風格的衣服出現在真實場景中，像這幅畫作裡三位男士就是身處居家場合。中間這位手拿邀請卡，左右兩位是登門拜訪的客人，分別穿著晚禮服與時髦的日間常服。主人身穿吸菸服，這雖是在自家私人空間穿著的休閒裝束，但依然符合「西服」的基本定義：外套、長褲、襯衫、打領帶。

1860年代的吸菸短外套，剪裁與飾邊方式與本頁圖例正中央男士身上的非常相似。

附繐的凹頂帽常被用來搭配吸菸外套。本書後面還會介紹另一套「吸菸西服」的例子，從這兩個例子可以看出人們愈來愈喜歡在吸菸服與家居服裡使用土耳其式與所謂「中東」感的風格。土耳其雪茄與抽菸這件事在當時都很有影響力，各家男性雜誌刊物對此多有討論。

最外面這件腰部較長、下襬稍寬，應是大禮服大衣，與一般大禮服外套剪裁相似但較長。《上流社會禮俗》書中說：「大禮服外套或黑色常禮服外套搭配白色馬甲背心，是登門作客時最合宜的夏裝。」[61]

燕尾服或「晚宴服」外套於晚間或正式場合穿著，黑色以外的各色布料不但被接受，甚至視為很時髦，最常見於暗藍色、褐色或綠色，但只流行至約1860年。腰部或說前方裁斷的部分短且使用矩形剪裁，可看出是1850到1870年間流行的風格。[62]

下領片很長的白色單排扣馬甲背心通常是正式晚禮服的一部分。

1850年代，一般門襟已經幾乎完全取代垂門襟成為長褲前襠使用的扣合方式。1860年的《紳士禮節教本與文雅手冊》裡說，「只要是」晚禮服長褲，就只能用「黑色布料」來做。[63]

長褲通常剪裁合身，褲管往腳踝處變細，褲腳用繫帶繞過鞋底固定。這種足背繫帶大約在1850年之後變得愈來愈少見（或說愈來愈不必要）。

維多利亞與亞伯特博物館有一件1850到1890年間的毛皮內裡大衣，而本頁圖中這件大衣非常符合館方對該藏品的介紹：「內裡全以狼皮製成，前襟以橄欖扣和成排的黑色粗繐帶盤扣來扣合」。本頁這件大衣用的皮草量應當沒那麼誇張（館藏的大衣內裡共用了32件狼皮），但也如同當時流行的俄羅斯風皮草內裡晚禮服大衣造型。[64]右邊照片是一件長外套，有類似的皮草領與前襟盤扣，呈現當時這類風格的各種變化形態。

照片，約1860到1870年。

1850年代長褲布料的花樣多到令人目不暇給，此處這件底布是鋸齒狀細橫條花紋，沿著側面縫線有一條對比色的直幅。某些長褲的設計實在太過異想天開，《龐趣》雜誌評論道：「褲子上那些愚蠢條紋到底什麼意思？非得把自己搞得像長頸鹿一樣從頭花到腳嗎？非得用寬條紋把褲子搞得像烤豬腿嗎？」[65]「烤豬腿」指的應是「博覽會」風格格紋，條紋很寬且樣式大膽，流行於1851年水晶宮「萬國博覽會」時期，之後慢慢收斂，比如左邊小圖中的細條紋格長褲即為一例。[66]

彩色有裝飾的居家拖鞋男女通用。

美國。

第四章

# 1860–1899

19世紀後半，此時雖然不是所有男性清一色只穿黑，但他們能夠選擇的顏色顯然比19世紀前半少很多。這是中產階級專業人士嶄露頭角的時代，而他們似乎樂意遵奉數百年來某些工作與黑衣服之間的傳統關聯；或許因此，在19世紀這個職業內容不斷變化、職業種類不斷擴增的世界裡，黑色卻成為一個必然被選中的結果。不過，依照約翰・哈維所說，這時期的人也意識到黑色服裝大行其道未必是一件那麼正面或健康的事，且開始認真地對此展開討論。[1]

另一方面，這50年造就了男性衣物種類的一項大變化，因為現代休閒服的概念就是在這時期打下基礎。這項發展在1860年代隨著所謂「西裝便服」或「麻布袋西服」（sack suit，這是美國的用法）的出現而開展，脫離職業場合與正裝西服那個一板一眼、一模一樣的黑白世界，變得剪裁比較寬鬆、顏色比較淺淡。與此同時，成衣的市場也在成長，讓中產甚至下層階級的消費者都可以買得起這類偏休閒的服裝。

話說回來，成套三件式西裝便服還需要一段時間才會被接受當成都市人的日常穿著；當我們研究19世紀男裝的時候一定要記得「漸變」這個關鍵詞，也就是說沒有什麼東西會一夜之間改頭換面。1867年《女王雜誌》一篇文章裡說：「男裝時尚的多樣性或許不像女裝那般明顯，但其中的變化卻像地球表面某些滄海桑田的變遷那般確實。」[2]因為變化非常緩慢，所以這段時期留下來的衣物特別難以精準確定年代。本章所選的例子不僅要強調出有意義的重大變化，還要呈現出比較看不出來的細節差異，畢竟學者得靠這些小地方才能描繪出全面的概況。

19世紀下半葉的商業與工業發展直接影響到人們怎樣估量衣服價值，菲利浦・佩羅特（Philippe Perrot）在他開創性的大作《資產階級風尚》一書中指出：由「廢衣商」、「舊衣商」、「二手衣商」構成的二手衣物交易市場從1860年代以降開始衰落，因為平價成衣愈來愈容易買到也愈來愈便宜。[3]人們逐漸將二手衣物視為貧窮的象徵，也害怕穿這種衣服會讓自己染上疾病，至少在都市地區是如此（鄉鎮居民仍繼續仰賴二手舊衣與布料回收）。亨利・梅休（Henry Mayhew）在1861年描述一名住在寄宿房屋的老人，文字裡呈現當時倫敦最窮困居民的穿著：

他的外套是黑色，每處摺痕都因油漬而發亮，粗布襯衫因為穿太久已經整個變成褐色，只有近看才能看出來原本布料上面有格紋。他腳上是一雙女用側綁帶靴，靴頭被裁掉，這樣他的腳才穿得進去……這個人的模樣我到今日還難以忘懷。[4]

19世紀中期某個貧困家庭星期日穿自己最好的衣服上教堂，請注意圖中男士褲子膝蓋處有好幾層補丁。

《泰晤士報》在1865年的報導裡說，那些拿出來賣的舊西服要被「拆衣工」、「修衣工」與「改衣工」改造一番，特別是「改衣工」要把一件衣服改做成另一件：「廢棄外套的下襬位置磨損最少，這部分可以拿來做成不錯的馬甲背心或童裝……看著市場常客這些人的品格，看他們改造黑色舊衣盡力讓自己穿得齊齊整整，這景象很讓人感動。」[5] 對那些命比較好的人來說，成衣西服既方便又好看，而且也算是種新奇玩意。對有錢人來說，訂做衣服要花大筆金錢且需耐心等候；但對窮人來說，問題已經不在於怎樣買衣服，而在於怎樣把衣服縫縫補補直到它爛到無法縫補為止。[6]

　　男性、女性所需遵守的時尚穿著禮儀都很嚴謹明確，但男性特別容易遇到令人無所適從的指示。1860年英國某本手冊中指導紳士「盡量遵從時尚以避免自己一身奇裝異服，但也要避開當前時尚中極端的部分。」[7] 同一年某位美國作者也寫了本指南提道：「我毫無保留建議各位依從時尚來打扮。」除此之外，男士們還得知道「『穿衣』的程度有所區別，如果別人說某位男性『穿得

1860年代晚期
美國的一對時髦夫妻

少』、『穿得好』或『穿得多』，意思不是指他穿的衣物數量，而是指他懂不懂得怎樣穿衣服。」[8]西索·哈特利（Cecil B. Hartley）著名的《紳士禮節教本與文雅手冊》解釋：「穿得少」表示穿得不入時，「在優雅、藝術美感或裝飾這方面不懂得自重」，或是「在需要符合某些特定著裝要求的場合」只穿休閒服。「穿得多」意思是「時髦但太極端，有一點鋪張浪費的味道，顏色用得太活潑。」哈特利在文中表示，你只要把亮色系穿在身上——就算只是戴一雙黃色手套——那就叫做「穿得很失敗」；此外，如果一個人動不動就穿「全新的衣服」，那也是錯誤示範。到底什麼是「穿得好」呢？就是在「穿得少」與「穿得多」之間取得一個中庸之道，同時達成「有品味」這個令人有些捉摸不著的目標；哈特利還提醒讀者，能夠做到這種水準的人極少。[9]

　　除此之外，當時許多雜誌與禮儀教本也都在鼓吹黑色的美感價值。1863年的《美國紳士禮節與時尚指南》書中說：「任何男士若被人說『適合黑色』，這都是對此人極高的讚譽；或許正是因為黑色具有這種素質，所以才會被選用來做衣服。」[10]但更重要的是男士一方面要打扮入時，一方面又不可以顯得自己對時尚有興趣。花花綠綠的女裝讓女性可以盡情談論時尚並閱讀時尚刊物（因為她們不用工作），人們通常也覺得女性應該有這種表現；但男性如果要把當前時尚內容掌握得清楚準確，或是要搞清楚最佳的打扮方式，都可能會遇到很大困難。很顯然地，男裝設計與搭配的規則複雜程度不下於女裝，甚至可能因為這些規則模稜兩可且前後不連貫而變得更加深奧。

　　說到這，舊金山某家報紙在1867年4月的一篇報導裡說：「男性雖然『因為上天交付給他們的那些重大責任與義務』而沒什麼時間注意時尚與『生活瑣事』，但很多男性還是希望擁有『時尚智慧』。」寫這篇報導的記者努力在市面上印刷期刊中尋找，看有沒有像女裝刊物那樣精細討論男裝的雜誌，結果一本都找不到，於是他「決定去拜訪城裡幾間售賣紳士衣裝的時尚名店……看看去那兒能學到什麼流行相關知識。」他發現這些地方的工作人員普遍都很熱心且所知甚多，能給顧客從帽子到鞋子各方面關於衣著的建議，最後他總算能整理出一些不難買到的4月時尚單品：

　　如果某位紳士擁有金髮、漂亮的藍眼，以及精緻的五官，那他穿紫色西服會非常好看，外套可以是俾斯麥式寬短外衣（Bismarck sack）、紐約式商務外套（New York business coat），或是納博外套（Nabob）……如果某位紳士擁有黑髮黑眼與精緻五官，當他身穿黑白兩色的外出用蘇格蘭方格呢麻布袋外套……再搭配淺褐黃色槌球長褲，看起來就是玉樹臨風的模樣。[11]

這張照片將這件19世紀中期晨禮服外套拍得很清楚，這種外套將來會完全取代大禮服外套的地位。

　　類似筆調的文章還有一些，它們都證明了幾件事：第一，19世紀晚期的男性對於時尚流行並非不聞不問。「〔男人〕追隨流行的時候，」某篇文章這樣寫道，「就跟女人一樣揮金如土。」要知道，當時男性堅持穿黑色的原因絕對不是因為他們不趕時髦。[12] 第二，男性要尋求衣著剪裁搭配的專業意見絕對找得到，只是相關資訊沒有女性的那麼容易取得而已。第三，這點可能最重要，當時蓬勃發展的成衣產業與百貨公司在很多時候對男性的時尚選擇能給予極大幫助，提供他們專業建議與服務。

　　「百貨公司」這個詞從18世紀早期就已經存在，但那時候指的是一間商店裡面劃分成不同部門；我們現在所認知的「百貨公司」要到1850和1860年代才算是正式出現，以大型商業中心的形式將形形色色商品與大量消費者集合在

一起。在本章所討論的這段時期裡，位於紐約的布克兄弟（Brooks Brothers）與波道夫古德曼（Bergdorf Goodman）這兩家百貨，以及芝加哥的馬歇菲爾德（Marshall Field's）、加拿大的辛普森百貨（Simpson's）、倫敦的利柏提（Liberty）與塞爾福里奇（Selfridge），還有澳大利亞的大衛瓊斯百貨（David Jones）紛紛創立。某位歷史學家說這是「一場中產階級慶典」，[13]是象徵世界不斷改變的肉眼可見的標誌；百貨公司的可親與社交性改變了人們的購物方式，也改變了他們選擇衣服的方式。不論是某位男士要買自己的衣服，或是他的妻子、母親要來幫他買，他們都可以在這間百貨裡把西服、外套與飾品全部買齊，這樣更容易創造出屬於自己的不同風格，或至少是很便於消費者在同樣一個主題上嘗試各種變化。

1870年代有某些極富新意的設計大紅大紫，其中一項就是角襟晨禮服，本章會介紹一個例子。這種晨禮服又被稱為「大學」風格，因為它在大學生之間很受歡迎。雖然它不是大部分男士會選擇的衣服，但它很能呈現19世紀男裝演變過程中偶爾出現的一些複雜且令人驚訝的想法。此外，角襟晨禮服也對運動服和休閒服的發展很有影響，從它誕生出了後來的輕便西服外套，而當時的人們有時也會在進行體育活動時穿著角襟晨禮服。1870年6月《西街紳士公報》裡面描述這種外套是「本季時尚界所帶來造型最新穎的外套，其風格特點包括雙排扣，以及前襟呈角形……有個缺點……是它穿著時必須扣起來，不然就會有大量布料垂在身體前面。」[14]正因如此，這種外套大概沒辦法「變成今夏人人都有一件的流行，但它能滿足某些顧客的需求，因為它提供了風格上的創新。」如果某種新出現的外套在剪裁上很複雜，只有具備高超技巧且手法精準的裁縫師才做得出來，那它難免會變成某種有錢人的專利；但至少它是一個證據，證明18世紀之後男裝的發展並非原地踏步。

另一個例子簡單清楚得多，英國襯衫製造商「布朗大衛」在1871年註冊登記史上第一件男用前襟全開扣襯衫。[15]這種革命性的設計名為「修飾襯衫」，讓襯衫在舒適合身這方面邁進了一大步。到了1890年代，男裝整體變得更注重剪裁、更合身，這點從本章介紹的兩件線條俐落的商務西裝可以看出。外套通常會把扣子全扣上，標準的顏色是黑或灰，常見材質有棉、羊毛與法蘭絨。時間來到19世紀最後這幾年，男性對白色漿挺超高領的喜愛導致「白領階級」這個詞出現，用來指稱那些從事非體力勞動工作的員工；進入20世紀以後，這個詞的涵義擴大到包含任何坐辦公室或身居管理階層的雇員。回頭來講，「白領」（有時也包括「白袖口」）在19世紀末年成為一個區別身分的重要標誌，三件式西服加上白領襯衫就代表這個人是專業人士，「有頭有臉」。白領子與

白袖口很怕髒而不實用，因此非常不適合幹粗活的時候穿著，這就是勞動階級男士一般都穿藍色、綠色和褐色襯衫的關鍵原因。

既然領子與袖口被賦予這樣的代表意義，本章內容在分析襯衫時也會著重這兩個地方，以及晚禮服會講究的襯衫前襟。19世紀中期的人們認為，男士日間裝束只應讓襯衫露出這三個部分，如果讓其他部分的襯衫也露出太多就很失禮；因此本章大部分例子分析的時候並不把襯衫視為整套西服的一部分。然而，就算從外面不怎麼看得見，但襯衫並未因此在男性服飾中落到次要地位。1860年代的襯衫有愈來愈多樣式可供顧客購買，裁縫師也紛紛在剪裁上推陳出新，務求讓當時流行的貼身設計穿起來更舒服、製作起來更方便。[16] 某些家庭主婦仍然寧願自己幫先生做襯衫也不想去外面買，澳洲某家報紙在1874年收到這樣一封信，滑稽地呈現了這種做法會遇到的困難：

> 我太太……決定親手製作我全部的襯衫，因為外面買的不可靠……她給我做了一打襯衫，脖子的地方都太寬，寬了2吋多。我看我太太平常晴空萬里的臉蛋浮現了失望的烏雲，所以……我跟她說這都不要緊，我本來就喜歡襯衫寬鬆些……第二批襯衫穿壞了，我還沒注意到發生什麼事之前她又做了第三批，全都跟第一批一樣大小，然後第四批、第五批也是……我這下子是不是完了？[17]

信件結尾是一段求告，因為寫信人情急之下去店裡買了襯衫，結果連買來的襯衫都不合身。「我還沒回店裡去，」寫信人如此作結，「我沒辦法靠自己確定，各位看了我的經驗之後應該很能了解這種感受。」由此我們可看出男性會在襯衫上頭花多少心思力氣，畢竟所有衣服穿上身以後，決定穿著者感受舒不舒適的還是這件最基本的襯衫。

19世紀最後幾年的男裝發展史還出現了一點激進主義與改革風氣，部分原因是人們面對「世紀之交」整體感到的一種不安。審美風氣與洋裝造型的改革不僅影響女性，有極少數男性也開始呼籲改變男裝的未來發展方向，這些人常引用過去的男裝時尚，認為當代男裝應該跟歷史多學學。奧斯卡‧王爾德（Oscar Wilde）是其中名氣最響且行動最積極的一員，他會親身試穿各種從歷史衣物取得設計靈感的服裝來看它們是否合適；在他看來1625到1650年左右的英格蘭男裝「既實用又美觀」，他還說17世紀那種兩側開衩的夾克或男裝短衣（doublet）「代表了一直以來人們穿衣服真正該有的原則……活動自如、適用於各種環境。」[18]

王爾德的雄心主要在於「通用性」，他要衣物既能保護身體又能賞心悅

拿破崙·薩羅尼
穿著美感服飾的
奧斯卡·王爾德
1882年

目。然而就如女裝的「理性服飾運動」，只有很少數男性把王爾德的主張當一回事。直到1920年代英國的「男裝革新黨」成立，特意提倡廢除男裝中的領片與領帶，這才算是首度有人正式將王爾德上述觀點奉為圭臬。男裝革新黨的另一項訴求是讓男裝變得更多樣，這一點到1920年代末期已經頗見成效。

　　本章所介紹的服裝範圍很廣，以此呈現男裝在這50年間真實且顯眼的變化，並由此導引出我們對於20世紀早期男裝的討論。說到20世紀初期，經歷過愛德華時期的短暫間隔之後，人們對時尚習以為常的那些要素都會因為世界大戰而戛然中止，讓19世紀彷彿成為陌生的遙遠過去。這從小說《福賽特世家》裡弗露·福賽特對她父親索姆斯所說的話可見一斑：「還好您不覺得自己是個維多利亞時代的人，我不喜歡那種人，他們衣服都穿太多。」[19]

# 西服（便服夾克、馬甲背心與長褲）

### 1865到1870年，英國，紐約大都會藝術博物館

◆

　　這件矩形剪裁的外套從肩膀往下寬鬆垂落，讓男士們除了無所不在的大禮服外套之外還能有一個截然不同的選項。「**麻布袋西服**」（又稱「袋形大衣」）原非正式的休閒服裝，後來卻成為專業人士與都市人的標準穿著之一，到了1860年代末期大部分男士衣櫃裡都會有一套。當時的人很常用與上衣對比的顏色來做長褲，但這套三件式西服的每一件都是同樣的杏色羊毛布加上絲質滾邊，因此它屬於前一章所說的「同料西服」。

...................................................................................................

寬大的下領片是1860末到1870初早期外套與夾克的特徵之一。下圖中的外套年代較早，下領片裁得偏窄，相比之下可知本頁案例的製作年代比較接近1870年而非1865年。

便服外套通常是單排扣，而這件三顆扣子、三個扣眼的設計在1860年代很常見。時髦的穿法是只扣最上面一顆扣子。

左胸口袋袋口做成斜的，讓右手方便伸進去。

這裡隱約可以看到一條錶鍊，配戴方式是把它穿過馬甲背心最上面的扣眼，使得鍊身垂在胸前。通常這是男性唯一會配戴的飾物，太多裝飾物會讓人覺得沒品味。

腰部沒有橫向縫線，這樣整件外套從肩膀直接垂落到底，軀幹部分不會被截斷。[20]

外套下襬僅及髖部，但也可以做得更長，長到手指尖的地方。不過1860年代最末的外套就不會做得比本頁這件更長了。

西索‧哈特利說「一般而言淺色優於深色」，這項原則在此也適用於手套。如果用哈特利的話來說，此處這雙棕褐色皮手套被認為「比深色的更高級」。然而，不論顏色深淺，最好的手套一定是看起來老舊磨損的手套。雖然哈特利天花亂墜講了一堆何時戴手套、怎樣戴手套和拿手套的規則，他最後還是建議讀者「只要手部乾淨，就算光著一雙手也完全不必不好意思」。[21]

**夏季麻布袋西服，約1860年代。**

這件夏季便服外套長度很長，表示它應當是1860年代早期的製品，但它與主圖有些類似的特徵：領口扣子做得很高、版型寬大、滾邊的顏色與原布有著深淺對比。上面這件外套前襟下緣是弧形，而右邊這件大都會藝術博物館的藏品則是做成直線，這兩種剪裁方式在當時都很流行。

這件長褲髖部頗為寬鬆，但愈往腳踝就愈窄。根據此處膝蓋以下合身的設計看來，我們判斷這套西服製作年代較接近1870年。

# 《裁縫圖繪博物館》

1869年，第7期：阿姆斯特丹荷蘭國家博物館巴黎時尚刊物展，

借用自M·A·格令—范勒蘭特女士收藏品

➤

　　1860年創刊的《裁縫圖繪博物館》雜誌以巴黎時尚為主題，裡面是各式各樣男性、女性時尚造型圖繪，並有專業裁縫師執筆的內容。這份雜誌提供讀者關於「一般人民、軍人與宗教人士衣著」的資訊，代表了時尚插畫發展史上的一個新階段。如布魯沃德所說，1870年代的時尚插畫不只是「做宣傳」，還試圖「加強、討好、反映現代讀者的經驗」，[22] 因此這類雜誌都在讚美購衣行為，比如《裁縫圖繪博物館》中會描繪男女老幼身處各種如百貨公司或時髦沙龍的環境。

............................................................................................................................

淺灰色大禮帽在1860末開始流行，主要在白日穿著（褐色也是），至於黑色帽子則愈來愈被視為搭配晚禮服專用。

從腰部縫線與前襟稍有斜度這兩點，可知圖中兩人穿的都是晨禮服**外套**。左邊這個人將外套扣起來但下面露出來一點點馬甲背心，從這種外套將來會演變出風格更誇張的所謂「大學外套」。1868年8月的《時尚公報》描述一件類似的外套：「單排扣……前襟有四扣四眼，下領片頂端偏窄，領子末端很小且很斜。腰部不長，背部看起來是平淡中庸風格。下襬短，蓋到腿部很前面的地方，袖子全長，袖口窄而圓。」[23] 這份報刊其他地方還說到袖口上流行的「雙排飾縫」，這在本頁圖例中也可看見。

1850末「波林格」（bollinger）或「半球式」毛氈帽，原是載客馬車夫戴的帽子，造型類似圓頂高帽，帽簷較窄，如木髓遮陽帽（pith helmet）般在帽冠中央有小圓凸起。[26]

從1840年代以來，人們有時候會特意在下領片上面開一個扣眼，方便在領子上插一朵花。不過，比較常見的做法還是直接把花插進領片原本最頂端的扣眼裡面，裁縫師有時會為此刻意加固這個扣眼。[27]

從1850年代晚期開始流行把晨禮服外套做成同料西服，即整套西服都用同樣布料裁成。圖中馬甲背心用的布料不同，而外套與長褲共用的格紋粗呢料顯示這是一套偏休閒的西服。

本頁兩件襯衫呈現1860年代男裝襯衫領口有非常多變化。到了1860末，右邊男士所穿翻領襯衫變成很常見的形式。下圖可能攝於1870年代，照片裡的男士身穿翻領襯衫，領結藏在領片下面，跟本頁圖例中右邊的男士一樣。

這種長褲被稱為「法式下身」，褲腳延長超過腳部（1847年某位裁縫的專業描述是「前面做成像個山洞，從鞋跟底部的位置截斷」[24]）。依據1872年6月《西街紳士公報》所言，法式下身長褲當時在倫敦已經退流行，但「我們聽說這種褲子在很多地方上的大型城鎮裡仍然暢銷。」[25] 這種褲子實際流行的時間比起它在時尚插畫裡存在的時間一定長很多，這是研究時尚歷史時很常見的情況；舉例而言，《西街紳士公報》在1873年9月說裁縫界仍在討論這種褲子的最佳剪裁方式。左圖是法式下身長褲中比較誇張的一種造型，攝於美國俄亥俄州克里夫蘭，約1860到1870年。

我們可以看出這兩件長褲褲管都有寬窄變化，1860年初期人們還是流行把臀部大腿處裁得比較寬鬆，但大約從1865年開始，圖中這種風格（有時腿部會做得更貼身）就變成時尚首選。

# 結婚禮服

## 1869年，北卡羅萊納歷史博物館，北卡羅萊納州羅利

◆

　　燕尾服從 18 世紀以來在男裝時尚界一枝獨秀，但到了 1860 年代它卻已被歸類限制為晚禮服或結婚禮服。這套西服擁有「正裝禮服」的特徵，表示新郎穿著它進行婚禮的時刻應是在晚間。1850 年代末美國某期刊曾建議：若婚禮於晚上舉行，「用暗葡萄酒色燕尾服、白色稜紋絲綢或古波紋綢馬甲背心、黑長褲、真絲長襪和鞋子搭出一套非常優雅的禮服。」但若是早上舉行典禮，新郎可以考慮「深褐色大禮服外套、黑色喀什米爾羊毛馬甲背心搭配董紫色棕櫚葉形狀小飾物、真絲領帶……纖細的沉色系或石質色長褲、櫻草黃或岩灰色的小羊皮手套。」[28] 文字描述中的明顯差異，說明了晚禮服的重點就是使用嚴肅穩重的色系，而此處這套西服更是嚴守「正裝禮服」的規矩。依據另一部禮儀指南的說法，正裝禮服應包含「黑色外套、黑色長褲……黑或白的馬甲背心都可以。」[29] 由於晚禮服與結婚禮服的類似性，這裡會一併討論，畢竟這套禮服在婚禮之後應該也會被當成晚禮服繼續使用。

.............................................................................

1860年代的領飾巾已經變成一條白色的窄長布料，打成極寬極平的蝴蝶結。

襯衫領口偏低，前方尖角反摺為「燕子領」：是搭配晚禮服的襯衫一定要有的造型。

長長的下領片造成細瘦、流線型的視覺效果。

晚禮服外套不常扣起來，底下白色或乳白色的馬甲背心會大部分露在外面。馬甲背心通常是單排扣，用素面絲綢或花綢製成（此處用花綢），若是花綢則幾乎都是白底白花。

外套前襟兩側這些包布扣子純粹是裝飾用。

這時期不只襯衫領片可以拆卸，連襯衫袖口都可以另外買來裝上或拆下換洗，以便延長使用壽命。一般而言穿晚禮服時會讓襯衫袖口從外套底下露出約1吋。袖口常用美觀具裝飾性的袖扣扣合。

左圖：馬甲背心細部。
右圖：小氣鬼錢包，1840到1860年。

上方左圖是這件絲質馬甲背心上面的圖樣，描繪一隻手拿著一個18世紀開始使用的「小氣鬼錢包」，19世紀這種錢包更受歡迎，男女都愛用；呈長管狀物的錢包通常是針織材質，兩端有流蘇。把錢幣從長管中央開的一條縫放進去，再把長管穿過兩個金屬環來封住開口，這樣使用者就能把不同面值的錢幣分別放到兩端，方便掏錢時掏出正確金額。只不過，掏錢的動作變得很麻煩，所以才說這種錢包是「小氣鬼」。[30] 馬甲背心的圖樣中可見零錢從錢包兩端掉落出來，這可能代表新郎家財萬貫，也可能只是把象徵婚姻的「豐饒角」圖形做變化。豐饒角是一個牛角形狀的容器，裡面盛裝各式農產，寓意豐饒富裕。

人們穿晚禮服時慣常搭配的還是晚宴用無帶淺口鞋，而不是把腳面整個包起來的皮鞋。

襯衫皺褶領曾在男士晚禮服裝扮中長年獨領風騷，但到了1860年代已消失，被平坦漿挺的襯衫式胸片所取代。襯衫式胸片能防止襯衫變皺，讓前襟看來像是沒穿過一樣平整，唯一有變化的裝飾處是邊緣的皺褶或打褶效果（如上方小圖），或如本頁圖例用的是裝飾性鈕扣。[31]

麻質晚宴用襯衫，約1860年。

# 羊毛斜紋布西服

約1860到1870年，加州洛杉磯郡立美術館

━━━◆━━━

這種風格的西服現在普遍被稱為「西裝便服」，是從之前的「麻布袋西服」演變而來，仍保留著它的一些特徵。花布在 1860 年代流行起來，有時只用在馬甲背心上，有時也會用來做整套西服，就如本頁這一套。關於這套西服的製作年代，館方給予一個大致上的 10 年範圍，但我們可以利用幾個關鍵性的特點認定它製作於 1860 年代晚期。

......................................................................................................................

方格呢或**蘇格蘭格子呢**在1860到1870年代的男裝界紅極一時，被用來製作整套西服或單件衣物。格紋很類似蘇格蘭步兵團「黑衛士兵團」這類蘇格蘭傳統格紋，至於另一類同樣受歡迎的格紋則是出自「蘇格蘭邊區」地區的設計。《西街紳士公報》在1872年如是說：「現在……我們看到愈來愈多……牧羊人格紋褲……穿在衣冠楚楚紳士的身上，這情況已經有好幾年了。」牧羊人格紋是由小型亮色與暗色方格組成的密集花紋，最典型的是用未經染色處理的羊毛織成。[32]

右手邊大口袋斜上方還有一個有蓋的小口袋，寬度約只有大口袋的一半，稱為「**票袋**」。小口袋最初的功用是放零錢，但後來隨著火車旅行日益興起，人們發現它是個放車票的好地方，而它也因此得名。

和之前1850與1860年代的西裝便服外套不同，這件比較後來的外套上面又出現了腰部縫線與後開衩，意思是它的剪裁比較貼身挺拔，但仍保有一種悠閒輕鬆的感覺；線條柔和的反摺領與領帶更強化了這種效果。

這種單排扣外套通常只扣最上方第一顆扣子，露出底下的馬甲背心（通常與外套是同樣布料）與錶鍊。下方小圖攝於1860年代晚期，圖中西裝便服外套的穿法也是一模一樣。

六吋人像照片，約1870年。

這套西服搭配的是真絲大禮帽，但其實西裝便服或「過渡式」西裝便服更常搭配軟毛氈圓頂高帽。

夾克前襟下襬截成弧狀，非常有1860與1870年代的風格。等到1900年代前後那段時期就改為流行方正的線條。

褲管頗為貼合身體。人們常在褲管前後方各熨出一道筆直摺痕。

# 「大學」晨禮服套裝

約1873到1875年，英格蘭，倫敦維多利亞與亞伯特博物館

◆

　　這種形式的晨禮服外套又稱為「角襟」外套，前襟中央是一個鈍角，然後往下往外斜斜裁斷，類似下一頁介紹的「傳統式」晨禮服。這種外套可用於運動與休閒，也可在比較正式的場合穿著，後來在1890年代演變成時髦的娛樂休閒衣著**輕便西裝外套**。大學風格的外套曾一度非常流行，1871年的《紳士時尚雜誌》說它是「當代最主流的服飾」。[33]

· · · · · · · · · · · · · · · · · · · · · · · · · · · · · · · · · · · · · · · · · · · · · · · · · · · · · · · · · · · · · · · · · · · · · · · · · ·

這時男性大多只在最正式的場合才戴大禮帽，但還是有少數人把它當成日常穿著的一部分。

寬而長的下領片是典型1870年代設計。[34]

領片與前襟的羊毛縧帶飾邊在視覺上更強調出夾克的誇張剪裁。

這件外套的雙排扣設計剪裁更複雜，較為少見。雙排扣的大學式外套通常只用一到兩顆扣子扣合，也就是說裁縫必須非常精準地判斷出應該把扣子縫在距離前襟邊緣多少的地方，稍有差池便會讓整件外套看起來東歪西斜很彆扭。《紳士時尚雜誌》在1871年5月提及這項工藝的複雜性，說這種外套是「做起來用兩顆扣子在胸前扣合，前襟從這兩顆扣子下緣的高度開始大幅往外裁，看起來既新穎又體面。」[35]

苯胺染料在1859年問世，從此讓男士衣著打扮的顏色選擇變得五花八門，比如這條領帶用的就是搶眼的藍色。

外套是用深藍色棉絨布製成，棉絨布是棉織品，但上面有類似天鵝絨的絨毛，使得整件外套看起來有一種既奢華又輕鬆的感覺。其他受歡迎的布料還包括麥爾登呢（melton）、粗呢料與安哥拉布（angola）。[36]

袖子偏鬆，相對而言較寬，袖管往袖口處收窄，袖口反摺，同樣以縧帶飾邊。

外套前襟邊緣從第2顆釦子的地方開始往下往外斜，形成一個倒過來的V字形，露出下面有花紋的馬甲背心。此處這些包裹絲綢的扣子完全只有裝飾功能，將觀者視線帶到外套前襟倒V字形的尖端處。

1870年代男性穿西服很少露出馬甲背心，都被當時流行外套高高扣起的前襟給遮起來，但此處外套斜向外開的角度讓我們可以清楚看到下面的絲質馬甲背心。

淡黃褐色或淺灰色長褲通常會搭配深色外套，就如本頁圖例。某些年輕人會喜歡穿比較花俏的格紋長褲。

# 晨禮服

## 1880年，加州洛杉磯郡立美術館

◆

1880 年代算是晨禮服這種優雅西服發展過程的轉變期，它原本被上流紳士當成騎裝，但大約從 1850 年開始成為正式場合可用的服裝；等到 19 世紀晚期，它已經取代大禮服外套的地位，不論是最隆重的或是商務、半正式的場合都可以穿。本頁這個例子可以用來與稍後 1890 到 1910 年代的晨禮服比較，看出兩者的幾個不同處。

外套領片採用簡單的V字缺口設計，底下馬甲背心的領子也是一樣。

這時候一套西服的外套、馬甲背心與長褲通常是用相同或非常類似的布料製作，顏色幾乎都是黑色或黑灰色。馬甲背心大多數是單排扣，如同此處這件。全身上下唯一的異色只有懷錶短鍊的金色。

有蓋的口袋做在腰部縫線上頭，縫線位置偏低。口袋蓋以黑色緄帶飾邊，讓整件外套都是相同色系。

前襟下緣往後裁出和緩的斜度，這是晨禮服外套最明顯的特徵。下襬兩側弧線在穿著者髖部交會，剛剛好搭在臀部上。背後燕尾的上方頂端有兩顆包布的裝飾扣，縫在腰部縫線的位置。

外套與馬甲背心扣子都扣得很高，把此處這條鴿灰色領飾巾遮得只露出來一點點。

外套左邊胸前口袋是很獨特的設計，這種設計到了1890年代就會從晨禮服上徹底消失。[37]

1880年代的晨禮服外套胸前有3到5顆扣子，最上面一顆位在領片底部低一點點的地方，最下面一顆位在腰部縫線上（或是比縫線高一點點）。大多數時候人們只會把其中1到2顆扣子扣起來（通常是中間的那幾顆）。

晨禮服在1880年代取代大禮服與燕尾服成為新郎標準裝束，上圖中這件1885年的結婚禮服與本頁大圖的晨禮服看起來非常相似。

長褲褲管朝向腳踝以非常些微的程度收窄，整體來說還是剪裁得很筆直。此處可見褲管前方接近褲腳的地方被壓出不明顯的摺痕，不過這種做法要到1890年代才會變得常見。

# 泡泡紗西服

## 約1880年代，羅德島設計學院博物館

◆

　　這套三件式同料西服看起來有種航海般的氣氛，而它也正好就是為了夏日休閒場合所做的輕質西服。它的擁有者與穿著者是波士頓皮革商人詹姆斯‧亞當斯‧伍爾森（James Adams Woolson），據博物館方的說法，這位先生在整個職業生涯中磨練出一副「品鑑好布料好材料」的眼光。本頁這套西服無懈可擊的剪裁與加工在在呈現這位先生是多麼內行、多麼要求完美。[38]

.........................................................................................................................................

這套西服的材料是「泡泡紗」，一種源自印度薄而輕的麻質或棉質織品，其名稱源頭是波斯文的shir shaker，意思是「牛奶與糖」，後來這個詞進入印地語後被誤傳，最後才變成英文的seersucker。布料表面凹凸不平，摸起來既柔滑又粗糙，很符合波斯文原文的意思。

運用「鬆弛張力」這種織布技術織出來的布料帶有立體條紋效果，織造時可以使用多種不同顏色（不過最常見的還是灰白或藍白條紋）。[39] 在這套西服所屬的那個年代，人們特別愛用條紋布料來製作男士休閒西服。

泡泡紗是讓時尚變得更隨和、更親民的大功臣，這種布料本身就是皺的，故不須熨燙，且它價格便宜，因此常被用在大量製造、加工方式最簡單的成衣西服產業裡。但這套西服不能被拿來一概而論，因為它加入了擁有者的專業知識與風格品味，上面既有包原布的扣子，縫線作工也都很嚴謹。當時人們如果要前往炎熱國家，他們為此訂做的西服會特別強調「縫線做工」的細節；比如說殖民時期印度很流行用泡泡紗這種易散熱布料做的無內裡西服，而當時住在印度的英國男士——那些比較有錢有地位的——就會要求西服縫線做到完美無瑕，因為這在無內裡的西服上會看得更清楚。[40]

這件外套具備西裝便服的諸多特點，特別是前襟的弧狀下緣、大翻領，以及腰部沒有縫線這幾點。

**名片，約1880年代。**

雖然泡泡紗的同料西服非常流行，但人們未必會全部選用相同的顏色來做外套、馬甲背心與長褲。這張照片的時代約與本頁例子相仿，裡面的西服是泡泡紗外套與馬甲背心搭配平紋布料黑色長褲。

本頁這套西服就剪裁而言完全是1880年代風尚，但泡泡紗這種質料未必是到19世紀晚期才被用來製作男裝。左邊小圖中是一件大約1795到1799年的藍白兩色泡泡紗夏季外套，那是男裝歷史上另外一段流行條紋花樣的時期。

長褲做得直而寬，方便穿著者活動。

# 吸菸服

## 1880年代，加州洛杉磯郡立美術館

◆

　　吸菸服跟之前的班揚袍一樣，穿著場合僅限於家中，是男士們用過晚餐後前往吸菸室的服裝（19世紀禮節要求男士不得在女士面前吸菸）。出了家門，這種衣服只會出現在紳士俱樂部或火車臥鋪。吸菸服的設計概念類似女士在輕鬆場合所穿的茶會服（tea gown），它的剪裁寬鬆，材質可以是天鵝絨、絲綢或素緞，顏色五花八門，與日用禮服千篇一律的黑色大不相同。吸菸服上可以有多種裝飾，但最受歡迎的是軍裝風縧帶與盤扣（如本頁例子所示）。

19世紀末時，討論時尚的著作中開始出現關於女用「吸菸外套」的意見。澳洲某家報紙在1890年1月這樣說：「吸菸外套並不是嚴格僅指人們抽雪茄時穿著舒服的衣物，而是泛指各種在家中私下場合所穿的衣物，就像茶會袍那樣。」[41] 大約同時，時髦的女用茶會袍開始受到男裝設計影響，比如鑲邊、布料，以及吸菸服或華麗便帽上會出現的一些特徵，澳洲報紙所說的應當與此有關。上圖這件便袍（約1885年）就是一例。

此處這件長褲是做成與外套成套搭配，但上下這兩件未必非得搭在一起不可，吸菸外套也可以搭不同色調的日用或晚宴用長褲，這種穿法特別是在19世紀最末期開始變得常見。

褲管外側分別有一條和外套上一樣的細縧帶。

便鞋，歐洲或美國，1850到1900年。

這類便鞋常由該名男士的妻子、女兒或家中其他女性成員親手製作。「柏林繡」是以斜針繡或十字繡構成的刺繡形式，現常稱「網繡」。19世紀初柏林繡大師瑪莉．林伍德曾說柏林「羊毛」繡就像「用一根針畫畫……是繪畫這種藝術型態的親姊妹……目標是盡可能真實呈現一幅大自然的樣貌。」[42]

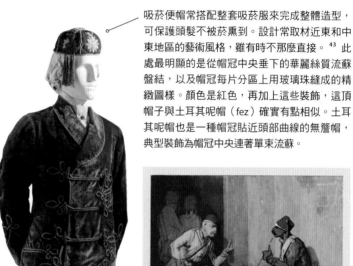

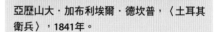

吸菸便帽常搭配整套吸菸服來完成整體造型，可保護頭髮不被菸熏到。設計常取材近東和中東地區的藝術風格，雖有時不那麼直接。[43] 此處最明顯的是從帽冠中央垂下的華麗絲質流蘇盤結，以及帽冠每片分區上用玻璃珠縫成的精緻圖樣。顏色是紅色，再加上這些裝飾，這頂帽子與土耳其呢帽（fez）確實有點相似。土耳其呢帽也是一種帽冠貼近頭部曲線的無簷帽，典型裝飾為帽冠中央連著單束流蘇。

亞歷山大．加布利埃爾．德坎普，〈土耳其衛兵〉，1841年。

此處所用的「東方式」設計當然有許多誤用或濫用。當時人們認為這類設計不應出現在日用服裝上面，只很偶爾才能看到一點點縧帶或印度風格印花（例如右圖這件佩斯利渦漩紋〔paisley〕馬甲背心）出現在私人家庭以外的場合。[44]

背心，1860到1869年。

# 穿西服的時髦男士

1890年（細部），GraphicaArtis／蓋帝圖像

◆

　　這兩套西服（有時人們會用「辦公西裝」這個說法，但這個詞要到 20 世紀早期才比較廣泛使用）梗概呈現了 19 世紀最後 10 年大多數有專業有地位的中產階級男性衣著模樣：從麻布袋西服演變而來的三件式西服，包括外套、馬甲背心與長褲，再加上白襯衫與領帶。羊毛布料從 18 世紀晚期以來就是有錢有閒階級的標準衣物，此時它成為一種既實用又時尚的選擇，可以穿著進城、穿著上班，也可以穿著參加體育活動。

此時外套最上方一顆扣子的位置大幅下移，馬甲背心的第一顆扣子則做得更高，這樣襯衫領口與領帶下方就會露出大片馬甲背心。許多男士把這當成實驗的機會，開始用各種亮色系或花紋布料製作馬甲背心，但另一些男士願意做實驗的範圍僅限於領飾的部分，如圖中所示。

1890年代「重新設計」的大禮服外套（提倡者是英王愛德華七世）未能成功推廣，新設計雖比原來的大禮服外套少了些正式感，穿的時候前襟不扣或用鏈扣鬆鬆扣起，但它很快就被人視為老年人或保守人士才穿的衣服。此處這套西服呈現當時年輕人喜歡的穿著：外套長度較短且可以從頭扣到尾，長褲前方有摺痕，整體輪廓比大禮服外套更瘦長。[45] 當時暢銷的報刊雜誌很愛嘲笑那些還在穿大禮服外套的年輕人，某一篇發表於1898年的短篇故事是這樣說的：有個少年人把一件長輩留傳下來的大禮服外套當作可喜可傲的寶物，稱為他「唯一的慰藉」，讓他「重拾自尊心」。有一天他和一群熟人（穿得跟本頁圖例差不多）見面，又和他們一起回家，準備稍後晚間再一同出門；但他因為穿著大禮服外套而無法參加晚宴場合，於是他只好留在朋友家裡與對方的老父親聊天。他同伴穿的都是剪裁較簡潔的專業人士西服，相較之下，他這副模樣實在讓人看著有些難受。[46]

袖子細長，袖管朝手腕方向收窄。整條袖子只用兩片布料縫成，沒有彎度。外套袖子底下可以看見白色襯衫袖口，這在1890年代是非常常見的畫面，因為當時人們認為白襯衫最適合作為日間裝束的一部分。

從1890年代到20世紀最初期都很流行筆直漿挺的高領，高度可達2吋半。這種領子在上班族之間非常普及，導致人們開始以「白領階級」一詞作為對中產階級專業人士的通稱（至今依然）。下面這張肖像照中也有類似的漿挺高領，約1890年代。

肖像照，約1890年代。

這張照片與上面那張年代相仿，但呈現當時這種西服能用不同方式穿著或加以裝飾的真實情況。照片中一名年輕男子身穿三件式西裝便服，穿著方式更為隨意，且長褲褲腳稍微朝外開展。

# 18世紀風格的化裝舞會服：
# 外套、馬褲與馬甲背心，可能是美國製品

約1870到1899年，賓州費城藝術博物館

◆

    19世紀末上流階層盛行舉辦化裝舞會與化裝宴會。同時，1880與1890年代的攝政時期倫敦戲劇界特別風行歷史劇，包括老劇新演，如謝利丹的《醜聞學校》；和當代劇作家的歷史通俗劇，如克萊德‧菲奇的《美男子布魯梅爾》。當時貴族在化裝舞會的衣著就常受這些戲劇影響。歷史劇受歡迎很可能是「世紀之交」帶來的不安感，人們在一個社會變化快速的世界裡又得面對新時代的來臨，因而感到焦慮恐懼。此外，沉浸在「歷史逃避主義」中也能提供社交聚會常客一些不用花大腦的樂趣；他們特別喜歡18世紀服飾，因為這讓男士們有理由像老祖先那樣把自己打扮成花枝招展的孔雀。本頁的服飾從歷史取材，加入其他許多要素，這種獨特的情況讓我們可以從一套服裝上「讀」出各種風格。

18世紀流行的是圓弧柔和斜肩線條，但此處這件外套肩膀剪裁要方正得多。

外套前襟、袖口與馬甲背心口袋蓋邊緣都有這些切割成水晶狀的玻璃扣子，能讓穿著者在燭光明亮的舞會廳移動時成為最耀目的那顆星，但跟18世紀歷史服飾可扯不上太大關係。[47]

寬袖口與較短的袖管類似前面看過的1740與1750年代外套，而那種較長、較窄，且通常不特別做袖口的外套要到18世紀後半葉才流行。

這套西服不是18世紀留下來的古董衣，最明顯的一個證據就是布料的明豔洋紅色，這類鮮亮的紅色調原本是不可能在布料上染出來的，一直到1860年代合成染料發明後才做得到。

18世紀末的化裝舞會指導手冊，如亞登‧霍爾特的《化裝服飾說明：化裝舞會穿什麼》，書中提供各種「喬治時期風格」的服裝供人參考。這些服裝設計多用故事人物命名，如謝利丹筆下的虛構人物查理‧蘇費斯，或傳奇大盜迪克‧圖爾平這種知名且人見人愛的角色。化裝服飾一般是粉色絲綢上面刺繡再搭配一頂大假髮，或深色天鵝絨衣服搭配三角帽。手冊裡沒有太多細節，霍爾特對「查理‧蘇費斯」這種設計的描述是：「一套華麗無比的服飾，外套、馬甲背心與馬褲都用質輕的素緞製作，上面以金銀線大幅繡花。」在這種概略原則之下，訂製人可以任意選擇喜歡的刺繡花樣，無論是否「合乎史實」。[48]

金屬材質小飾圈做出外套前襟這排渦卷狀飾邊圖樣，是窄而扁平的裝飾性縧帶，邊緣有環圈；排成一系列環圈圖樣，揉雜了歐洲民俗工藝等不同來源風格。

### 化裝舞會服馬甲背心細節

綠松石色渦卷紋讓人想起希臘與中國的迴紋設計，外圍繞著金色金屬線做成的扇形波浪狀花紋。馬甲背心前襟與口袋蓋邊緣都以這種花樣裝飾。

19世紀的人常把歷史久遠的老衣服重新拿出來穿，用在包括化裝舞會之類的場合。不幸的是，今天各大博物館所藏的18世紀古董西服或洋裝裡有不少因此經過大幅修改甚至破壞。左邊的照片攝於紐約某間照相館，一名男子身著祖父留下來的西服拍照，這身西服看來沒有明顯加工改動，其所呈現的體態輪廓就是19世紀化裝舞會服試圖重現的模樣。

**穿著18世紀西服的男子，約1890年代。**

**男用馬甲背心，義大利或法國，約1730年。**

這件外套前襟邊緣稍往外斜，做出類似1770與1780年代男裝流行的細瘦線條，但底下的馬甲背心就是18世紀各種歷史風尚大雜燴。這件背心前襟方正，下緣兩個角幾乎要彼此碰到，較接近18世紀早期的剪裁，不過那時的馬甲背心下緣會稍稍裁出弧度，且下襬長度通常會到大腿一半。這件馬甲背心口袋位置最接近1760年代之後流行的樣式，口袋蓋做得比較靠邊緣。

# 第五章
# 1900–1939

「黑色已經滿足不了那些青春洋溢的雄性花蝴蝶，」《洛杉磯先驅報》在1905年12月如是說，「男人……開始接受顏色明亮、圖案搶眼的衣服……為了讓男性服飾從昏暗陰沉中解脫出來，人們特別著力於製作時髦的花俏背心，且花費不少精神在鈕扣上頭。」[1]當時這類文章頗多，它們在此世紀之交的時刻溫和地鼓勵男士們在某種程度上回歸過去「光鮮亮麗」的傳統，某篇女性時尚專欄文章也說道：「別擔心，如果男士們願意從嚴肅一身黑的常規西服裡跳脫

年輕男子
約1908年，美國

出來，我們女性一定積極支持。」[2]

　　這篇專欄刊登之後又過6年，大多數男性都被迫脫下莊重的黑西服，換上壕溝戰的卡其軍服。19世紀與20世紀早期的男裝常被定義為某種「制服」，所以我們可以說1914到1918年間男性只是把一種制服換成另一種卡其布制服。然而，事實上這種改變造成的影響非常深刻，對許多當過步兵的人來說，軍服代表的就是軍事訓練與戰爭本身那種殘酷和勞苦。離開戰場的士兵都還會記得從

男性服飾店
「P&Q」的櫥窗
美國，1919年

軍時人人的行為都被教得一板一眼，必須遵循嚴格的時間表，且最重要的是大家都穿一模一樣的制服，大我之下個體的獨特性完全被抹滅。

本章開頭會先介紹20世紀最初期幾種關鍵性的風格，這時候英王愛德華七世繼承其母維多利亞女王的王位，同時也成為新一代的時尚穿搭領袖。愛德華七世登基時已不年輕，但他和王后亞麗珊德拉都深知時尚在個人與政治層面的重要性。英國《花邊新聞》週刊在1905年這樣說：「全世界都承認他是他這片領土裡最會穿衣服的男人……他為男裝帶來的改變超出之前任何一位英國國王。」[3]一般咸認他是把鄉村風格「諾福克」西服帶進男裝時尚界的人，這種西服的特點是外套上做出腰帶，且前襟後背都有很深的褶襉。

本章會用幾個例子來介紹逐漸開始流行的休閒服與運動服，包括諾福克西服、高爾夫球外套搭配束膝燈籠褲、法蘭絨「戶外西服」，以及自行車服。雖然其中某些衣服塑造出的身體輪廓與之前所見不大相同，但它們仍都被稱為「西服」，當時人們也都普遍接受它們屬於「西服」這一類型。近年來學界對於19世紀所謂「男性特質」或「陽剛氣概」意義的討論愈來愈多，其中尤其著重於19世紀後期數十年。在這些觀念轉變的過程中，體育活動是一個很大的影響要素，因為男性都被鼓勵要加入體育隊伍或協會，這是他們離開家庭場域以後在外休閒文化的一部分。在這方面，人們特別認為男孩子或年輕男性參與體育活動能夠增進健康、自我淨化，並且最要緊的是可以發洩掉那些惹禍的性慾。體育不再是上層階級專屬的領域，中產階級男士也愈會利用體育活動來規劃自己的時間，同時也把這當作一種與其他男性輕鬆交誼的機會。

足球、橄欖球、曲棍球這類活動的運動服「把男性的軀體捧出來，」華達·布爾斯汀（Varda Burstyn）這樣說，「在儀式性的展示與娛樂中任男性與女性加以凝視。」[4]這類運動服不在本書討論範圍內，但當我們去認識那些更接近「西服」的運動與休閒服飾，尤其是前面說到的那些服飾，如果我們能了解它們所造成的某些效果，那也會很有幫助。

另一方面，無燕尾的晚宴外套「小晚禮服」（dinner jacket，美國人稱之為tuxedo）也是在愛德華七世的影響下於1880年代變得普及，當時他的身分還只是威爾斯親王（1841-1901，他在1901年即位成為英王）。這項變革可說是動搖了原本主宰整個19世紀的穿著原則，為所謂的「正裝」添加一種原本不存在的新選項。「現今的禮服實在讓我提不起多少興趣，」《今日》雜誌在1895年這樣說，「舞會或宴會都是一片黑白兩色的海洋。」文章作者哀嘆道，唯一看似可行的替代品「吸菸外套」通常只出現在家居聚會場合，且就連這種外套「都無可避免要被燕尾服所取代」。[5]短而俐落的小晚禮服提供人們一種相對

英國士兵
約1917年
這張罕見的照片裡是
一件皮草做成的「西
裝背心」（gilet），
一次大戰早期的士兵
有時會穿這種衣服來
保暖。

而言好穿且輕鬆的選擇，矛盾的是它卻從此一躍成為大部分男士一生中會穿到
最正式的衣服。愛德華之子喬治五世沒有他父親那樣的時尚影響力，而第一次
世界大戰的爆發（喬治五世即位4年後）也就讓男裝時尚可能出現的任何進展
化為泡影。

　　到了這時代，時尚資訊的傳播已有極大發展，手繪時尚插圖被全彩印刷所
取代，[6] 報章雜誌因此得以刊登許多時尚相關的攝影圖片，讓男男女女都能知
曉最新冒出頭與正在興起的風尚趨向。這促進了時尚進一步的民主化，同時這
也有助於戰後復員男性重新適應平民服飾、趕上最新的流行風潮。1918年，回
歸「平頭百姓」的世界，人們必須讓自己融入一個激烈改變過的社會，讓自己
在經歷這場破壞性的大變動後回到原本的職業生活。

　　許多年輕從軍的人此時頭一次面臨「想做什麼工作」或「能做什麼工作」
的人生抉擇。「你知道，在壕溝裡的時候，」《福賽特世家》裡的邁克‧蒙特

（Michael Mont）半正經地回憶道，「我會夢見證券交易所。那裡乾淨溫暖，吵鬧的程度剛剛好。」[7]世紀之交的證券交易所讓人想到安全穩定的專業工作，想到黑色大禮服外套與庸庸碌碌的體面人生，這對一個身在地獄般前線的士兵來說實在是美好夢境。在戰前，進入職場也意味著登上又一級通往成年的階梯，一個人隨之要換上一套新的衣服；19世紀末20世紀初的男孩從4、5歲開始都還是穿短褲，而他們出社會的時候就要把短褲換成長褲或束膝燈籠褲，然後穿上襯衫與西服外套。在這之後男性一生所穿的衣服基本不會有太大變化，但工作場合穿的西服必須能呈現這個人的職場地位與社會階級。素面無裝飾的白色或灰色三件式西裝便服，搭配平整無瑕的領子與領帶，再加上一頂最新流行的圓頂高帽，這幅畫面成為幾乎是全世界公認的「真男人」形象，而常禮服外套搭配條紋長褲也成為一種流行的城市穿搭風格。

妮娜・艾德華（Nina Edwards）以她精明獨到的眼光指出，一次大戰這個時期雖不會立刻讓人聯想到縫紉製衣的品質與細節，但「為了偷得片刻奢侈享受的感覺，」她說，「或只為保有一點點片面的家居生活，人們可是願意吃很多苦；這顯示當時個人是很重視這種樂趣的。」[8]就算是最不在乎衣著的人，連續多年只能穿同樣制服之後也一定會開始對新顏色、新質料與新剪裁感興趣。我們可以從二次大戰結束時人們對「復員西服」（demob suit）的感受看出同樣傾向，他們要不就是高興終於有軍服以外的衣服可穿，要不就是對於復員西裝千篇一律的暗藍色、褐色與灰色感到失望。

1920年代常被說成是「咆哮的20年代」或「爵士年代」，那是個輕率魯莽、放蕩不羈的醉生夢死年代，可想而知這是經歷過戰時歲月的焦慮與嚴酷之後造成的反彈。某本雜誌在1919年5月做出如下評論，說1914年曾短暫出現一股「反對死氣沉沉」的風潮，但卻被硬生生打斷，取而代之的是「一個灰暗泥濘的世界。在之後將近5年的時間裡，藝術、美、快樂，以及生活都變成無足輕重的事。」[9]然而，就像任何戴著玫瑰色眼鏡看事情的懷舊論調一樣，這本雜誌的說法也很有問題，上面引文所陳述的更可能是一種希望而非真相。1920年代確實是個比較自由自在的時代，對某些人來說更是個樂觀、放縱與實驗的時代，但在世界上大多數地方這時代都只是延續著原來的貧窮、歧視、苦難與不平等，且某些地區還仍然受著殖民控制。我們擁有後見之明，曉得1929年華爾街股市崩盤會帶來什麼，也知道歐洲各地已經冒出法西斯主義的苗頭；這樣看來理查德・卡爾（Richard Carr）與布萊德雷・哈特（Bradley W. Hart）說當時大部分人經驗的是「在懸崖邊緣短暫跳一場舞」，這話真是淒美得一針見血。[10]另一方面，要說這10年間所塑造出的「理想男性形象」比起過去出

1916年6月的一名英國士兵，照片攝於法國，是這名士兵寄給他家中姊妹的明信片其中一張，背面寫著：「拍照的時候我們剛經歷過好幾次毒氣攻擊，所以我是這種表情。」

現了一種不可逆的極大轉變，這話可一點都不誇張。這種形象很大程度受到魯道夫‧范倫鐵諾（Rudolph Valentino）和道格拉斯‧范朋克（Douglas Fairbanks）等電影明星被製片商打造出來的樣子所影響。電影工業在都市化與消費主義雙雙蓬勃發展的氣氛之下興盛，而時尚也無可避免地受當時快速變化的世界觀所牽動。女裝的低腰連衣裙與比過去更短的裙襬都能代表此種變化，提出對於女性形象和兩性平等的新主張。

說到與此相對應的男裝，我們直接想到的畫面正如瑪麗亞・康斯坦蒂諾（Maria Constantino）言簡意賅總結出來的，是「少年輕鬆隨意地穿著白色法蘭絨長褲、白色開領襯衫、顏色鮮亮的法蘭絨條紋輕便西裝外套，並戴著一頂草編船夫帽。」[11] 問題在於，當時大多數女性的確都會穿緊身短洋裝這種造型的服飾，但說到男裝的話，康斯坦蒂諾這段描述呈現的其實僅限於上流社會男性衣著，我們最多只能說當時大多數城市人衣櫥裡都會有其中某一樣或某幾樣這種性質的衣飾。至於這誤解是怎麼來的，要怪就怪《大亨小傳》（特別是小說翻拍的電影版本）讓一般人以為這種搭配在當時非常普及。這種柔和的、粉紅與白色的清新色系也呼應了男女兩性在時尚中對「中性氣質」的追求，要的是一種纖瘦苗條的形象，是年輕韶華而非人生歷練；整個20世紀人們都在重視這件事，在渴望青春的同時想讓衣著變得更不正式、更舒適。《浮華世界》在1922年犀利地指出「舒適」和「隨便」絕非同義詞，但如果能在兩者間覓得中庸之道，那這就一定是「摩登男士衣櫥內容的主調」。[12]「舒適」和「隨便」結合，這就是在1920年代愈來愈受歡迎的時尚審美觀，人們不需要花大筆錢量身訂做衣服就能夠穿出這種美感。更進一步來說，本書前一章提過的「男裝革新黨」在這時期也小有成就；這些人知道他們短時間內大概無法改革掉男裝嚴肅正式的特質，但他們還是能在1921年觀察到這些進展：

> 　　不論春夏或秋冬，男士大多已經拋棄長袖長褲形式的內衣。過去必備的漿挺襯衫與領片已在軟柔的種類面前崩塌，平口鞋取代高統鞋，硬幫邦邦的圓頂高帽也讓位給軟帽子，或有些人根本不戴帽子。[13]

　　本章會探討1920年代人們這些態度如何透過男裝來表達，其表現包括「牛津寬褲」（這種褲子影響了後來1930與1940年代男裝褲子整體寬度）這種比較極端的造型，以及延續19世紀正規菁英氣質的一般辦公西服。

　　進入1930年代，人們仍然執著於少年體態，寬肩的倒三角形上半身成為男性理想輪廓。此時雙排扣外套尤其大受歡迎，因為它強調出肩部與胸部，打造出運動員般腰細臀瘦的V字形軀幹。高腰褲的褲管寬大，前方通常各有一條熨壓出來的深摺痕，比較休閒的褲子褲腳會有反摺邊飾。

　　這種穿搭風格的基本比例在大眾的想像裡被弄得誇大不實，而這絕大部分要歸咎於犯罪集團成員和阿爾・卡彭（Al Capone）等個別黑道分子把這類服飾拿來變成自己的標誌。30年代流行的西服極具陽剛氣，作為權力象徵的效果不言而喻，既能造成一種人高馬大的儡人效果，同時又把辦公西裝的莊重得體感

前面1916年拍照的
士兵在這張照片中
身穿1930年代中期
流行的平民服飾

模仿過來。《小霸王》裡的凱薩・恩立科・班德羅（Caesar Enrico Bandello），
《疤面》裡的湯尼・卡蒙特（Tony Camonte），這些半虛構的黑幫人物讓30年
代流行西服與匪幫的關聯更加深植人心，但其實電影中用來凸顯黑道人物身分
的方式反而是讓他們一絲不苟展露出身上各種飾品（有趣的是，正如史黛拉・
布魯茲〔Stella Bruzzi〕所指出的，這樣注意搭配細節的態度可能被解釋成一種
外顯的女性特質 。）[14]

社會上的人們對於這種關聯性自然也有感覺，當時處處都有人在做評論時提到所謂的「黑幫」風格（通常用作貶義，用來批評某個人把這種風格穿得誇張過頭）。同時期的運動服與休閒服則將這種剛硬線條加以柔化，本章會介紹數個運動用西服外套的例子，並就其中一件1930年代「棕櫚灘」風格的衣物進行詳細討論。

　　柴斯特菲爾大衣因其多變化的特質在整個20世紀早期都還很受歡迎，它可以做成單排扣或雙排扣，領子可以用天鵝絨或一般布料來做，外面可以做不同數量的口袋，腰部可以內收也可以做成筆直。[15] 相較之下，阿爾斯特大衣就沒那麼常見。其他較常見的外套包括一般門襟設計的連肩袖大衣、膠化棉布雨衣外套，以及流行時間較短但紅極一時的浣熊毛皮大衣。

　　迪德蕾・克萊門特（Deirdre Clemente）說大約1910到1933年間的普林斯頓大學學生是「時尚預言師」，而浣熊毛皮大衣正是這些常春藤盟校學子的最愛，一件真材實料的價格約在2百到5百美金之間，換算成今天的幣值差不多是嚇死人的7千美金。[16]「既然這種外套一件需要20到25件浣熊皮，頂級皮草一件要賣18美金，皮草裁剪工人又要求每星期1百美金薪水，無怪乎它價格如此之高。」《聖佩德羅日報》在1920年1月的一篇報導裡這樣說。[17] 浮誇、奢華、在人群中無比醒目，這些厚毛皮大外套是財富與時髦最終極的標誌。此外，依據哈羅德・柯達（Harold Koda）與李察・馬丁（Richard Martin）的說法，這種外套也是至今為止獨一無二「專屬於現代男性使用」的皮草外套。[18]

　　前面說過，對於社會上少數的幸運兒而言，1920年代是「在懸崖邊緣短暫跳一場舞」，浣熊毛皮大衣所代表的衣著風格就是絕佳例子。弔詭的是，這東西在大學校園這個菁英化的小泡泡裡卻提供了某種非常片面的平等。當時黑人與白人學生之間有著極大的鴻溝，但把一件浣熊毛皮大衣穿上身卻能「跨越與消弭……種族與性別的界線……呈現大學這個大環境下每個團體所具有的同質性：『求取教育』與『個人進步』。」[19]

　　這時期的「大學風格」整體是個很值得探討的領域，因為當時大學生左右時裝流行的能力不容置疑。本章也會以牛津寬褲為例討論英國的影響，這種褲子在1920年代早期從牛津大學開始流行，流行的原因與經過眾說紛紜；它們流行時間頗為短暫，但可說是為1930與1940年代獨領風騷的時髦寬褲樹立先例。一般而言，英國大學生穿的是訂做西服，且約定俗成會有相當程度的一致性（這解釋了伊夫林・沃〔Evelyn Waugh〕的《慾望莊園》裡，某個人物為何對學生時代的男主角身穿「介於參加美登赫〔Maidenhead〕戲劇表演會的正確衣著與參加某郊區花園格利合唱〔glee〕比賽服裝之間的糟糕折衷」感到生

浣熊毛皮大衣的廣告圖
1921年，美國

氣 。）[20]從19世紀晚期以降，英國大學生這種態度也受到美國所謂的「常春藤盟校」（包括普林斯頓、哈佛、耶魯與康乃爾大學）學生認同。

在本章討論的這段時期內，美國大學生開始逐漸離開傳統西服並接納一些「怪異」組合，比如用運動外套或輕便西服外套搭配法蘭絨長褲（且他們時常不打領帶，就連在課堂這種素來要求相當程度正式性的場合都不打）。某些大學開始以特定穿搭方式作為標誌，於是這類穿搭就出現類似制服的性質，同時這也是該校學生展現認同與自豪的方式，無論在校園裡或校園外都一樣。[21] 常春藤盟校對美國的男裝流行風潮持續都有廣泛而深刻的影響，這類衣服一方面是社會優勢者的鮮明標記，但另一方面也代表了人們愈來愈要求多樣性與靈活性的趨勢。

# 法蘭絨外出服，第9號，布雷瓦特新款夏季西服

1900年，紐約公共圖書館

▬◆▬

這套法蘭絨「布雷瓦特」（breakwater）西服代表著世紀之交人們眼中得體的半正式服裝，圖片旁邊原本有配套的廣告文字，呈現了當時夏裝市場變得愈來愈有利可圖：「為您全力以赴精心打造——衣著有品味的夏季男士才是男人中的翹楚，我們只跟這種人做買賣，無論布料或裁縫都不能有絲毫閃失。」[22]

..................................................................................................

任何運動或休閒打扮都少不了一頂草編船夫帽，它輕便、便宜，且大多數男人戴起來都好看，適合用在比較不激烈的運動場合（如划船和槌球），或平時作為時髦的飾帶使用。船夫帽帽冠通常會用搭配西服顏色的緞帶繞一圈。[23] 左邊這張查爾斯·達納·吉布森的素描（約1901年）中海灘上這名男士穿的是類似西服，頭上有一頂典型的船夫帽。

法蘭絨長褲通常會搭配2吋寬的淺色皮帶。

外套兩側各做一個方形的大貼袋，邊緣修成弧形。這種口袋源自海員服與軍服的設計，不但實用且裁縫製作過程很簡單。圖中這類夾克上面的貼袋很少會有口袋蓋或是扣子。

法蘭絨是棉質或輕薄毛質的拉絨織物，在當時是最受歡迎的夏裝布料，1896年某家報紙以反諷筆調指出這股「法蘭絨風潮」的弊端：「要保持涼爽，最有效也最安全的一種方法就是讓身體持續適量出汗。今年夏天，如果你熱了、累了、渴了，就拿一壺冰水，然後——扔到水槽裡。」[24]

此處的條紋襯衫符合雪梨《世界新聞報》在1903年3月的文章中給予類似風格衣物的「花俏」定義：「天氣溫暖的時候……市面上還在賣的大多數花俏襯衫都有條紋……幾乎完全僅限於白色與藍色、褐色或黑色的顏色組合。紅色……每年都變得更不受歡迎。」[25] 襯衫搭配有領結，領結末端被蓋在反摺領子下面。

夾克的剪裁方式是從「瑞福爾夾克」（見下圖）變化而來。瑞福爾夾克是源自海員服裝的寬領片雙排扣外套，後來被紳士們當成乘船開遊艇時的服裝，而藝術家和知識分子也很喜愛。最初的瑞福爾夾克是實用取向，顏色多為藍或黑色，且長度相對較短；本頁圖例則是條紋圖案且長度過髖，增添休閒氣息。

穿瑞福爾夾克的男子，約1885到1910年。

褲子剪裁稍帶寬鬆感，寬寬的褲腳剛好蓋過腳踝，最底下有一個很深的反摺。

# 旅行用西服

約1900到1901年，瑞典，斯德哥爾摩海威爾博物館

◆

這套三件式西服屬於瑞士伯爵華爾特・馮・海威爾所有，他在入贅頗具影響力的肯普家族後取得瑞典國籍。20世紀初年，海威爾與妻子威爾罕明娜一起在埃及和蘇丹各處旅行，有時女兒女婿也會與他們同行。[26] 這套西服是個絕佳例子，呈現當時都市裡流行的服裝如何被改造來適應北非的氣候與環境。

........................................................................................................

這套西服作為出國旅行用的服裝，最明顯的就是這頂非常普遍的木髓帽，當時的人又稱這種帽子為「遮陽帽」或「太陽帽」。[27] 它最初是熱帶軍服的一部分，但有大量身在印度或非洲國家的歐洲人都採用這種帽子來防曬遮陽，很快地它就變成一種殖民者的象徵。木髓帽是用木髓（pith）這種類似軟木的材料製作，無法為乘馬者頭部提供多少保護，但優點是戴起來輕便涼爽且易於運送。帽子上的罩布能為臉部與頭部後方遮擋日光。

照片局部，馮・海威爾身穿一套非常類似（說不定就是同一套）的淺色西裝便服（或稱袋狀西服），1890年代。

輕質的切維爾特羊毛布（cheviot）是很受歡迎的旅行服裝與夏季服裝材料，男女皆可用。澳大利亞西澳地區珀斯的夏季炎熱乾燥，氣溫可以超過攝氏40度，《珀斯每日新聞報》在1902年評論道：「單排扣袋形西服，用條紋法蘭絨、切維爾特羊毛布或藍色嗶嘰製作，這就是現在人們最愛的夏裝。口袋要有口袋蓋……馬甲背心扣起來的時候要在夾克上面露出一個V字形。」[28] 這套西服的樣式非常符合這段描述，只少了外套與長褲上的條紋。襯衫與領結有條紋，但顏色很低調。某家報紙在1901年哀嘆道：「黃色、綠色和紅色的條紋……已從流行服裝裡消失……就算想找亮眼的花紋，也只能找到莊重的藍白條紋或粉紅白條紋。」[29]

很久以來人們都用淺色布料製作夏裝或是前往炎熱國家所用的服裝。《骨相學雜誌》在1881年說：「毋庸置疑，白色服裝保持身體溫度的時間比黑色長。」[30]

這套西裝便服年代約在1910年，也是馮・海威爾所有。本頁兩套西服的剪裁與細節都非常相似，顯示人們就算遠行去一個不同的文化或氣候區域，也不願在衣著原則上做出太多妥協。同時這也是個有力證據，證明一般人所設想的「殖民者探險家」形象很有問題。19世紀晚期的旅行家湯瑪斯・史汀森・賈維斯[31]，1870年代去過黎巴嫩，他以諷刺的筆調總結出人們對衣著的標準多麼看重：「我只帶了兩套西服……用我自己的方法大加修補之後……我覺得自己的模樣總算夠體面了……騎馬、爬山，這些活動造成的耗損把維繫我們快樂與舒適的衣服鈕扣都給毀了，我們只能待在沙發床上進行必要的衣服縫補工作，畢竟沒有什麼比知道每顆扣子都牢牢固定在位置上更令人安心。」[32]

本頁這兩套西服的外套都有4顆扣子，一件全不扣，一件只扣最上面那顆，這是西裝便服常見的穿法。外套前襟下緣的弧形是世紀之交西裝便服典型剪裁。

# 白色夏裝

約1908到1910年，紐澤西州大西洋城，私人收藏

◆

這對俊男美女合照的拍攝地點可能是「狄特里希照相館」，當時沿著大西洋城那條著名的木板路有許多提供錫板照相的相館，這是其中一家。圖中男士的服飾非常適合在海濱度過一天，他和他的伴侶都身穿度夏用的「白」——這個字可廣泛指稱各種淺色布料。

襯衫上是通用的高而硬的反摺領，尖端修成圓弧狀，領子裡面是賽璐珞，外面蓋著麻布。[33] 下面這幅1910年10月的廣告裡有同樣風格的領子。

除此風格外，男用襯衫領的選擇愈來愈多。《男裝》半月刊是為服裝貿易而出版的商品目錄，1910年某期提到美國某「州際品牌」製作一種「軟」領子，說它的「剪裁線條既讓夏季衣領無比舒適，又不會減損美感」。文中還鼓勵大家在運動時使用不同的領子，特別是「高爾夫用」的領子，其特徵是「前方扣扣子處做一條較低的圍頸帶⋯⋯往兩旁展開的圓弧領尖安然垂在很低的位置⋯⋯保留人們最想要的正式感。」[34]

這張照片大約攝於相同年代，圖中這對勞工夫婦身上衣服色系與本頁例子很類似，但其他部分都是天壤之別。這張照片提醒我們當時絕大部分美國人穿的衣服是什麼樣的品質，以及他們日常生活真實經歷的艱辛困苦。

約1908到1910年。

這件西裝便服外套有3個外口袋，前襟3顆釦子，翻領處是1910年左右常見稍稍偏長偏寬的造型。

外套上別著一枚裝飾用領針，領針通常被視為男用飾品，但女性也可以把領針別在襯衫或緊身上衣上。

人們直到1910年代早期都還常用比外套與長褲淺色的布料來做馬甲背心。這時候的人通常會把馬甲背心最底下1到2顆釦子留著不扣，圖中這位男士雖不從俗，但其馬甲背心前襟下緣兩個尖點也有把腰線打斷的效果。

上寬下窄長褲是1830年代受歡迎的造型，此時又重登時尚舞臺，約從1908年開始短暫流行一陣子。這種褲子髖部裁得很寬，往下收窄到緊貼腳踝的窄褲腳。此處這件長褲造型比較中庸，但某些人會把上下比例做得極度誇張，特別是年輕人與學生族群。1910年某位兼賣布料的裁縫師無奈地說：「我做生意的對象大多是⋯⋯學生，〔他們〕自然想要穿成最極端的樣子，要大胸腔、要看起來像氣球的上寬下窄褲，不知給我製造多少麻煩。」他又說，要在這麼寬的褲子上做出人們喜愛的前摺痕，技術上非常困難，因為在最極端的例子裡「從褲腳到大腿處的摺痕會往外偏45度角左右」。[35] 大部分上寬下窄長褲褲管前後都有摺痕，如果是在非正式場合穿的還會在褲腳做反摺（如此處）。[36]

# 自行車西服（年輕男性全身照）

約1890到1910年，華盛頓特區國會圖書館

◆

　　19 世紀晚期自行車作為一種運動開始盛行，新的、前所未見的服裝形式也隨之出現。「運動服」不只是必需品，還是流行品，服裝設計產生了巨大的革新，在女裝上尤然。布魯默褲（bloomer）或大褲裙這類服裝很快就令眾人聞之色變，呈現了「新女性」的各種可能性，解放女性的同時也讓男性憂心忡忡。男性西服在此時的發展很容易被忽略，但其實它也往前踏了好幾大步，其中很重要的一點是人們除了騎自行車運動外，也愈來愈接受把運動服當一般日用服裝來穿。本頁這位男士身上依然是一套「西服」，但其中包含了 19 世紀晚期英國威爾斯親王所提倡的「實用優雅」主張。

········································································································

領子是軟的，反摺下來。領帶打成「四手結」或「活結」，這兩種打法到今天都還很普遍。運動服常常可能搭配已經打好結的即用領帶，這種產品從19世紀末開始出現在市場上，是種便捷實用的選擇。

夾克是單排扣的西裝便服或「麻布袋」西服外套。

這幅1890年代的圖畫呈現類似的夾克、束膝燈籠褲與褲子組合也可以搭配比較休閒的套頭羊毛衣，這種羊毛衣（穿著目的主要是為了吸汗）又稱「自行車毛衣」，男孩與年輕男性尤其愛穿。[40]

1890到1910年代的廣告裡有各種樣式的鞋子可供愛好自行車的男士選用，從拷花皮鞋到T字繫帶鞋應有盡有，每一種都像圖中這樣有著大粗跟。靴子也是一個選項，但主要是在英國或寒冷國家才有人穿。1904年澳洲某家報紙說靴子搭配長襪是「牛頭不對馬嘴」的組合，其他地方也可見到類似的反對意見，但這些爭論似乎全都圍繞著美感問題，而非實用原因。[39]

自行車便帽的廣告都說此物不可或缺，但它其實毫無保護作用。費城的「阿諾德與丹尼爾」公司在1897年宣稱「自行車服如果少了相配的便帽就不完整……所以我們增設一個部門來專門製造。」圖中男士騎車時會戴一頂軟而平的窄帽簷自行車便帽，類似左下角廣告中那頂帽子。[37]

1890年代後，運動用西服特別著重在各種環境的適用性。這類西服通常包含一件既有樣式的外套和一件特製或成衣廠製的「運動」長褲，男士用原有的衣服就可能搭出一套。1897年的一組廣告裡說到各種「組合」，如「自行車與辦公用組合」（麻布袋西服外套搭配「自行車用或高爾夫用」布魯默褲／束膝燈籠褲），或諾福克外套搭配「緊身褲」，還有一個是「高爾夫西服」（粗呢料袋形外套搭配高爾夫用的布魯默褲）。1901的《各種場合禮節大全》社交禮儀指南說：「騎自行車或進行鄉間體育活動時，男性要穿粗呢料束膝燈籠褲西服、諾福克外套或短夾克、深肋紋高爾夫長襪、堅固的赤褐色綁帶皮鞋，以及布便帽。」[38]圖中男士身上沒有粗呢料，但這種充滿應變性與自由度的穿衣態度想必會讓保守嚴謹的禮儀指南很快過時。

此處看到的是一般素面長褲，但彩色或甚至花花綠綠的運動長褲也愈來愈常見（特別是高爾夫襪），大家對此樂見其成，有許多男士欣然選用這些花俏的運動襪。1909年甚至有某家報紙做出如下評論：「女性也開始效法男性喜歡豔麗的襪子，她們穿的彩色長襪就像約瑟夫彩衣一樣千變萬化。」[41]1910年代高速紡織科技的進步讓人們更容易取得這種襪子，但像圖中這麼長的「長襪」，在這十年間通常仍只在運動場合穿著。長襪頂端以襪帶固定在小腿上。[42]

# 諾福克外套與長褲

約1910年，斯德哥爾摩海威爾博物館

◆

**諾福克外套**原是 1859 到 1860 年間志願參軍運動裡，來福槍義勇軍團的服飾，但從 1880 年之後就成為普遍的運動服裝。[43] 這是一個逐步演變的過程，首先它在 1860 年代被改良為「諾福克襯衫式外套」，到了 1880 年代，據說它在諾福克公爵的莊園豪宅裡大受歡迎，因而得名。[44] 此後它就成為 19 世紀中晚期最具辨識性的男裝之一，代表當時休閒服裝日益流行的趨勢，也為人們在普及的大禮服與西裝便服之外，提供另一種受歡迎的選擇。諾福克外套一般是用粗呢料等耐穿耐磨、以羊毛為主成分的布料所製，兩側都有箱型褶襇，背後也有一道，方便穿著者活動，腰間另有一條原布做的腰帶來束緊衣物。這種外套原為射擊用的服裝（如本頁所示），但也被拿來在釣魚、騎自行車、打高爾夫球時穿著；到了本頁這個瑞典例子的時代，男性運動服與休閒服已全是諾福克外套的天下。1885年美國某份廣告描述：「這些新穎、價廉的時髦夾克……適於一般家居穿著，及自行車、草地網球等戶外運動。」[45]

---

這套西服材質是褐色切維爾特羊毛布，其原料是切維爾特綿羊毛的精紡毛紗，通常是以斜紋織法織成，表面緻密而粗糙，非常耐磨。這些性質讓它成為鄉間活動最適合的衣服布料。

諾福克外套可以依照穿著者的喜好在許多方面做變化，光是口袋的數量與樣式就有好幾種。「事實上，它的模樣如此百變，」《縫製與剪裁》週報在1914年說：「使得『諾福克』這個名稱幾乎要變成一個誤用詞。」[46] 本頁這個例子有4個帶蓋子的口袋，在衣服上非常顯眼，但同時期的其他外套樣子可能很不同，比如有的是把胸前口袋藏在前方褶襇裡（有時還會用口袋來冒充箱型褶襇），有的只在髖部做2個口袋，還有某些是完全不做口袋。

諾福克外套在1950年代捲土重來，受到某些金字塔最頂端的人士如愛丁堡公爵菲利浦親王的喜愛，並賦予其新生命；美國雜誌《紳士風尚》在1953年評論：「最近幾個月，我們的時尚探子看見鄉間與體育活動場合都有人穿這種外套，且有數名訂做西服的師傅說他們收到顧客委託製作這類服裝。」[47]

愛丁堡公爵與安妮公主（局部），約1950年代。

粗呢料報童帽成為中產與上層階級鄉間生活與休閒活動的標誌，但同時它依然是無數男性勞工與童工每天戴的帽子。

扣子材質是牛角，人們大約從1812年開始利用這種材料製作扣子。[48]

諾福克外套的箱型褶襇有時會做開口讓腰帶穿過去，讓褶襇的布蓋過腰帶（左右各一條）。此處這件是反過來讓腰帶整個蓋過褶襇，兩種做法都很流行。

底下的馬甲背心是單排扣設計，7顆釦子3個口袋。

當時很流行圓形不束口的袖口，但後來的諾福克外套有些會在手腕處做一條帶子。

諾福克外套很常搭配束膝燈籠褲，尤其是在打高爾夫球、射擊或散步的時候。不過到了20世紀，這種外套搭長褲的造型也變得一樣普及；長褲與外套通常用的是同樣顏色、同種布料，如本頁所示，但有的長褲會用不同顏色的法蘭絨或針織材料來製作。

# 「正裝」晚宴西服

## 1911年，加拿大蒙特婁麥科德博物館

◆

　　這套黑白兩色的西服乍看之下與本書介紹的其他晚禮服大同小異，這在許多方面也呼應了一次大戰前某些男性選擇晚禮服樣式時的感嘆。「男用晚禮服，」加州某家報紙在 1914 年這樣說，「重點不是美感，是民主精神……年輕男性展現虛榮只能靠襪子或日常穿著，晚禮服的民主精神神聖不可侵犯。」[49] 然而，仔細觀察就會發現一些差異，20 世紀初年的人可能會覺得這套西服比其他正裝禮服更美觀且更實穿。下面引用的澳洲報紙報導就證明某些男士確實注意得到這些差別，並因此覺得自己在當前時尚中比他人更富巧思而洋洋得意。

⋯⋯⋯⋯⋯⋯⋯⋯⋯⋯⋯⋯⋯⋯⋯⋯⋯⋯⋯⋯⋯⋯⋯⋯⋯⋯⋯⋯⋯⋯⋯⋯⋯⋯⋯⋯⋯⋯⋯⋯

「比起幾年前的樣式，現在的晚禮服穿起來更好看，」1910 年澳洲某位裁縫師如是說，「剪裁更俐落，更襯〔身形〕隱惡揚善，對於馬甲背心的制限也少了……〔馬甲背心〕前面下半截裁掉的部分比之前流行的更多。我想你會發現大多數男士之所以穿現在時興的這種服裝，是因為他們喜歡〔而不是礙於規矩不得不穿〕。」[50]

外套前襟從腰線處筆直裁掉。腰部縫線可有可無，本頁這件是沒有的。

從20世紀初年開始，外套燕尾長度都是到膝蓋。

晚禮服長褲一般與日用的差不多，但顏色一定與外套相同。這種長褲褲腳絕不反摺，但時常會沿著外側縫線用緄帶做成某種裝飾。我們偶爾也會見到晚禮服外套的前襟、領子與袖口有緄帶飾邊，但這種的數量就比較少。

1910年，同一位澳洲「男裝專家」裁縫師又說：「現在的人比之前更能接受用黑領帶取代白領帶。」下圖是大約1909年某幅廣告圖的局部，圖中三位身穿晚禮服的男士搭配都不盡相同，呈現一種很有限度的變化性。

克魯伊襯衫（Cluett shirts）「箭領男」廣告，《星期六晚間郵報》1909年9月25日。

圖中可看到男士們身穿黑或白的馬甲背心，這也是他們擁有的另一點點選擇權。馬甲背心前方開口可以是深V形或是像圖中的U字形。[51] 這幅畫的內容有可能已經稍顯過時，因為1910年的《縫製與剪裁》說「當下最時髦的馬甲背心要做成V字開口」。[52] 領片通常有捲邊（邊緣往內捲成弧狀），整體連貫（也就是說上下領片之間不做缺口）。大部分馬甲背心會在兩邊各做一個小口袋，因為禮服外套通常不扣起來，所以背心前襟會露在外頭。依照《男裝》半月刊在1910年的建議，馬甲背心扣子可以是「寶石，或是月光石嵌在簡單底座上，或是跟襯衫同樣的飾鈕，甚至是黃金……不過，若是一般的晚宴服裝，扣子應該用不加雕飾的珠母貝或琺瑯。」如果是黑色的馬甲背心，最重要的就是扣子必須用「一樣的材質」製成，跟「裝飾在外套上的那些」一樣。[53]

# 黑色羊毛結婚禮服

1914年，賓州史賓斯堡大學時尚檔案館與博物館

依據服裝史學家珍恩‧艾許佛德（Jane Ashford）所說，到了一次大戰前夕，我們已經愈來愈難只憑一個人的衣服就判斷他的社會地位。[54] 本頁這套結婚禮服很能呈現這種變化，從造型可看出這是一套日用西裝便服（當時大多數男性都穿這種西服，不分社會階級或職業領域），不是我們原本預期應該出現在正式場合的晨禮服或燕尾服；反過來講，19世紀只有勞動階級男性才會在結婚典禮上穿西裝便服。不過，這套衣服的黑色羊毛布料材質顯示這是做給特殊場合使用的西服，因為一般休閒西服通常會用粗呢料或法蘭絨來做。

我們到今天還能知道關於這對新人的一些資訊，這點其實在很幸運。穿西服的新郎是大衛‧雷蒙‧佛傑桑格，他在1914年與這位新娘莉迪亞‧郝貝克成婚。本頁將新娘禮服一併呈現，讓讀者大致了解當時人們對結婚禮服的審美觀念，以及這套西服在婚禮當天會扮演什麼樣的角色。[55]

在這套西服的年代，人們廣泛使用軟式的反摺領子，有時甚至會用在婚禮這類正式場合（如本頁例子所示）。話說回來，不少男士在結婚那一天還是選擇用像上圖這種高而漿挺的領子（約1900-1910，作者本人收藏）。

這頂圓頂高帽的年代約在1910年，購自紐約第五大道「馬洛里」帽店。到了1910年前後，除了那些最最正式的社交場合之外，圓頂高帽已經幾乎完全取代大禮帽。

領結和標準的長領帶都成為正式場合很受歡迎的搭配。

馬甲背心領口很高，開口呈V字形，前襟6顆鈕釦。大約從1905年開始人們通常會把最底下一顆扣子留著不扣，這種穿法在比較不那麼正式的場合裡更常見。[56]

這套西服製作穿著的時間看得出來是在第一次世界大戰剛開打的時候，又或者是戰爭尚未爆發時。西裝便服在戰爭期間逐漸受歡迎，[57] 但因為布料短缺所以外套蓋到大腿的地方愈來愈短，下領片變小且變窄，口袋與口袋蓋也不再重要；本頁這套西服顯然不符合這些特質。不過，大約在1912年之後，髖部的口袋蓋與胸口的外口袋這些細部設計整體來說愈來愈不流行，所以這套西服可能是之前留下來的舊衣，或是不在意趕時髦的新郎所購入的二手衣物。

熨褲機在不久之前問世（1890年代），讓人簡簡單單就能在褲管前方中央熨出一條流暢俐落的摺痕，於是這種做法變得非常流行。在這之後我們很難找到前方沒有摺痕的長褲了。[58]

# 「高爾夫」夾克與束膝燈籠褲

約1917到1922年，賓州史賓斯堡大學時尚檔案館與博物館

◆

這套夾克、馬甲背心與束膝燈籠褲的組合與前面的諾福克西服大相逕庭，最明顯之處在於它沒有褶襉也沒有腰帶，且下身搭的是束膝燈籠褲而非長褲。但這套西服的用途也是作為運動場合和鄉間的穿著，特別是它用了粗呢料，且它是訂製西服外套搭配「燈籠褲」，這兩點顯示它很有可能是高爾夫球服。當時這類西服很容易買到成衣，因此體育活動，以及相應的體育服裝在英國變得更加普及，高爾夫球也日漸成為上層與中產階級人士最時髦的運動。[59] 在美國，1922 年 6 月的《浮華世界》說到美國的高爾夫球已經從「想嘗鮮的有錢人」專屬活動變成「偉大中產階級，追求健康的專業與商務人士」的運動。[60] 因此，不難想像從 1910 年代末期開始，人們不僅有多種高爾夫球服可以選擇，且穿著場合已經不限於球場上。

這個時期有很多高爾夫外套會在肩膀做開口或類似的設計，以讓衣物更適用於運動場合；但本頁這個例子並沒有這類設計。

無袖套頭背心在1920年代取代馬甲背心成為運動用西服的一部分，這也是幫助我們將這套西服定年在1920年代早期（或更稍早一點）的線索之一。

此處我們可以看到未來流行的男性V形軀幹線條初露苗頭：外套有腰身，肩膀開始變寬，而髖部則做得很合身。

1926年《高爾夫禁忌事項》這本書建議讀者在衣著上不要選擇「太高的領子，大概1吋的高度就已足夠。不要打一條在胸前晃來晃去的領帶。如果非要用長領帶，那記得把它好好固定著。」此處的領飾是領結，既得體又時髦且不會礙手礙腳，很符合書中建議。[61]

束膝燈籠褲基本上就是一條寬鬆的馬褲，原本設計作為軍服，但因為它可以適應各種環境，自然被人們用作散步或運動用的服裝，在20世紀初期出現各種不同風格。「膝下4吋」是其中一種樣式，其剪裁在過膝處多出4吋懸伸的布料，因而得名。這類褲子利用褶襉做得非常寬大，在1920年代成為時尚界最耀眼的明星。這條束膝燈籠褲的長度與形狀是我們為這套西服定年的重要線索之一，比起右邊1925年照片中的膝下4吋褲，它顯然窄得多也合身得多，表示它應該是「膝下2吋」燈籠褲，褲腳處只多出2吋布料而非4吋。如此，可以確定這套西服年代不會晚於1922到1923年。

照片為高爾夫球員哈利·法爾東（Harry Vardon）的握桿姿勢，1910到1920年。法爾東身穿剪裁類似的外套，搭配膝下2吋的束膝燈籠褲和羊毛高爾夫長襪。

佛羅里達州邁阿密比爾特摩旅館高爾夫球場，1925年。

# 傑克·布坎南身穿牛津寬褲西服套裝

約1925年，蓋蒂圖像／貝特曼檔案館

「牛津寬褲」是圖中這種非常寬的長褲，材質常是法蘭絨，1920年代中期起源於牛津大學，可直接搭配毛衣和報童帽，或像圖中這樣當作較正式西服的一部分。當時照規矩，大學生一天內得換好幾套西服，於是他們便設計出這種適用各種場合的褲子。[62] 圖中男士是蘇格蘭演員、舞者、歌手、製作人與導演傑克·布坎南（Jack Buchanan）。布坎南是時尚界領導人物，當雙排扣**小晚禮服**在1920年代流行起來後，他是第一個從英國最高貴的裁縫街「薩佛街」訂做的人。[63] 牛津寬褲的流行熱潮很短暫，但開啟了後來長褲寬度變寬的趨勢，且布坎南這類當紅名人也把它穿成了1920年代的耀目特點。

1920年代中期搭配可拆卸「軟式」領片的襯衫在年輕一代推動下開始流行，時尚潮流距離維多利亞與愛德華時期那種筆挺的正式感愈來愈遠。襯衫圍頸帶前後各有一顆扣子固定領片，圖中這種尖領此時還是最受歡迎的樣式。[67]

雙排扣西裝便服夾克是1920年代前半期非常典型的日用服裝。圖中看不到外套口袋，但應該會有兩個口袋在髖部高度，樣式可以是沒有口袋蓋的唇袋或有口袋蓋。

男士必備的手帕從胸口口袋裡露出一角，布坎南與英國首相邱吉爾、演員卡萊·葛倫、劇作家諾維·考沃等人都是帶起這股風潮的主要人物。[68]

長褲腰部打摺做出膨大感，褲管各有一條大尖角摺痕，讓褲腳朝外開展蓋住穿著者的鞋子。

褲管直徑可能寬達24吋，褲腳處一段很寬的反摺讓褲管寬度更醒目。[69]

一群朋友在埃及合影，約1920年代。

最料想不到的地方都能看到牛津寬褲大受歡迎，比如這張照片。羅伯特·格雷夫斯（Robert Graves）在1926年任教於開羅某所大學，他說：「我這是史上第一條出現在埃及的牛津寬褲，當地人極感興趣，他們自己穿的都還是上寬下窄那種……很快地這裡任何有點身分的人都開始穿牛津寬褲。」[64]

牛津寬褲誇張的寬度常被人們取笑，特別是報章雜誌最愛在此做文章。下面這首詩就在說這種褲子能給穿著者製造強大的空氣動力：

牛津寬褲滿街跑，小伙子都說它俏，
只要哪天風對了，能送他們揚帆海上漂。
搭乘飛機不用愁，引擎冒煙又熄火，
只要閉眼向外跳──牛津寬褲載你平安往下掉。[65]

劍橋大學划船隊，1931年。

牛津寬褲興起可能是因為當時禁止大學生在課堂上穿燈籠褲（短而膨的褲子），但學生並未因此放棄，反而在外面又穿一條寬大的長褲來蓋住燈籠褲，這樣他們一出教室就能直接進體育館，換裝非常方便。[66] 牛津寬褲也成為划船運動體育服的其中一部分，如照片所示。

# 展示外出服的男模特兒

約1925年，紐約杜佛特公司，華盛頓特區國會圖書館 ◆

　　「外出服」（又譯「散步服」）聽起來像是西裝便服或類似的休閒西服，但其實是本頁這種正式的常禮服或大禮服外套搭配馬甲背心、立領襯衫、禮服長褲，有時還會包括皮革鞋罩（tan spats）。材質多為梳毛紗、粗呢料或切維爾特羊毛，顏色為黑色或各種褐色。從圖片裡濃濃的正式感，我們可以猜想到所謂「外出服」（圖中這種風格的正式名稱是「英式外出服」）其實是讓有錢人穿出門「招搖過市」用的，目的是要給人看，散步活動筋骨只是其次。它也是參加婚禮當賓客，或去賽馬場社交時的好選擇。1909年某間成衣公司的廣告詞說：「每一個注重衣著的男士衣櫥裡都該有一套英式外出服。」[70] 另一間公司則說：「身材好的男人穿這種〔西服〕特別體面，適合持重尊貴的商務人士。」[71] 圖中這套西服是1920年代中期的產品，但早從19世紀末就已經開始流行，直到二次大戰為止。

大多數男士在正式場合會使用可拆卸的硬式燕子領，靠著前後方的扣子將領片固定在窄窄一條圍頸帶上。

晚禮服應當搭配純黑或純白領結，但如果是日間服裝，男士們就可以自己試著在領飾上面做點變化。當時很流行深底色的條紋或波卡圓點（如本圖）花樣。

此處可以看到一點點半硬質的褶襉襯衫式胸片（當時還叫做「可拆式胸兜」），但除了最正式的場合以外，一般日常這樣穿已經來愈被視為老氣。澳洲布里斯班《每日郵報》在1923年3月評論：「現在硬質和半硬質的胸兜襯衫多是老一輩的人在穿，他們還在堅持商務西服應該有的樣子，就算新的設計明明比較舒適，他們也不願接受任何新東西。」[72]

第一次世界大戰之後，特別是當汽車更普及的時候，出門帶手杖的風氣也就開始消失。不過，如果是像這種較正式的服裝，仍須搭配手杖。

黑色真絲大禮帽用來搭配正式的日間服裝，帽冠高度約12到13公分。灰色大禮帽在1925年代早期也變得流行，正如高爾斯華綏（John Galthworthy）《福賽特世家》的這段劇情所示：溫妮費德‧達提準備要去阿斯科特看賽馬，她問姪女弗露‧福賽特：「你爸爸有沒有灰色大禮帽？沒有？反正他到時候得戴，今年最流行的就這了。」[73]

1920年代的結婚照，新郎身穿類似的外套搭配灰色細條紋長褲，一只手套戴著、另一只拿在手裡。

# 辦公西服

## 約1926年，蒙特婁麥科德博物館

◆

　　這套橄欖色西服屬於都市風格的「辦公」裝束，西裝便服外套、馬甲背心與長褲的搭配是1920年代中期到晚期的典型例子。這類西服從世紀之交以來就是專業人士的首選，在百貨公司可以直接買到。

......................................................................................................................................

回頭去看前面介紹過的1860年代「麻布袋」西服，就會發現這個1920年代的例子與它有許多相似特質，但再仔細看看又會看出前後變化之處。此處將兩個例子並置以供比較。

1926年的下領片較長也較窄，邊緣是捲邊，而非1865年的絲綢鑲邊設計。

左胸口都有一個稍微傾斜的口袋。

1865年的人通常只扣第一顆扣子，但1920年代的人通常只扣第二顆扣子。大概因為這種穿衣習慣，當時的西裝便服外套門襟一般還是只做3顆扣子。

1926年這件外套的袖子比較窄，沒有飾邊也不做袖口。兩件外套袖子都是刻意做得比裡面的襯衫短一點（1926年的例子沒有展示出這點），這樣才能顯示穿著者的「紳士」身分，讓別人知道他不是勞工，不怕弄髒白襯衫的袖口。

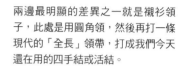

兩邊最明顯的差異之一就是襯衫領子，此處是用圓角領，然後再打一條現代的「全長」領帶，打成我們今天還在用的四手結或活結。

倫敦的《每日記事報》在1925年說他們認為威爾斯親王將會「繼續領導……男性時尚」，因此「〔會流行〕舒適、寬鬆、不強調身形的英式麻布袋西服……那些風格比較偏極端的年輕人會穿褶襉長褲，搭配單顆扣子的麻布袋西服外套與雙排扣馬甲背心。」如果用本頁這套西裝作為判斷基準的話，那上面這些預測也只有部分成真，但同時可看出西裝便服會長久流行下去。[74]

兩邊褲管前面都有一整條非常明顯的褶痕，褲腳處有一圈小小反摺。

加拿大建築師愛德華．麥士威爾（Edward Maxwell）在1893年拍的照片（麥科德博物館），很能呈現麻布袋西服從19世紀中期發展到1920年代的情況。小圖這套西服的毛料材質與本頁案例類似，讓衣服呈現悠閒的「鄉間」氣氛，但仍可用在正式場合，比如穿去辦公或像這裡一樣穿著來拍肖像照。這件1890年代的外套與它1920年代的後繼者一樣，都有圓弧前襟與下領片捲邊。麥士威爾的襯衫是用反摺領搭配打成水手結的領帶，很可能是買現成的。

# 小晚禮服

## 1920年代，愛丁堡蘇格蘭國立博物館

◆

　　無燕尾的小晚禮服最初是被威爾斯親王帶進 1880 年代的倫敦時尚圈，然後又被帶到紐約的塔希多園（Tuxedo Park）。許多人覺得這種服裝的發展頂撞了傳統「正裝」，冒瀆了燕尾服、白馬甲背心、白襯衫、可拆式燕子領、白領結與黑長褲一起呈現的穩重與優雅。[75] 不過，到了世紀之交，雖然仍不斷有人批評小晚禮服，但它已經廣被接受為燕尾服之外的另一個選項。1922 年《時尚》雜誌一篇（以女性角度來寫的）文章表示這種衣服原本只是一時搞怪：「因為戰爭期間不宜在晚間穿得太好，於是很多男士就用小晚禮服取代晚禮服。結果，唉，這些人現在居然還這麼穿……對很多男性而言……就只是懶惰而已。」[76] 不管怎樣，小晚禮服愈來愈流行，且很多男性繞了一大圈最後發現自己衣櫥內最正式的衣服仍舊是這一件。

絲質領結符合《浮華世界》在1921年6月設下的規矩：「領結用布要大方，末端應有向外舒展的感覺。」[77] 此處領結搭配的是燕子領，但燕子領到了1930年代就會被立式軟摺領取代（這裡說的是搭配小晚禮服，不是搭配晚禮服）。

1920年代的小晚禮服外套通常喜歡做成單排扣，本頁這件穿著時只在腰部扣一顆鏈扣。這種做法是將另一顆扣子連在鏈子上穿過扣眼，這樣扣起來的時候看著就有兩顆扣子肩並肩，有點類似袖扣的效果。

一直到1930年代，小晚禮服仍要搭配黑或白的馬甲背心；這裡的V領與外套造型很相襯。一旦馬甲背心開始過氣，它的位置就被「腹帶」所取代。《浮華世界》這麼說：「最時髦的馬甲背心，要剛好裁在褲腰線的高度，要做高腰……原因之一是新流行的褲子比較膨，與舊式馬甲背心下緣尖稜搭不起來。」文章後面又說這種褲子「跟19世紀早期的很類似，腰際有大量褶襇或收褶。」[78]

晚用西服廣告，1942年（細部）。

小晚禮服原本只有黑色，要到1940年代人們才接受把白色小晚禮服當成「休閒度假服飾」，又因電影帶起的風潮而廣為流行，如亨弗萊・鮑嘉在《北非諜影》的穿著。1947年11月某篇文章點出這個流行趨勢，且提供那些不確定該穿「正式」或「半正式」禮服的男士一些建議：「無論是餐會、舞會、劇院、遊輪……單身漢晚宴、純男性場合……以及當你擔任護花使者而那位女士身穿晚餐服的時候，小晚禮服都是必備裝束。」[79]

Back for all tuxedos on this page.

晚用西服廣告，1942年（細部）。

小晚禮服最大的差異就是它沒有燕尾，這在晚宴與正式西服的世界裡可謂離經叛道、罔顧數百年傳統。外套弧狀的前襟下緣讓它看起來像辦公西服或西裝便服，日用西服的模樣卻有晚用西服的貴氣。西服塑造出的依舊是瘦長輪廓，但到了大腿處就被截斷，從背後看的效果可見上面的廣告圖。

# 「棕櫚灘」西服

## 約1930到1939年，加州洛杉磯時尚設計商業學院

◆

　　這套毛棉料西服代表 1930 年代在美國盛極一時的流行風潮，它被稱為「棕櫚灘」西服，是很普遍的夏季休閒服，且在這 10 年間受到華爾街人士鍾愛。西服的名字來自佛羅里達州棕櫚灘，那是個讓時尚名人穿著最新流行休閒服飾出來展示的著名景點。本頁這套西服購自費摩斯巴爾百貨公司（Famous-Barr Co.），這是梅西百貨（Macy's）旗下分支，1911 年成立於密蘇里州。[80] 購買這套西服如此方便，可看出當時人們對成衣的接受度愈來愈高。西服的褐色格紋依舊延續威爾斯親王（後來的溫莎公爵）所提倡的英式鄉野風格審美。

..........................................................................................................................

圓弧狀的圓角領最初源自英國伊頓公學，但後來變成質地較軟、較不具正式感的可拆式版本，在1930年代受到各個年齡層男士的喜愛，當時尤其流行的做法是在上面別別針。[81]

棕櫚灘夾克本質為運動夾克，背後收腰並做腰帶，這是當時大多數男性休閒服都有的特徵（見下圖）。不按牌理出牌，可搭配不同風格與顏色的褲子（如禮服長褲、休閒寬褲，甚至牛仔褲），以及各種襯衫（當時美國特別流行這種「不搭」的搭配方式）。年輕男士喜歡這種自由搭配的可能性，連青少年也被吸引。古達爾裁縫店在1938年6月《男孩生活》雜誌登廣告，對學生族群大做宣傳：「不論是上學、遊玩、參加派對……畢業典禮或畢業舞會──只要穿上新的棕櫚灘西服，你就是最出色的。想像一下，你身上外套背面是運動設計，褲子是褶襉寬褲……為成熟男士量身訂做棕櫚灘西服的專家為您打造大學風格。」[82] 這裡的案例屬於偏保守類型，搭配同色調長褲，以及明亮淺色的襯衫、領片和領結。

棕櫚灘西服廣告（細部），1932年。

1930年代的男裝輪廓開始向女裝靠近，除了腰收細以外，更顯眼的是那寬闊且加墊的肩膀。西裝外套會使用尖角下領片來強調出這種視覺效果，讓下領片高處超過上領片底部，將視線引導到雙肩（不過開缺口的設計也還是很流行）。下領片很長，扣扣子處很低，符合當時被肯特公爵帶起流行風潮的「肯特式」雙排扣外套設計。

草編船夫帽最早在1920年代成為流行的度假風飾品，常用來搭配棕櫚灘西服或其他休閒西服。它的人氣在時尚界起起落落，1939年8月卻因英王愛德華八世著手推行「草帽夏季」頓時炙手可熱。當時草帽工業正如「一灘死水」，某家澳洲報紙說英王對此事的熱衷讓「2千多人找到工作」。[83]

到了這個年代，人們已可憑自己愛好選擇穿著單排或雙排扣外套。如本例所示，雙排扣外套能強調出軀幹的倒三角形狀，且下領片一直延伸到前襟由上數來第二組扣子處，讓整體「V」字形的輪廓更加鮮明。

懂時尚的男士通常會在戴白領片的同時也戴上白色法式袖口（用袖扣扣起來）。此處用的只是普通無花飾的扣子。

《聖克魯斯前哨報》在1932年的報導中描述當時男褲最時髦的剪裁，與本例非常相似：「高腰，腰部前方做垂直褶襉，髖部很大，褲管往下逐漸收窄……衣服雖寬鬆，但因為腰部的細節能呈現身形，且褲管較為緊身，所以還是有一些美化體格的效果。」[84]

# 夏季西服

1931年，蒙特婁麥科德博物館

◆

這件夏季淺色西裝便服延續 20 世紀初方興未艾的休閒西服美感標準，但又增添幾處 1930 年代早期才有的特質，讓我們能為它準確定年。除此之外，它與前頁的「棕櫚灘」西服有非常明顯的差異，它比較不強調男性精瘦軀幹的 V 字形銳利線條，外套整體有一種較柔和、較圓潤的感覺。

外套下領片上方清楚露出馬甲背心，讓這套西服升級為既可辦公又可休閒的「三件式」。

外套只有2顆扣子，這種設計讓人想起較早期的麻布袋西服，能造成一種寬和輕鬆的氣氛。嚴格來說，這時期的各種單排扣外套都比較像晨禮服或運動服，而不是讓人穿著進城上班的。但就如圖中的馬甲背心所示，單排扣外套也可以藉由與其他衣飾搭配來提升正式感。[85]

在這張1936年的結婚照裡，新郎穿著與本頁例子非常類似的外套與長褲，然後打了條紋領帶。新郎身上這件外套下領片較寬且腰部收窄，這是1930年代晚期的流行特質。

貼袋邊角做成弧形，與前面運動用的諾福克外套很像，兩上一下的位置安排也讓人想到軍服口袋設計。這種風格不僅勾起人們對稍早之前第一次世界大戰軍服的回憶，也昭示著那個年代政治上的不確定感，或許它還預告了不久之後軍服會再度成為大部分男性的衣著之一。

士兵照片（細部），
約1914年。

「如今，」1932年某家報紙的時尚專欄這樣說，「（長褲）髖部做得很寬鬆，所以你套上褲子的時候不需要用鞋拔幫忙。」但這篇專欄也清楚講明這時候的褲子絕對不是「上寬下窄」造型。[86]

這件長褲跟整個1930年代很常見的許多流行樣式比起來並不算寬，但反摺褲腳也算提供了一些分量感。此處的反摺不算誇張，但當時有的人會把反摺處做得特別長特別深，1935年某位報紙專欄作家就以啼笑皆非的語氣寫道：

〔我跟朋友〕某一晚去參加派對，女主人問我朋友要不要菸灰缸，他說不用⋯⋯然後把菸灰撢進自己褲腳裡頭，讓女主人大吃一驚。[87]

# 褐色細條紋西服

約1930年代，賓州史賓斯堡大學時尚博物館與檔案館

◆

　　這套褐色細條紋梳毛紗兩件式西服是葛倫・布魯克斯（Glen Brooks）為波次維（Pottsville）哈立斯堡的道提契家族（Dourtiches）所製作。細條紋西服原本可能是從 19 世紀都市銀行家的服裝發展而來，也可能是源自 19 到 20 世紀早期的休閒運動服裝。不過，到了 1930 年代，雙排扣細條紋西服變得滿街都是，此處這套夾克與長褲的組合很能呈現當時流行的剪裁與顏色。

雙排扣外套通常有很長的下領片，領片兩邊各有一個鈕扣或「插花眼」（flower hole）。

這件雙排扣外套有6顆1吋大小的褐色塑膠扣子，此處只扣2顆。

從這件夾克與下方小圖可看出，1930年代前後的外套胸部更寬，肩膀更方正而呈盒子狀，腰線相對較高，臀部很貼身。墨爾本一家報紙在1953年6月說這種風格「寬肩和鮮明的腰線，外套平貼臀部，長褲中庸寬度。」這段專業建議出自剛從倫敦歸國的雪梨裁縫師恩斯特・維瑞（Earnest Verey），維瑞還說：「牛津寬褲及這類風格的服飾都已永遠消失。」[88] 然而，包括本例在內，當時流行的長褲還是明顯偏寬，1930年代初的長褲褲腳一圈約18吋。

1930年代領帶變寬了，更適合展示鮮豔大膽的顏色與圖案。1936年某報說顏色鮮亮的領帶與口袋巾能為日漸變得「沉悶無聊的服裝」增添「（一些些人們可接受的）色彩感」。[89] 這條領帶是「美男布魯梅」商號的產品，在《唐麥可涅早餐俱樂部》廣播節目上正式贈送給這套西服的主人。

1930年代後少見馬甲背心，常只用來搭晚禮服（且一般只做前襟不做背面，似軛圈領造型）。男性穿機織無袖套頭衫取代馬甲背心來保暖，但就算穿外套與襯衫間什麼都不穿也不失禮。但並非所有人對此都樂見，1933年某期《科羅納多鷹與期刊》評論：「背心很實用，它有4個口袋可以用來存放備用領扣、零錢、鉛筆頭……鑰匙、火柴、香菸盒……若放棄背心，那恐怕我們得像女士那樣拿手袋出門了。」[90]

外套後背中央不做開衩，有助讓臀部處更緊貼身形。兩側線條間隔在腰部變窄，與後背中央縫線塑造出細瘦有腰身的輪廓。

長褲在腰帶上做兩道褶襉，往下延伸到褲管上成為位於中央的深褶痕。1930年代初的報章雜誌時尚專欄曾出現不少大驚小怪的報導，說這種設計居然成為一種女裝風尚。因為電影明星瑪琳・黛德麗的緣故，這種長褲常被稱為「黛德麗」長褲（她在臺上臺下都穿男裝長褲，甚至整套西服，在當時可謂驚世駭俗），某報描述這種長褲「用吊帶固定，臀部有口袋，腰部有褶襉，褲管有褶痕，褲腳做反摺，幾乎完美仿造男裝。」女裝長褲當時局限於小眾，但它的出現在「女性是否適合穿褲子」這個長久以來的爭論中添下有分量的一筆。保羅・普瓦烈這位革命性的設計師在1931年為女裝長褲辯護，但也說：「不該稱呼這種分支出的女裝衣物為長褲，她們不喜歡，雖然她們還是會當成長褲來穿。」[91]

西服後背的樣子，約1930年代。

# 燕尾服

約1938年，蒙特婁麥科德博物館

◆

　　燕尾服在 1930 年代成為時髦、體面、從容優雅的代名詞，這相當程度是靠著佛雷‧亞斯坦（Fred Astaire）的電影與被他唱紅的「大禮帽、白領結與燕尾」這句歌詞。我們知道燕尾服很早之前就已出現，這整套搭配的標準規制可以追溯到「美男子」布魯梅爾的身上；此外，不論是精準要求長度寬度，以及其中每一個組成部分位置的態度，或是當時對單排扣或雙排扣馬甲背心所要求的一整套嚴格裁縫規矩，這些也都與軍隊裡一板一眼的態度有關聯。[92]

燕尾服會搭配燕子領（也就是領尖往下反摺的立領）。

禮服馬甲背心的下領片有各種風格、各種形狀可供男士選擇。

單排扣禮服馬甲背心扣子數量通常不超過3顆，材質是能與布料搭配的白陶或象牙。

溫莎公爵讓美男子布魯梅爾最愛的「午夜藍」（midnight blue）顏色重新回到男裝晚禮服上頭（以溫莎公爵的例子來說，他這麼做很大一部分原因是午夜藍禮服在黑白照片上比較能顯現出設計細節，但另一個原因可能是午夜藍在人工照明光線下比較好看）。不過，黑色仍是一般最被接受（甚至常是唯一被接受）的外套與長褲顏色。[93]

禮服馬甲背心以單排扣的較受歡迎，幾乎無一例外都是尖襟（pointed front）設計；反過來雙排扣馬甲背心的前襟則通常是矩形剪裁。[94]

1930年代早期的燕尾長度過膝（1920年代的燕尾末端通常只是及膝或在膝蓋上方），賦予整套西服優雅講究的線條。佛雷‧亞斯坦（左側小圖）非常善用這點，他在跳舞時會帶動燕尾一起舞動或讓它飛揚起來。

一躍而起的佛雷‧亞斯坦，他身上是典型1930與1940年代電影人物的打扮。

第六章

# 1939–1969

就在此刻，戰爭的幽靈又一次讓18到41歲之間大多數男性披上軍服投入戰場，而男裝時尚的任何發展也都因此岌岌可危。時尚工業或許不是完全停擺，但人們心思都不在新衣服上頭，大部分男士（不穿軍服的時候）只用戰前買的舊有西服將就一下。為了真實呈現這時期男裝發展的關鍵變化，本章第一部分會介紹「阻特裝」（zoot suit）這個短命但具有標誌性的流行風格，它能代表當時社會某些重大轉變。阻特裝比例非常誇張，它不是個新發明，而是將一種舊有的時尚輪廓推展到極致，但它以大量使用布料的方式對美國戰時社會風氣表達蔑視。這種無視於傳統金科玉律肆恣而行的叛逆態度，其中某些要素一定特別能吸引年輕人；正如哈羅德‧柯達與李察‧馬丁所說，阻特裝代表著「叛逆期青少年的一個理想：享受成年生活而不受成年人的規範限制。」[1]

我們分析的下一個影響社會的因子與第一個頗為不同，但同樣都是那時代大多數人可望而不可即的對象，那就是後來退位成為溫莎公爵的英王愛德華八世。此人不僅對女性頗有吸引力（「你得明白，」時尚設計師黛安娜‧弗里蘭（Diana Vreeland）這樣說，「我那一代在倫敦的女人——每一個——都愛著那位威爾斯親王。」），男人個個也都想要模仿他。[2] 溫莎公爵在大西洋兩岸都被視為時尚領袖，與佛雷‧亞斯坦、卡萊‧葛倫、亨弗萊‧鮑嘉這些螢幕偶像平起平坐。「看他怎樣穿衣服，」1941年2月底某一篇時尚專欄如是說，「那大概就會變成當前最新一波流行。」[3] 公爵本人否認自己具有這麼大的影響力——至少他不認為自己有意造成影響——但報章雜誌與當代時尚著作都清清楚楚呈現這股力量。

在後人對1940年代衣著的討論與解構中，本書導言裡介紹過的「艱苦懷舊」概念其實扮演了某種角色。此外，這時期的衣物也常被歸到「古典風格」的大旗下，而傑伊‧麥考雷‧鮑斯提德（Jay McCauley Bowstead）準確指出這麼做的不當之處，因為這樣等於在說「這時期的風格始終存在（而不是特定某一組歷史進程所造成的結果）。」[4] 話說回來，戰爭期間英國大力推行的「效用服飾」確實是在要求所謂「古典」風格；這種西服不會太脫離流行，讓人可以接受，但也不會很快就退流行。本章第三個例子讓我們可以仔細看看1940年代早期英國政府發行的「效用服飾」長什麼樣子，而它對頁就是一件年代較晚的「復員西服」，也就是政府發給除役軍人的衣服，到那裡我們會說到人們對復員西服的反應有好有壞，每個人分配到什麼樣的復員服也似乎有一部分是靠運氣。對大多數人來說，現實生活要能完全回歸平頭老百姓一般出門的裝扮，這跟溫莎公爵一樣是遙不可及的東西。

如果說1940年代晚期與1950年代早期有某種「回歸正常」的反高潮發

展，這點在男裝上面呈現得最貼切。人們常用來形容這時期西服的詞包括「沉悶」、「墨守成規」、「無聊」，澳洲畫家約翰·布拉克（John Brack）在1955年畫的〈下午五點的柯林斯街〉巧妙捕捉了這種氣氛。畫中一排排穿著棕色、褐色、黑色與灰色衣服的人物排成隊伍走在上班或下班路上，人人都繃著一張臉，背景是這些同樣單調顏色的建築物。樹木與街燈那光禿禿的黑色骨架將畫面分割開來，但觀者注意到的會是畫中人物，以及他們的單調生活。當時澳洲仍處於戰後復原期，且澳洲人還有個額外的壓力是要建立起自己在某些方面身為一個較「新」國家的自我定位。布拉克畫筆下的男性人物（他們展現的一致性與僵化性高於畫裡少數幾名女性）肩負著責任的重擔，而他們身上千篇一律的褐色長大衣昭示著人們在世界大戰的餘波裡失去自我。

　　諷刺的是，本章唯一一個澳洲例子卻與布拉克的作品氣氛最是風馬牛不相及；它是搖滾歌手強尼·奧克費（Johnny O'Keefe）的大紅色豹紋飾邊打歌服，充滿新愛德華式「男阿飛」（Teddy Boy）的風格。它當然不能代表大部分人的生活（這要看前面一個約1950年的加拿大例子比較準確），但它確實顯示20世紀摩登男士所能接受的衣著打扮與品味正在緩慢轉變。此外，它也呈現了「男阿飛」對男裝造成的影響，這些人跟之前那些穿阻特裝的人一樣，都是小眾但與社會整體息息相關的次文化之一環。男阿飛（以及重要性較低的「女阿飛」〔Teddy Girl〕）向戰後這個疲憊憤懣的世界展現一種新的年輕人形象，他們的服裝與生活態度結合流行音樂與舞蹈共同創造出歷史上第一波「青少年文化」，令上一代人既震驚又不知所措。男孩不再是一夕之間長大成年，兩者之間現在有了個中間期，這既是真實的社會與文化現象，也是個奇貨可居的行銷概念。這概念在1944年出現於美國，它的名字叫做「青少年」。

　　英國的男阿飛是這種概念非常具體的化身，他們的知名度在大約1954到1957年間達到頂點，但可惜這有一部分卻是肇因於數場暴力事件使公眾對這種次文化整體留下惡劣印象。他們是「愛德華族」或「勞動階級愛德華族」，他們將父祖輩那些正式的訂做西服拿來重新詮釋，變成長的垂墜外套（drape jacket）、上寬下窄褲或菸管褲（drainpipe trousers），以及窄領帶或繩領帶（string tie）。這是明目張膽無視於他們父親戰時簡樸的衣著，以既大膽又辛辣的方式進行一場服裝叛逆，且如史蒂夫·齊布納爾（Steve Chibnall）所言，這代表著「從基礎上蔑視舊有的階級模式與禮節——這種蔑視態度誕生於一場與異文化的羅曼史。」[5]

　　這個小群體雖是英國土生土長，但他們的某些要素也在美國的「搖滾」風格裡呈現出來。搖滾風受到詹姆斯·狄恩（James Dean）、貓王（Elvis）、

馬龍‧白蘭度（Marlon Brando）等人的形象影響，其特徵是牛仔褲、T恤、皮外套，再加上抹得油光水滑的飛機頭。進入1960年代之後，英國的搖滾族（最著名的例子就是披頭四〔Beatles〕早年在德國漢堡那段穿皮衣的歲月）與另一種新的次文化「摩德族」（Mods）各佔半壁江山。受到先前男阿飛的新潮西服影響，摩德族要呈現他們所認知的「現代」英國，他們結合英美兩國的文化與風格，並藉由注重細節分毫必較的精神，以及一種想要過得好、想要無視於自己的社會與經濟背景而一意孤行追求最新時尚的態度來表現，而後面這點最讓老一代人無法接受。對於那些艱苦奮鬥讓英國進入有史以來最長一段和平繁榮時期的男男女女來說，年輕人的這種模樣簡直是忘恩負義大不敬。《澳大利亞婦女週刊》某位記者在1964年發現這個情況，「（摩德族）不願讓我們〔為了這篇報導〕幫他們拍照。『我們不想穿著一身過氣老古板照相。』……『但這〔對方當時身上穿的〕還沒過時啊，沒有吧？』『等照片印出來的時候它就已經退流行了。』……行吧，摩德族的腳步還真是迅速。」同一篇文章還用不可置信的筆調說到走在時尚尖端的驚人開銷，尤其是摩德男孩，「一個男孩子可以花25澳鎊買一件最新潮的麂皮外套，然後過3個禮拜就發現它成了『老前線』──過時貨。」[6]

　　就風格而言，摩德男士最好認的地方在於他們對西服的無比重視。他們之中有些人在1960年代早期將某種版本的「都會紳士」打扮挪為己用，甚至會做到手拿長雨傘、頭戴圓頂高帽的程度。這場一時的風潮卻留下一項較久遠的影響：高腰西裝外套，這種外套的背後中央縫線使它不同於先前被尼諾‧切瑞蒂（Nino Cerruti）與艾梅尼吉爾多‧傑尼亞（Ermenegildo Zegna）等設計師帶起的流行義式風格（方形短外套與窄管長褲搭配尖頭皮鞋）。約翰‧F‧甘迺迪（John F. Kennedy）在1960年11月8日當選美國總統，他本人就是站在社會最上層的高腰西裝外套愛用者；甘迺迪所穿的西服與原本在美國已流行一陣子的學生氣質寬長褲常春藤盟校風格很不一樣，相反地他用長度較長、有腰身且領口做成深V形的外套來強調出自己精瘦的體育健將身材。高腰西服外套搭配的是窄管長褲，但要完成整體造型卻不必戴帽子，這在一個男性出門必須戴帽的時代裡可說是非常大膽的改變。[7]

　　法國設計師皮爾‧卡登（Pierre Cardin）是推廣這種較瘦、較長、有腰身造型的主要功臣，他讓這種風格成為1960年代最關鍵的男裝風格之一。披頭四一開始就以他們閃亮亮的灰色無領打歌服（本章會介紹）為這股流行奠定堅不可摧的地位，但披頭四之所以能大紅大紫也可說受益於他們這套打扮良多。這身西服影響他們的表演風格與舞臺效果，同時又賦予他們一種優雅氣質，不

殼牌石油員工在公司建築外合照
倫敦，約1965年


全家福
倫敦，約1966年

論是年輕摩德族觀眾或是父母輩的人都能認同。很快地，時尚領軍人物所推廣的這種西服就出現許多變化，並被各個年齡層的專業人士穿上身，如前頁上圖1960年代中期殼牌石油員工合照與約1966年的全家福照片所示。

當時滾石樂團（Rolling Stones）穿得隨心所欲卻仍能獲得與披頭四相當的成功，約翰·藍儂（John Lennon）對此明顯有所不滿，但披頭四自己也很快就捨棄這種比較全面的形象。我們在1960年代晚期看到「公孔雀」再度崛起，這是從18世紀就在男裝界絕跡的顏色狂歡；彷彿是為了彌補這段空白，此刻人們幾乎把所有的顏色、花樣與材質全部拿出來玩了個遍。時尚史裡任何翻天覆地的大變動都不會只跟衣服有關，公孔雀的現象也是，它與當時幾股強烈且分歧的政治運動與政治意識形態密不可分。除此之外，它對男性的意義還呈現在非常個人的層面；它確認了人們對「男子氣概」的認知已從根本上發生改變，這是一場從二次大戰結束以來就在醞釀的大變化。不過，我們要記得德利斯·希爾（Delis Hill）和其他專家的提醒，可別以為當時每一個年輕人都臣服於孔雀效應，畢竟大部分工作場合還是不可能出現長髮、水洗丹寧褲和大印花這種東西。

這情況對西服的發展似乎不太有利，但西服在男性獲得更多選擇之後也未因此消失。相反地，這場「孔雀革命」給了設計師大好機會用新方法來實驗各種顏色、材質、花樣與剪裁。那個年代某些最稀奇古怪的設計誕生在倫敦的卡納比街（人稱「孔雀巷」），背後都是爐火純青的裁縫與裝飾工藝；本章有個例子出自這地方其中一位最出名的設計師「費許先生」（Mr. Fish）手筆，西裝質料是燈芯絨家飾用布，上面的印刷條紋以綠、橙、紅、黃、褐、棕，以及較深的紅與綠排列出彩虹般的效果，能代表「孔雀效應」的西服莫過於此。它與其他許多類似作品的剪裁都從19和20世紀早期的風格擷取靈感，強調誇張的下領片與袖口設計等特徵。

這陣風潮也傳到澳洲與紐西蘭，《澳大利亞婦女周刊》在1966年6月就談到「丹迪風回歸」，說有一股「英國丹迪風的新浪潮」襲來，帶著「浪沫般的皺褶邊……天鵝絨老式緊身褲……高腰夾克〔與〕緊身長褲。男裝如此優雅、時髦且大膽的設計……是自奧斯卡·王爾德以來所未見。」[8] 這篇報導還訪問了第五任利奇菲爾德伯爵（Earl of Lichfield）派翠克·安森（Patrick Anson），此人既是攝影專家也是「最會穿衣服的年輕倫敦人之一」。利奇菲爾德認為，受到那些知名「電影明星、流行歌手、髮型師、攝影師」的影響與鼓勵，人們愛怎麼穿就怎麼穿的時代已經到來。「這是我的想法，」他在結尾這樣說，「男人穿衣服是為了性感，就像繁殖期的雄雉雞一樣。」西服讓人變得「性

感」，且男性可以自在表達他們希望身上衣物能夠「性感」，這樣的概念概括了那時代大膽創新的風氣。

歷史主義不是此時男裝時尚舞臺上唯一角色，多元文化主義與旅行機會的增加開拓了許多人的視野與見識，而那些對精神主義感興趣的人特別會受到印度文化吸引，嬉皮（hippie）的服裝風格受此影響極大。1960年代末期的嬉皮將西服視為一切保守、窒悶、傳統事物的同義詞，但就連西服都被這股風潮吹動；西方人把尼赫魯裝（Nehru jacket）西化的做法或許有各種不當之處，但我們也可以將這種服裝的興起視為西方對印度第一任總理賈瓦哈拉爾‧尼赫魯（Jawaharlal Nehru）領導的印度政府之進步態度表達讚譽。尼赫魯裝擁有修長乾淨的線條、高立領，且表面通常不加裝飾，很容易就能被摩德族接受為他們流行文化的一部分。到後來，就連最狂熱的嬉皮都能認同尼赫魯裝代表的政治意涵，以及它展現的東方風情。

本章最後一個例子同樣充滿爭議，但原因與尼赫魯裝不同。毛澤東在1950年代的中國登臺掌權，之後帶來10年文革的浩劫（1966-1976）。「毛裝」是軍裝風的樸素西服，但含有非常明顯的中國傳統象徵符號（這點我們會加以分析），後來被人視為文革時期專制壓迫的代表。毛裝在中華人民共和國建國初期並不是官方規定的衣著，但當時政府確實大力鼓吹實用取向的服裝風格。很快地，正如瓦萊麗‧嘉瑞特（Valery Garrett）所說，許多人迅速跟著改變自己的穿著，其動機可能是主動支持或僅為自保。[9] 毛裝不僅打破階級，且它被廣泛視為一種「無性別」的服裝，符合「中性」這個說法最嚴格的定義；雖然那時候不會有人使用，甚至思考到「中性」這個概念，但「無性別」已經暗示出這些服裝所呈現的兩性同體特質。不過，後續西方人對這類衣物的再詮釋主要發生在男裝領域，比如1960年代的男用外套上面有尼赫魯裝風格的高領或反摺領，有毛裝風格的貼袋，前襟中央扣合。在中國以外的世界知道文革的恐怖之前，人們還覺得毛裝代表著理想社會主義平等原則與合作奉獻為大我；可想而知這對那些急於找尋奮鬥目標、找尋信仰對象的叛逆少年來說很有吸引力。然而，晚近仍有Pronounce這個品牌背後的設計師李雨山和周俊以毛裝為素材重新加以構思，他們設計的粉紅色毛裝有可拆的腰帶，口袋邊緣環繞白色針腳，利用一個人們熟知的外殼做出完全不同的印象。在此同時出現了另一種嚴肅的暗色毛裝，以精妙手藝剪裁縫製成符合21世紀「細身西服」審美的服裝，這種優雅而充滿現代感的西服與本來的毛裝已經可說毫無關聯。本章將毛裝納入介紹範圍，讓讀者認識到20世紀男裝界最無孔不入的一股影響力，這種綜合了「西服」與「制服」的存在竟能歷久不滅而繼續刺激人心、產生作用。

我們在本書前面的篇章裡分析個別西服時也會順便講講伴隨西服出現的帽子。數世紀以來，戴帽子對社會所有階層男性而言是一件如此普世大同、天經地義的事，我們可以直接認定只要某位男士出了門，他頭上一定戴著某種帽子。然而，這情況在1950年代出現變化，儘管許多男性仍然偏好出門戴帽子——就算是休閒時間也一樣——但製帽業者已經開始擔憂自己這門生意是否會被淘汰。英國製帽商在1950年發起「戴帽子」運動，澳洲坎培拉的氈帽工會也在1956年採取行動提出「回歸帽子」的求助口號，請求「雇員數量眾多的大型商店與公司要求員工戴帽上班」。[10]

之所以出現這種情況，原因是當時的流行「通往浮誇化的新方向」；年輕人想把髮型搞得很誇張，正如某家報紙在1950年9月報導的：「〔單枚〕耳環是打扮特點——只在右耳戴單獨一個小飾品，這種流行風潮之下自然不用戴帽子。」[11]青年文化，也就是那些留著飛機頭、拒絕西服、只穿牛仔褲皮夾克的美國年輕人，他們在這漸變的過程中無疑起著極大作用；但要到1961年1月約翰‧F‧甘迺迪就任美國總統，帶著他英俊的男孩臉以令人耳目一新的姿態入主白宮，這才讓大眾真正面對男士與帽子是否要就此分道揚鑣的問題。甘迺迪當完第1年總統之後，民眾都接受了他的戴帽（或說不戴帽）習慣大概不會改變。製帽廠商，甚至他國元首試圖力挽狂瀾，比方說厄瓜多總統卡羅斯‧朱利奧‧阿羅塞梅納‧蒙羅伊（Carlos Julio Arosemena Monroy）就在1962年7月致贈甘迺迪一頂巴拿馬帽，此舉被數家傳播媒體視為大新聞。[12]即便如此，甘迺迪依舊不動如山，這態度助長了當時男裝日益注重個人性的趨勢（不過他有時還是會手中拿頂帽子出現在人前，原因據某家報紙說是為了「讓步於戴帽族人士對他施加的壓力」）。[13]克萊爾‧休斯（Clair Hughes）曾提出一種說法，他認為甘迺迪比起其他男性更有不戴帽子的本錢，因為他已經是個「半皇族」，「根本不需對儀節成規低頭」。[14]話說回來，尼爾‧斯坦伯格（Neil Steinberg）卻也在《傑克不戴帽》一書中指出，事實上甘迺迪並沒有領導這股不戴帽子的潮流，而是「亦步亦趨完美跟隨當代潮流」；[15]只是他身居世界舞臺高位，他在時尚上的選擇所有人都看得到，所以激勵了那些原本就想把帽子扔到衣櫃深處的人。

等到1960年代末期，製帽業者已經接受現實，「休閒帽貿易量的上升幅度並不足以彌補辦公帽貿易量暴跌所導致的巨大損失」，這是服裝貿易雜誌《男裝》1969年某一期的內容。[16]進入1970年代之後一直到現在，休閒帽始終是男帽生意的大宗，有棒球帽、報童帽，以及各種傳統帽型的輕便版本如特里比帽（trilby）和費多拉帽（fedora）。至於那些軟質針織無簷帽如小瓜皮帽

（beanie）、貝雷帽（beret）和露臉頭罩（balaclava）則是在時尚潮流裡浮浮沉沉，它們一般而言是男女通用。

　　男裝大衣也在這時期末尾呈現類似衰象。1950年代還有延續著柴斯特菲爾大衣傳統樣式的連肩袖長大衣和雨衣外套，到了末年則流行類似剪裁風格但長度縮短許多的外套，其他還有可以穿在休閒服（不必搭配辦公西裝）外面的長度及腰的風衣和粗呢外套。1950年代最明顯的一股流行趨勢乃是承繼前一章介紹過的風格而來，展現當代時尚最初的其中一波「復古」熱忱。之前提到的浣熊毛皮大衣短暫的烈火烹油復興過一陣，當初這是1920年代大學生帶起來的一時風潮，此時它也仍主要是學生間的流行。紐約某間商店打出廣告，說店裡有賣當年留下來「嚴重失修」的舊浣熊毛皮大衣，也有賣仿製品「照著30年前人們穿的那種〔做的〕，或是做成比較短的車用外套長度。」這就是某家報紙所謂「咆哮20年代時尚回歸……特別是在校園和年輕職業女性這些圈子」的其中一部分現象。[17]

　　大衣在1960年代中晚期仍是許多男士（特別是專業人士）的必備行頭，但愈來愈多人希望大衣能多一些「活潑」；記者華爾特・羅甘（Walter Logan）在1967年11月的報導中說到約翰・維茲（John Weitz）原創服飾品牌的幾件商品，其中包括「超大領子……猩紅內裡的雙排扣藍絲絨，大寬領……單排扣法國絲絨，以及上下領片都極寬大的雙排扣連肩袖斜紋布。」[18] 1960年代男裝發展具有某種實驗性，甚至是挑戰性的氣氛，這幾件商品所展現的態度就是實際例證。本章會探索這片視野，同時也會呈現多數人選擇服裝時主要其實還是遵守常規與小心翼翼的態度。

# 雷菲爾德·麥基身穿阻特裝

約1942到1943年，圖片出自佛羅里達州立檔案館，佛羅里達州塔拉哈西

◆

　　這張照片是1940年代初非裔美國青少年生活與時尚的重要史料，照片裡是佛羅里達州塔拉哈西的居民雷菲爾德·麥基（Rayfield McGhee）身穿一套怪異的阻特裝。阻特裝是因爵士歌手凱伯·凱洛威（Cab Calloway）而走紅，但它其實源於民間亂象，確切來說是源於1943年6月洛杉磯的大暴動；阻特裝最初的設計者很可能是城市中的非裔與拉丁裔男性居民，它在這場種族問題引發的暴動期間曝光率很高，被視為代表少數族群與年輕勞工的符號，但同時它也代表了這個吉魯巴（jitterbug）時代的載歌載舞與娛樂表演。這套設計誇張、引人注意的外套與長褲引發社會上不少議論，甚至恐懼，引起政治上對種族關係的深刻討論，而它後來也成為南非年輕黑幫分子的招牌打扮。[19]

阻特裝一般都搭配豬肉餡餅帽（porkpie）或圖中這種寬簷帽，帽上通常會裝飾一根長羽毛，某位心理學家因此認定這波風潮是「青年期精神官能症的外顯表現……將正常的男女服飾以一種怪誕方式顛倒過來。」[20]

男裝外套在整個1930年代都把肩膀做得很寬，但1940年代初期的阻特裝把肩寬搞到前所未見的地步，兩側墊肩可能厚達3吋，袖山還要做抽褶來製造膨起效果，看起來非常搶眼。

人們描述說上寬下窄的阻特長褲是超級高腰褲（有些褲腰甚至高到腋下幾吋而已），兩邊褲管前方都有一整條3吋寬的「好樣褶」，足足能讓多達34吋的布料從膝蓋處往外膨開。褲腳6吋寬，反摺處可能深達5吋。只不過，這種打扮對很多阻特狂熱分子來說只存在於幻想裡面，他們大多數人必須拿不那麼寬膨的褲子來將就（就像本頁這樣），褲腰只能做到肚臍高度，褶襉較窄，褲管本身也明顯地比較窄。[21]

圖片出自「老雜誌文章」網站。

可想而知，媒體對阻特裝絕對沒有一句好話。左邊這幅漫畫搭配一篇諷刺文章刊登在1945年某期《洋基佬：陸軍周刊》，描述外國人對美國當前時尚的反應。「〔關於美國〕唯一一件讓我瞠目結舌的事，」一名埃及代表說，「就是你們叫『阻特』的那種西服，以及某些彩色大花領帶……如果我穿這些東西回國，半路上就會被幹掉。」[22]

極寬極尖的下領片更加強化肩膀寬闊感。

阻特裝雖被視為美國流行文化，但它的形狀其實是把**英式垂墜西服**誇張化之後的版本。這種英式西服的剪裁立定了20世紀的標準男裝線條，它利用剪裁手法與布料的「垂墜」製造出胸部的豐壯感，收細的腰身更強調出這種視覺效果。現存阻特裝數量極少，部分原因是戰爭期間布料使用受到嚴格限制，一方面讓新的阻特裝製作不易，另一方面讓人被迫將舊有阻特裝布料拆開用在別的地方。話說回來，這張照片在整體之中又加了新元素，那就是跟整套西服一起入鏡的穿著者本人，這讓我們更能感覺到這些特異服裝組合背後的社會與政治情況。

這張照片裡一群年輕人用各種方式裝飾自己的西服，例如在身體一側掛條長錶鍊。這張圖片氣氛比較輕鬆，寫實地呈現當時「大多數」年輕人如何把寬褲或寬肩外套與衣櫥裡其他行頭組合，依場合穿得「體面」或「隨意」。

# 溫莎公爵穿過的西服

約1940年代，馬里蘭歷史學會，馬里蘭州巴爾的摩

━━◆━━

1938年12月11日，英國國王愛德華八世宣布退位，造成一場震撼世界的醜聞。他這樣的激烈行動，是為了與離過婚的美國名媛瓦莉絲·辛普森（Wallis Simpson）成婚，而此事本為當時英國憲法所不允許。他從國王變成溫莎公爵之後依然是媒體寵兒，在1940年代男裝時尚界有舉足輕重的影響力，人們認為他是「男士時尚領袖」，說只要看他穿了什麼衣服「就可以確定那會變成最新流行」。[23] 這套剪裁精美的英式垂墜西服是他典型的打扮風格，裡面雖然缺了他（以及他父親）最喜歡的粗呢料元素，但他對布面花樣的熱愛，仍舊能透過飾品或搭配的襯衫展現出來。

愛德華大力支持不分日夜場合使用這種不上漿的「軟式」領子，他稱這場無聲的革命為「軟性穿著」。[24]

長褲門襟以拉鍊而非扣子固定，男裝設計師從1937年開始實驗褲頭拉鍊的可行性，《君子雜誌》對這項創新讚譽有加，說它可以幫助人避免「無心但尷尬的衣衫不整」。[25]

從1919到1959年之間，公爵的西服都是由倫敦薩佛街的修爾特裁縫店製作。弗雷德里克·修爾特（Frederick Scholte）是個一絲不苟的完美主義者，用公爵本人的話來說就是對於「穿在男性軀幹上的外套剪裁有著嚴格高標準」。修爾特對於他顧客的穿著選擇似乎真有些影響力，連王室成員也不例外。據說，公爵有一回去店裡量身時穿了偏寬的褲子，這位裁縫師就表達自己的意見：「我希望您並不是想開始穿那些牛津褲子了。」修爾特雖不支持牛津寬褲，但他在1930與1940年代確實偏好圖中這種整條褲管不收窄的長褲樣式，搭配雙排扣外套能讓身高165公分的溫莎公爵看起來變得高一些。[26]

愛德華與他弟弟肯特公爵都喜歡雙排扣外套，這點跟1940年代大多數時髦男士一樣。圖中這種4顆扣子、大斜領、扣子扣到腰部以下的雙排扣外套最早是被肯特公爵帶起流行，所以它一開始被稱為「肯特式外套」，後來才因為哥哥更出名而被改了名字。

雖然人們咸認為是溫莎公爵發明了「溫莎結」這種領帶打法，但公爵本人倒是不承認，「我以為〔這〕是戰爭期間美國軍人普遍的打法……起因絕對不是我。」他在自傳裡是這樣說的。[27]

「阿根廷號」船上的溫莎公爵夫婦，1945年。

從本頁例子和上圖照片中都可看出公爵很愛在西服褲腳做反摺，但他父親英王喬治五世對這種流行非常看不上眼。[28]

# 效用西服

## 1940年代，英國，倫敦維多利亞與亞伯特博物館

　　英國從 1941 年 6 月 1 日開始採取服裝配給制，目的是限制消費，而民眾也很擔心這項政策的影響。然而這場大變局卻未曾讓設計師或經銷商止步不前，他們依然試圖為顧客提供流行、耐穿又有創意的男女服裝。到了 1942 年，英國高級商店街的氣氛因政府推行「效用服飾」計畫而有些許改變；這類衣服上有「CC41」的標誌，意即「公民服飾 1941」，是通過政府貿易局核可上市售賣的服飾，使用少數幾種「效用布料」製成。[29]「東西當然不可能像 12 個月之前那麼多樣化，」1942 年 1 月某家報紙寫道，「但仍有很多顏色與風格足以選擇。」[30] 本頁這件雙排扣西服就是一個例子，製作者以巧妙手法讓它整體不脫流行服飾感，從外表看不出其儉省的地方。

1940年代早期的襯衫大多使用可拆式的領子與袖口，但為了符合布料配給的規定所以胸前不做口袋。

這件外套雖是用便宜布料製作的「效用服飾」，但整體輪廓仍然很有1940年代早期流行的樣子。它擁有相對較寬較尖的下領片與雙排扣設計，這種風格在1940年代很受歡迎，可參考下面這張1947年的結婚照。

英國。

效用服飾政策之一就是明文禁止男裝長褲褲腳做反摺，但褲腳反摺卻未曾因此消失；上有政策下有對策，男士們會直接購入過長的長褲，然後把多出來的那截布料反摺。澳洲在1942年5月也開始實施配給制，澳洲《每日電訊報》慶幸地高呼：「男士們長褲褲管中間那道褶痕還可以留著！」但對於褲腳不准反摺一事則不甚在意，只說：「這東西最大的功能就是積存毛絮，以及你某天上教堂時弄丟從此找不到的那枚硬幣。」[31]

羊毛與醋酸縲縈材質的領帶在戰爭期間愈來愈受歡迎，絲綢短缺是主要原因，但1950年某本雜誌也提到它的另一個優點：「適用於印花與手工網版印花。」[32]

胸前唯一一個口袋是用布面固定針腳縫死的，這種縫紉技術通常用在布料邊緣彎曲或有角度的地方，可以避免布料變形。此處是用布面固定針腳來取代裡襯的功能以節省布料。[33]

這套衣服還有隱藏的儉省處，那就是長褲口袋內袋與褲腰的內貼邊，兩處用的都是低價劣質棉布。[34]

二次大戰期間對馬甲背心的禁令讓三件式西服更快從社會上消失，馬甲背心也逐漸被針織衣物（如無袖套頭背心）所取代。針織服裝在1920與1930年代日益受歡迎，但在戰時人們則是出於需求而加以使用。這張照片中可以看到家庭手工編織的針織背心搭配西服外套、襯衫與領帶。

# 「復員」西服

約1945年，倫敦帝國戰爭博物館

　　1945到1946年之間，政府發給數百萬退役軍人購衣的優惠券，以及一套「復員」服裝，包含內衣、外套、長褲、襯衫、大衣、一頂帽子、兩雙襪子和一雙鞋。[35] 這些西服通常品質非常好──部分原因是如英國《每日郵報》1945年所說：「質料中等的西服數量不足，〔所以政府發給軍人的是〕在薩佛街一套要賣30到40鎊的上等蘇格蘭粗呢料西服」。[36] 但不是每個人都有幸拿到這麼好的衣服；保羅‧布萊安爵士（Sir Paul Bryan）戰時服役於皇家西肯特團，他在回憶錄裡寫道：「很多〔復員西服〕從來沒被穿過，因為根本不能穿。那些穿上身的一看就知道是『復員西服』，就像某些假牙一看就知道是『國民健保』的品質。」[37] 有的人雖對衣服品質滿意，但以懷疑的態度看待這項政策，認為這不過是把軍隊制服替換成平民制服而已。無論如何，復員西服確實是象徵重返和平的男裝符號，代表著一個以「平頭百姓」身分度過的未來。

---

復員服裡包括一件素面白襯衫與另外兩個可拆的領子。

與前頁的效用西服不同，這件外套將雙排扣設計發揮到最佳，多出來的一對鈕扣可以讓胸部與軀幹看起來更寬。

整體而言，這套西服的風格與前頁效用西服並沒有太多差別，但這些僅有的差別雖不突出卻至關緊要。像這樣的西服外套胸口會做裡袋，會用品質好的布料做內裡，最明顯的是會用原料昂貴、織工精細的布來做外套與長褲。本頁這個例子用的是灰色細條紋布，這種花色在1940年代末期變得特別流行，但也不是所有復員人員都喜歡這種流行，有個退伍士兵就說他那件西服上的細條紋「招搖得不像話」。[38] 另一個退役回到蘇格蘭家鄉的軍人則回憶道：「你那時候有兩種可以選，暗藍色或者是褐色，兩種都是細條紋，有單排扣也有雙排扣，下領片很寬。我拿到的是藍色雙排扣，穿起來簡直像個黑幫混混！」[39]

此處的尖領片比前頁例子要寬，尖角延伸蓋過更大部分的胸口，幾乎要碰到肩膀邊線。

外套在腰部稍微內收，讓軀幹看起來瘦長。不過1946年10月倫敦某家報紙卻說：「雖然我們還在實施配給制，但『平頭百姓』的生活已經讓復員人員每人腰圍平均增加2吋……〔他們〕現在都回店裡去要把腰身放寬1、2吋。」[40]

二次大戰將近結束時拍攝的軍服照，英國威爾斯。

# 兩件式西服

## 1950年，蒙特婁麥科德博物館

◆

　　時尚史專家珍妮佛‧克萊克（Jennifer Craik）說 1950 年代的男性整體而言「在服飾選擇上保守到令人無話可說」，而本頁這套平易單調西服的所有人應當是符合這句描述。[41] 不論男士們自己的態度保不保守，戰後的物資限制一直延續到 1950 年代，讓人根本沒有恣意輕率的本錢。這套加拿大西服是很有用的史料，它讓我們清楚知道那時候許多職業男士每天上班進城穿得是什麼模樣。

印花領帶的印花通常非常鮮亮，但大多時候這就是整身沉悶西服裡邊唯一一點顏色了。就連這樣都還有人覺得當時市面上領帶印花太刺眼，1954 年某家報紙採訪到的意見是「有個小伙子〔說到〕外面賣的某些鮮豔領帶，他說其中有些就算他在月全食的午夜時分身處煤礦坑底下，他也絕對不會打領帶〔因為怕人看見〕！」[42]

單排扣外套前襟扣子一般不超過3顆，且通常都只扣第1顆，如圖所示。單排扣設計在1950年代的流行程度遠超過雙排扣，有人說其中一個原因可能是當過兵的人復員回家後發現自己已經習慣軍服單排扣簡單便利的合身設計。

當時還在實施的配給制包括限制衣服口袋做得愈少愈好，本頁這裡，以及右邊小圖中的外套都有3個口袋，2個在髖部，胸口還有1個鑲邊（welted）口袋（「貼袋」〔set-in pocket〕或切開式口袋〔slit pocket〕）。

類似的灰色西服搭配印花領帶。

從上圖照片中可見，長褲腰部前方依然會做褶襉讓它看起來膨一點，褶痕延伸通過兩邊整條褲管的前方。1950年代愈往中後期的長褲褲管會顯著變窄。

# 倫敦男阿飛

1954年，倫敦托特納姆，約瑟夫‧麥丘恩攝／蓋蒂圖像，《圖畫郵報》

◆

　　「男阿飛」或「阿飛」（Ted）風格的靈感來自上層階級愛德華族穿的優雅西服，但本質卻是戰後英國勞工階級年輕人所發起的一波男裝革命。男阿飛可以定義為「勞工階級丹迪男」，以人數來說是很小眾的次文化，但卻能成為1950年代最可辨認的文化現象之一。從1950年代早期到中期，報章雜誌不斷報導關於男阿飛的暴力與恐怖故事，反映出這股潮流的黑暗面。緊張焦慮的社會評論者們注意到了男阿飛裝束與更早之前阻特裝的類似性，而阻特裝則讓人聯想到暴動等越軌的行為。但相反地也有支持者，欣然認為阿飛裝回到了過去那個更優雅的時代，1955年某篇文章甚至說這是「摩登年輕人打扮俊俏」以發出「求偶訊息」。[43]《圖畫郵報》在1954年表示各家詮釋彼此矛盾而弄出「一幅誇大扭曲、令人迷惑的畫面。」[44]總之，這群人的服裝造型始終如一，非常好認。典型阿飛裝就如本頁所示：長的垂墜外套、細領帶、菸管褲，搭上一雙尖頭皮鞋或橡膠厚底「妓院爬蟲鞋」（brothel creeper）。

..................................................................................

鞋帶領帶（bootlace tie，在美國稱波洛領帶〔bolo tie〕）、「瘦吉姆」（Slim Jim）領帶、或者本頁圖中這種《超級王牌》（Bret Maverick）風格的領帶都是「阿飛」最喜歡戴在脖子上的飾品。

新愛德華風格的外套喜歡把領子做成梯形領（又稱「缺角領」），另一種常見的造型則是做得很低的全翻新月領。這些領子表面通常都會用顏色較深的對比色相同布料拼接上去。[45]

長度及踝的緊身義大利式長褲因為形狀筆直而被稱為「菸管褲」，某些倫敦主流裁縫師預言這波潮流將在時尚界登頂稱霸，其中一位在1952年（當時「男阿飛」這個詞都還沒正式出現）說：「不管它看起來多好笑，我們將來都要這樣穿。」同一年的《縫製與剪裁》甚至還建議男士們開始習慣穿褲子要「壓腳背」，這樣才能「順利穿進那條絕對很窄的褲管」。[46]儘管時尚媒體都說這種褲子前景看好，但直到1950年代早期，人們看見這種褲子都還只會想到青少年阿飛族，以及他們展現的叛逆形象。

這類褲子有的褲管會做得特別窄，但褲腳的反摺也做得更大，兩者得以平衡。

曾為男阿飛一員的米姆‧史卡拉（Mim Scala）在2000年回憶道：「肩墊要做到從脖子兩側往外延展出去有18吋……最理想的西服是要從大寬肩一直往下收窄到褲腳反摺處。」大寬肩外套也讓這些人得了個「小阿寬」的謔號，這個詞英國人到現在還在用，指的是耍小聰明過活、賺來的錢通常不太乾淨的勞動階級男性。[47]

本頁圖片裡看不見，但阿飛西裝通常會包含一件鮮豔顏色或亮面織錦布料的馬甲背心，有時候馬甲背心還會搭配懷錶與錶鍊。

男阿飛仿效的是「愛德華式風格」，這個詞既指1900年代早期男裝，也指1940年代讓晚期愛德華時代某些元素重登時尚舞臺的情況。右邊這張1908年的時尚插畫清楚呈現「原版」愛德華式風格對男阿飛的影響，畫中男士衣冠楚楚，身上外套長度與本頁例子差不多，下領片很長，長褲兩腿前方都有一條長褶痕。

穿西服戴大禮帽的男士。

# 強尼・奧克費穿過的西服

約1955到1959年，雪梨動力博物館

　　這套搶眼的外套與長褲是澳洲歌手強尼・奧克費（Johnny O'Keefe）「狂野之神」當紅時期穿過的服裝，據說由他母親泰爾瑪親手製作，是他熱愛亮眼打歌服的絕佳例證。同時，這件外套的垂墜剪裁與對比色、對比材質也吸收了英國男阿飛形象中的某些風格要素。[48]

奧克費常用細長帶子打成寬領結來搭配這類西服。

長而窄的新月領令人想到男阿飛喜歡的新愛德華式風格（見前一頁）。

外套上面沒有口袋，外面看到的所有口袋蓋都僅供裝飾。這點讓我們注意到這套衣服所具備表演用服的特質，它以流行風格為基礎，但卻不需要做得那麼實用。

袖口反摺處也拼接豹紋印花，歌手在舞臺上揮動手臂時能造成一閃而逝的不一樣的視覺效果。

外套的豹紋印花天鵝絨內裡做到腰部位置。此時豹紋印花已經不是什麼時尚界新發明，但它第一次登場是在1947年的迪奧（Dior）伸展臺，到1950年代末期還算是有新鮮感的東西。迪奧將豹紋應用在女裝上來強調出身體輪廓，當衣物其他部分都是單一顏色的時候這種手法特別有效，就如本頁這套男裝的例子一樣。[49] 接下來，豹紋在1940年代變得愈來愈受歡迎，滿足戰後人們在日常生活裡對異國風情的渴望。到了1953年年末，《雪梨晨鋒報》已經在說人們使用豹紋印花的程度是「一場狂熱風暴」，情況在美國尤為劇烈；而且，雖說最流行的是豹紋，但其他「更炫目」的動物印花也在巴黎登臺亮相，其中包括斑馬紋與虎紋。[50]

外套前襟下緣稍呈弧狀，讓人想起影響1950年代男裝甚深的愛德華式風格。

兩邊褲腳都做褶縫（hem），看起來像是褲腳反摺的樣子。

162 古典男裝全圖解

# 「易洗快乾」西服

約1959年，美國，紐約設計學院博物館

◆

　　這套不起眼的外套與長褲不僅代表著時尚科技一項突破性進展，同時也讓男裝的生產與消費方式從此大幅改變。在 1950 年代，人們無論什麼事都要求省時省力，連食衣住行的衣也不例外，有尼龍等合成纖維為人們帶來各種全新的可能性。《西澳洲報》報導 1954 年倫敦皇家節慶音樂廳舉辦的一場貿易展，說現場展出一套西服「每星期丟去洗一遍也不會有任何損壞。這套西服可以直接從洗衣槽拿出來掛著晾乾然後就穿上身，不須整燙。」不僅如此，尼龍和聚酯纖維還不像棉麻等天然纖維需要乾洗，對那些需要旅行的男士來說特別方便。[51] 本頁這套西服是由美國「易洗快乾」（Wash n' Wear）公司生產，材質為灰色尼龍泡泡紗。[52]

......................................................................................

1950年代最後幾年的西服外套多是做缺角領，扣子位置很低——幾乎低到腰部——且只有1或2顆，然後搭配一條窄領帶來更加強化瘦長的視覺效果，就像下面這2張1959年攝於美國密蘇里州（左）和希臘（右）的照片中人物一樣。

肖像照。　　　婚禮現場快照。

外套長及髖部，剪裁寬鬆，前襟下緣與貼袋邊角都呈弧狀，這是典型1950年代晚期的設計。

1950年代大多數時候流行的長褲都是偏寬大的直筒褲，且每件褲子幾乎都有前方褶痕。

這套西服展示時搭配白襯衫與顏色較深的灰領帶，但在1950年代中期正當紅的其實是各種彩色飾品。1956年10月某家報紙的時尚專欄建議讀者一定要買一套灰西服，「因為它可以搭配任何顏色的飾品」。[53] 此外，灰色還有個優點，它不會「沾了一丁點棉絮或灰塵就很明顯」；不過這位專欄作者最後也總結說：「現在有很多布料不必花那麼多時間力氣來照顧保養。」

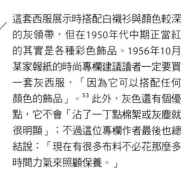

雖然商家大力宣稱「易洗快乾」西服不會起皺，但本頁這個例子顯示布料防皺效果並非永遠靈光。但無論如何，1950年代中期以降的廣告都在宣傳「這種西服永不起皺、不縮水、不磨光」，甚至還說你可以把它穿在身上直接下水洗。[54]

尼龍泡泡紗這種布料質地很輕，適合做夏裝。不過，由於當時家庭暖氣與交通運輸的進步，像這種風格的西服其實可以全年穿著；這表示很多人不再需要保暖材質的服裝，他們樂意拋棄厚重衣物，改穿那些較不耐用但較輕、日常使用很方便的衣物。

# 約翰・藍儂的打歌服

1963到1964年，利物浦國家博物館

◆

　　關於披頭四著名的無領西服最初是怎麼來的，後人有無數傳說。它的基本樣式很明顯是從皮爾・卡登的設計取經，但也有證據顯示披頭四最初成立時的一員「第五位披頭四」史都華・蘇克利夫（Stuart Sutcliffe）的女友艾絲翠德・科爾舍（Astrid Kircher）曾為他做過一件類似的原型。[55] 此外，包括穿這套西服的約翰・藍儂在內的披頭四成員，都很崇拜美國搖滾二重唱「楊與狄恩」（Jan and Dean），他們在 1963 年穿過另一種無領西服，而這可能也是披頭四無領西服的靈感來源。[56] 不管無領西服是怎麼成為「披頭四的西服」，此處的分析著重於這種風格的過往歷史、它在男裝界的前身、它如何成為時尚史與音樂史裡的代表性標誌，以及背後原因。

................................................................................................................

簡單鮮明的風格與1960年代早期的摩德運動（mod movement）密不可分，它也是披頭四在漢堡穿了9個月皮衣之後，經歷一場激烈但逐漸轉型的結果。經紀人布萊恩・艾普斯坦（Brian Epstein）替他們打造出比較整潔體面的形象，部分原因是為了讓年輕歌迷的父母也能接受。結果相當成功，觀眾熱情依舊，團內的向心力也不減。保羅・麥卡尼在1969年說：「你不會看到照片中有人很不自在。衣服很時髦，我們穿著都覺得很自豪。」[57] 據說藍儂的感受有點不一樣，但總之，任何獲得披頭四宣傳的東西都會成為堅實的流行文化，這種西服也被各種人穿著於不同場合，下面1963年的結婚照就是一例。

圓領圍無領西服不是1960年代新發明，無領外套在18世紀是時髦男士必備，本書第二章就有好幾例。18世紀無領外套的領圍通常要高很多，或中央稍微下凹呈V字形，但整體效果很類似。

也有人說這套西服的設計靈感是從非西方著名服飾來，其中最有名的就是尼赫魯裝──尼赫魯裝本身在1960年代稍後也成為一種時尚，1966年披頭四在紐約謝亞球場開演唱會時就穿過類似右圖的版本。

外套前襟弧狀邊緣與好幾種歷史上流行風格相呼應，特別是19世紀中至晚期的西裝便服或「麻布袋」西服，及進入20世紀後愈來愈興盛的運動風格。這件外套是單排扣設計，只用3顆扣子，這也類似西裝便服或稍後的運動外套。

披頭四成員穿著無領西服與他們的裁縫師道格・米林斯合照，米林斯為披頭四做了大約500件衣服。

# 費許先生設計的西服

### 1968年，英格蘭與美國，倫敦維多利亞與亞伯特博物館

　　「費許先生」位在倫敦龐德街一帶，是 1960 年代時尚與消費主義歷史中響噹噹的名字。雖然顧客群都是有相當收入的人，但人們可以在比較便宜的卡納比街買到與「費許先生」產品風格類似的衣服。此外，這家店創辦人麥可‧費許（Michael Fish）的裁縫哲學是「衣服不該反映『他們』或『我』認為你應當穿什麼，衣服應該反映你自己想要穿什麼。」這話聽在 1960 年代英國那些年輕、自由不羈、追求時尚的人耳中自然是充滿共鳴。[58] 本頁西服大膽的條紋花樣非常符合 1960 年代迷幻熱潮，但讓人意想不到的是，它使用的布料竟是美國家飾製造商「海克斯特」的產品。[59]

此處極寬極誇張的領片造型很能代表當時的流行風格，且預示了這股趨勢到1970年代會走得更極端。媒體常稱之為「攝政」風格，而它也確實很容易讓人聯想到1790年代的外套那較短的下領片與寬且尖的上領片。

外套（細部），1790年代，法國。

「攝政」一詞特別常用來指稱那種在背後豎立起來的領片設計，這在1960年代被稱為「劫路大盜」（highwayman）風格。

燈芯絨是1960到1970年代男裝流行要素之一，1966年某篇時尚專欄說它「看起來一直都在流行……在所有最時尚的打扮裡大放異彩。」[60]

這種扣子扣很高的外套通常會內搭一件素面高領針織衫，不搭襯衫。

雙排扣設計在1960年代晚期再度流行起來，而過去15到20年間幾乎都是單排扣的天下。[61]

這件外套剪裁非常合身，利用縫線沿著身體輪廓做出腰部收窄與軀幹瘦長的視覺效果，這種風格會一直流行到1970年代。寬領片讓胸部與肩膀看起來更寬，1960年代晚期還會在衣物內部縫肩墊來強化這種效果，非常類似19世紀早期到中期的做法。1969年5月，加州一家報紙要言不煩總結道「『身形』幾乎成了普世男裝的設計重點。」[62]

當時講到男裝常說什麼什麼地方是從「愛德華時期」取得靈感，這件夾克的長度也的確符合愛德華時期流行。不過也有一份刊物發出提醒，說太過依賴「攝政時期」或「愛德華時期」這些詞來進行「精確」比較的話可能會出問題，並說：「很多人，包括製衣商，都被這些術語搞糊塗了。他們有可能在外套上縫6顆扣子然後說這叫『愛德華式』，但其實更正確的應該要說這是回歸1920年代爵士風。」[63]

# 晚宴外套與長褲（小晚禮服）

約1960年代，賓州史賓斯堡大學時尚檔案館與博物館

◆

　　從 1940 年代開始，人們逐漸接受男士可以穿白色小晚禮服外套出席某些社交場合，但一直要到 1960 年代，那時婚禮和其他最正式的活動都變得比較輕鬆，白色晚宴外套才真正開始流行。[64] 1968 年甚至有人嫌白色晚宴外套用在某些場合「太正式」；該年 5 月美國某家報紙就是這樣報導，它提出問題：「夏天唯一合適用來替換黑色小晚禮服外套的只有白色晚宴外套」，請讀者就這句話回答「是」或「否」，而最後得到的答案是「否」：「馬德拉斯格紋（madras plaid）、素色布或印花布都適合夏天且賞心悅目。」[65]

................................................................

正式禮服通常必須搭配黑領結，當然最好是自己打結而不是買現成的。1960年代晚期有人試讓領結在晚宴場合徹底消失，改成內搭一件雙翻高領衫（polo-neck shirt），但只有少數人跟進。[66]

正式禮服內搭的襯衫仍舊保留世代相傳的那些細節，圖中此處的垂直窄褶襇設計尤其常見。報章雜誌時尚專欄常說白色素面PK布（piqué，表面有突起紋理的布料，又稱「馬賽布」）的襯衫也是不錯選擇，至於襯衫上的鈕扣則大多都用珠母貝製作。

時尚專欄與禮儀指南都建議白色晚宴外套一定要搭黑長褲，這個規矩到21世紀還是沒變。這類長褲到現在也都還沿著兩褲管外側縫一條裝飾性的黑色真絲或素緞帶子（有時候用的是黑繩帶）。這裡的褲管沒有縫帶子，也不符合伊莉莎白·波斯特（Elizabeth Post）在1965年的建議：「褲腳反摺的長褲不夠體面。」波斯特的指南書是根據她先生的祖母愛蜜莉在20世紀初期的著作修訂擴增而來，當時晚宴外套已經是不少男士出門社交必備衣著；當初愛蜜莉書中提供的相關意見在50年後重印出版時幾乎沒有改動（只除了某些規矩變得比較寬鬆），這證明了白色晚宴外套搭黑長褲是成功且經得起時間考驗的搭配方式。指南書作者還說：「晚宴外套沒有燕尾，剪裁如同麻布袋西服，差別只在於晚宴外套門襟以單顆扣子在腰部扣合……〔穿的時候搭配〕黑領結，不能用白領結。」本頁的例子基本符合這段描述。[67]

新月領源自吸菸外套的設計，是晚宴外套最常用的領子形式。到了1970年代，其他更多種類的外套也開始把領子做成新月領，其中還包括針織外套。1972年的《哈潑時尚》說：「新月領又回來了，它在夾克、短大衣，特別是無扣綁帶大衣（wrap coat）上面大出風頭，平緩弧線完美呈現72年秋季時尚主打的柔和風格，看起來非常出色。」[68]

1963年一群年輕男士身穿白色晚宴外套，在塔拉哈西的佛羅里達州立大學合影。

小晚禮服一般搭配黑色漆皮包鞋或淺口鞋。

# 賈克・德・蒙茹瓦設計的西服

1968到1969年，蒙特婁麥科德博物館

◆

　　這件外套與這條長褲的設計師是賈克・德・蒙茹瓦（Jacques de Montjoye），他以設計女裝和利用某些作品做出強烈政治聲明而聞名於世。最著名的例子是1967年所設計的一套名為「越南」的洋裝，上面有一片紅色補丁，形狀如同槍彈傷口血跡。[69] 他曾幫許多加拿大電視名人與藝術家設計服裝，而他在蒙特婁的店裡也販售成衣西服與休閒服，因此在男裝界也頗有名氣。他早期在魁北克做男裝的時候培養出對運動服飾的興趣，歷久未衰，這也呈現在本頁這套西服輕鬆但不失禮的感覺裡。[70]

外套材質是平紋水手布，這種質輕的棉布最初（可溯源自14世紀）其實是麻布，一開始被稱為「香布雷」（cambric）或「巴蒂斯特」（batiste）。20世紀早期以降，這種布常被用來製作軍服，而後一直受到拉夫・勞倫（Ralph Lauren）和湯米・席爾菲格（Tommy Hilfiger）等設計師的青睞。[71]

外套門襟這塊蓋住鈕扣的部分是個重要的設計特點，它賦予外套前方流線型的感覺，讓人想到這是1960年代當紅的太空時代、未來主義等主題，以及從《星艦迷航記》、《外太空1999》等熱門電視影集角色服裝獲得的靈感。[72]

從19世紀以來，一般百姓服裝上如果做貼袋就會給人一種休閒感。再過一年，伊夫・聖羅蘭（Yves Saint Laurent）就會著手將他女裝「狩獵」（Saharienne）系列的設計概念用在男裝上，貼袋隨之成為非常時髦的東西。[73]

喇叭褲從1960年代中期開始變得受歡迎，但要到1970年代才會成為大眾時尚，那時候的褲腳會比本頁這個例子做得更寬更外展，褲管在膝蓋以上都是合身剪裁，從膝蓋處往下展開蓋過鞋子。

領子上面拼接的是與長褲、口袋蓋同樣一塊褐色格紋布，效果搶眼，預示了1970年代即將風行的大寬領。這種外套與前頁的例子一樣都會搭配高領針織衫，或者在這年代會搭一件領子造型類似的襯衫，襯衫領往外翻摺蓋在外套下領片上面。

下領片扣子扣得很高，這表示外套裡面即使有打領帶也很難看得見。1968年某家澳洲報紙報導了愈來愈多人出門不打領帶的趨勢，並說此事一開始源自義大利。「幾乎所有的運動西服與休閒西服，以及許多日用西服，裡面搭的都是羊毛或絲質高領針織衫。」報導裡是這樣說的，但其實絕大部分職業環境都還不容許出現這種打扮。[74] 然而這股變革風潮的影響力實在太強──至少以休閒服而言是這樣──以至於像薩佛街這些恪守傳統的裁縫師都得順應時勢，配合那些趕時髦有權勢的顧客來改變自己製作各種西服的方法。

從頭翻閱本書可以發現，各種格紋在男裝歷史上一直都很受歡迎，本頁這個例子選用的褐色系格紋呈現了整個1950與1960年代運動服與休閒服的流行設計，而外套主體的芥末色又襯得這些點綴性的格紋更加引人注目。

# 巍然立於長江畔的毛澤東

約1960到1970年，麥克・尼可森／蓋帝影像

▶

　　我們現在普遍稱為「毛裝」的這種衣服其實源出於毛澤東之前的孫中山，他在中國領導革命推翻滿清，於 1912 年 1 月 1 日建立中華民國。孫中山親自訂做（不是設計）出這樣一種樸素而有軍事風格的服裝，1925 年他過世後這種衣服就被稱為「中山裝」。[75] 然而，後來毛澤東在 1949 年 10 月宣布中華人民共和國成立，此時這套服裝又變成象徵毛澤東政權，或是更廣義象徵共產主義的國際性符號。它結合了中國傳統與外來的要素，雖是男女通用的服裝，但卻已與這樣一名男性歷史人物從此難解難分，並在後來數十年裡持續影響男裝發展。

..............................................................................................................................

一次大戰結束時的一對未婚夫妻。

最早的中山裝很高程度是仿效西方國家的軍服，[76] 後來的毛裝也承繼這個設計風格，我們從上圖中一次大戰的英國軍服（1918）可以清楚看出關聯性。反摺領設計可見於英軍與德軍制服，而毛裝上的有蓋貼袋幾乎與上圖中的一模一樣。

毛裝可以用某幾種低飽和顏色的布料製作，最常見的是藍色、綠色或灰色。

這件外套雖與西方軍服很相似，但它上面的細節（包括口袋位置與數量、口袋蓋形狀、前門襟鈕扣數量）都符合特定的中國傳統元素或是象徵民主革命的符號。

4個口袋在外套前方排成四方形，上下左右彼此間隔相同，象徵《管子》中的四維「禮義廉恥」。

口袋數量更多的話可能代表穿著者在黨內地位更高。

前襟5顆扣子代表孫中山主張的五權分立：行政、立法、司法、考試、監察。[77]

將中山裝改良為毛裝的裁縫師田阿桐從中國農民傳統的上衣、長褲與黑棉布鞋中獲得一部分的靈感，[78] 這個引用無產階級工人服裝的做法符合毛澤東最強烈的一條信念：中國農民將會「起來，其勢如暴風驟雨……一切帝國主義、軍閥、貪官汙吏、土豪劣紳，都將被他們葬入墳墓。」[79]

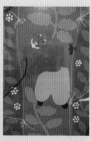

中國農民畫（細部）。

第七章

# 1970–2000

當男裝變得愈來愈多樣化，我們很容易以為這時期就是傳統西服開始式微的時期。但正如提姆・艾德華（Tim Edwards）在他對時尚、男子氣概與消費社會的探索中所解釋的，「這個假說實在缺乏證據，因為西服銷售情況從1960與1970年代所謂的休閒革命以來，一直沒有什麼大變化。」[1] 西服在男裝界的重要性從未消失，它依然是許多男士每天穿的衣服；選擇如此之多，但西服仍能一枝獨秀，這說明它適應環境與發展更新的能力。或許正是因為男裝的範圍變大了，這讓設計師能做出愈來愈具顛覆性的產品，比如薇薇安・魏斯伍德（Vivien Westwood）的「束縛裝」（bondage suit）——我們會在本章加以介紹。在這30年間，西服的設計似乎毫不受限，過去長久以來人們原本認知的「西服」定義在此時也受到質疑。

乍看之下，西服已經不再是男性專利，不僅是1960年代以來女用長褲套裝愈來愈受市場歡迎，而且70年代的男裝也摻進愈來愈多中性元素。本章有個例子是1973年澳大利亞製的深梅紅色燈芯絨西服，外套軀部做得瘦窄且腰部還往內收，再添上一條寬腰帶來強調效果，帶有明顯的女性氣質。然而，就算是這個例子，也不表示「中性」是將女性元素加以調整用在男裝上或反過來，而是呈現出一種刻意混雜男女兩性要素的審美觀念的發展。大衛・鮑伊（David Bowie）、馬克・波倫（Marc Bolan）這些流行名人領導著這股模糊性別界線的風潮，藉由服裝時尚、妝容與髮型表現出來，後來1980年代的「新浪漫運動」也受此影響。

話說回來，人們對於「中性」的定義似乎始終達不成共識。山本寬齋解釋他為鮑伊設計的舞臺服裝：「我是用設計女裝的態度在設計鮑伊的衣服。」[2]這也就是將化妝等傳統只有女性會做的事施加於男性身上來達成「雌雄同體」的效果，但鮑伊畢竟是個異數。正如喬・寶萊蒂（Jo Paoletti）所說明的，男裝使用明豔顏色、鮮亮花紋的這場「孔雀革命」為時甚短，「大部分時間我們說的『中性』都是指年輕女孩與成年女性穿上比較男性化的衣服。人們雖也試圖讓男性的打扮變得女性化，但只是曇花一現。」[3]

有趣的是，「試圖讓男性的打扮變得女性化」這件事到現在主要仍圍繞著「西服」這種最代表男性的男裝在發展；不論西服怎麼剪裁、裝飾，或許它就是有一種本質上的安全性；人們感覺得到，不論它表面如何加工作怪，內在始終是男性本色。在1970與1980年代，尤其是在1977年《安妮霍爾》這部叫好又叫座的電影上映之後，女性開始將某些傳統男用衣物改為女裝穿著；但西服卻未因此而被定義為女裝，相反地，史黛拉・布魯茲告訴我們：「西服剪裁不貼合身體、不符合女性曲線，因此服裝的男性本質與軀體的女性特質兩者之間距

淺色西服在1970年
代變得非常受歡迎，
造成這股熱潮的部分
原因是約翰・屈伏塔
（John Travolta）在
《週末夜狂熱》裡面
那件代表性的服裝。
屈伏塔原本想要黑色
西服，但設計師說服
他白西裝在舞池場景
中比較顯眼。圖為一
對年輕夫婦身著正式
服裝合照。

離反而更放大了。」[4]

在其他地方，特別是美國，1970年代的主流是比較帶有保守氣氛的「預科生」（preppy）風格，將20世紀前半極為盛行的常春藤盟校風格重新加以詮釋。預科生風格的西服通常是灰色法蘭絨，且最好是由布克兄弟這類老字號出品；它們看起來樸素但剪裁精美，搭配高品質的飾品，強調出新英格蘭預科生的菁英特權背景。

到了1970年，大衣漸漸不再是日常上班服飾的一部分；該年英國有一份紡織工業「未來市場前景」的研究報告預測說：「服裝風格，特別是大衣與雨衣的風格，變得愈來愈休閒。」[5] 1980年代的有錢銀行家倒是在自己的小圈子裡逆風而行，他們尤其愛穿哈里斯粗呢料（Harris tweed）大衣和巴寶莉（Burberry）大衣來顯示自己的成就與權勢。等到1990年代，運動用外套與運動服變得更合身，既便於活動也適合上下班通勤（這點在這時期非常重要），其多功能的特質讓男士有了更多可以加在西服外面的選擇。除此之外，控溫材質的使用也終結了「穿笨重好幾層衣服的日子……〔因為現在有了〕可以幫每個人貼身調溫的外套。」[6]

新浪漫派的衣著綜合多種風格，最初的靈感來自於龐克文化衰落後的倫敦俱樂部景象。[7] 他們的打扮清楚呼應19世紀前期風格與當時的「浪漫主義」審美觀，因此早期新浪漫派有時被稱為「新丹迪男」（New Dandies），頗為適切。西服是這其中的重點，尤其在新浪漫運動尾聲時期更為明顯，但當時西服輪廓卻是五花八門不統一；除了19世紀浪漫主義要素之外，其他產生影響的還包括法國大革命、1940年代阻特裝、17世紀清教徒服飾，以及1930年代的好萊塢名人。這場風格大雜燴是為了反對龐克運動所謂「反時尚」的主張而生，畢竟龐克族的風格可是被迪克・賀比奇（Dick Hebdige）描述為「男裝界的髒話連篇」。[8] 這兩股潮流都排斥常規慣例，也都不曾完全接納西服成為其意識形態的一部分（龐克運動對西服的接納度根本為零）。

然而，1980年代這段時期真正大紅大紫的風格其實是「強人風格」（power dressing）；當龐克族試圖挑戰階級認同，這10年間的主流時尚卻在反映消費主義、菁英主義和企業雄心。喬治・亞曼尼（Giorgio Armani）正是推動這股風潮的關鍵人物，而1980年代男裝發展的矛盾本質就在此呈現。亞曼尼放棄了他在1970年代晚期設計的好萊塢浮華風格服裝，在1980年代早期做出一批線條柔和、服貼身體輪廓，許多人認為可謂「女性化」的西服。外套不方正不筆挺，只做一點點內裡而不加任何襯墊，材質是傳統上與男裝無關的輕質布料。1980年保羅・許瑞德（Paul Schrader）的《美國舞男》帶動亞曼尼為

這部片設計的西服一炮而紅，片中身穿西服飾演牛郎男主角的是李察・吉爾（Richard Gere）。只不過，正如約翰・波特文所解釋的，亞曼尼設計的對象是一個「消費他人也被他人消費」的角色，此人「需要靠一個女人來拯救他」，因此可說是一個被閹割、被剝奪傳統男性權力的人物。[9]克里斯多夫・布魯沃德也認為這個角色的「自戀」特質與1980年代的「新好男人」相同，這種自戀與「看似毫不費力卻打扮得無懈可擊」有著內在關聯。[10]吉爾的戲服一望即知是出自亞曼尼手筆，意思就是任何人都能買到這種型態的「男子氣概」，只要他買得起；提姆・艾德華在1990年代對此做出說明：「〔這〕已不再是本質問題或你做什麼的問題，而是你的模樣……在這樣一個社會……男性傳統上扮演的生產與勞動角色岌岌可危，所以他們必須更強調外表，無所不用其極地強調外表。」[11]用德利斯・希爾的話來說，女性的強人風格打扮是在仿效「手握權

西澳高中生著裝風格
約1986到1987年

力籌碼的男性形象」；但與此同時，這時候所謂「男子氣概」的定義卻變得比70年代更鬆散模糊。[12]

1980年代確實是一個兼容並蓄的時代，時尚發展也不全都仰仗歐美設計師的才華。日本設計師在這10年間造成海嘯般的影響，力量不容小覷，本章會介紹兩位關鍵人物高田賢三與松田光弘的作品。

日本在1854年開放與西方通商，在此之前的文化交流幾乎不存在，至少在商業貿易上是這樣。然而，從19世紀下半葉開始，歐美出現大量以日本文化為靈感的設計，同時西方服飾在日本也愈來愈普遍。除了家具、紡織品和裝飾藝術作品這些直接從日本進口的商品以外，西方人也取用日本文化形成一股「日本主義」潮流，他們所描繪的是一個浪漫化、理想化的日本，而這種態度實有自以為高人一等之嫌。吉伯特與蘇利文（Gilbert and Sullivan）的《天皇》、大衛・貝拉斯科（David Belasco）與約翰・盧瑟・朗（John Luther Long）的《神祇的掌上明珠》，這些戲劇作品呈現一般西方人眼裡的東方模樣。日本某些男女開始穿三件式西服和加了臀墊（bustle）的洋裝，但歐美人士並未把日式「著物」或男裝「紋付」納入日常穿著，其用途完全僅限非正式的家居服與茶會服，且也一定要加以改造來符合西方審美。人們基本上還是把日本傳統服飾當成戲服看待，是上流階層參加化裝宴會時最愛的一種打扮。此外，當時的日式風格也常被稱為「中式」或更籠統的「東方式」，完全忽略日本傳統藝術對平衡、對稱、透視，以及人與自然合一這些概念的精妙處理。

到了1970年，日本的影響力開始滲透入享譽國際的法國時尚界。此時日式時尚雖然比過去更「西化」，但發展出了自己超越文化界限的獨特個性。同時，正如邦妮・英格利什（Bonnie English）談到三宅一生、山本耀司與川久保玲的時候所說，這股日本風潮常巧妙地將日式美感融入「和服的概念，以及傳統日本人將一切摺疊、包裹、揭露、塑形的包裝方式」之中；[13]這點在本章介紹的松田光弘西服上特別明顯，他利用複雜的褶襉與垂墜，以一種具有流動感與深度的方式將人體包裝起來。與此同時，這套西服卻也利用了道地的英國19與20世紀運動西服設計概念，乍看之下可能看不出來，但只要注意到了就無法忽視。

本章介紹的另一件高田賢三西服則是完全不同的例子，它展現了讓這位設計師在1970與1980年代脫穎而出的大膽與內向風格。高田賢三「重新建構西方服飾」，而他混用花紋與材質的天賦創造出了川村由仁夜所說的「西方設計師從來想像不到的結合體」。[14]他是在巴黎時裝界立足的開路先鋒，讓後來的川久保玲與三宅一生能在1980年代徹底改變男裝與女裝的時尚景觀。

進入1990年代，日本依然稱霸時尚界，人們甚至說其中某些設計師是以「攻擊」西方傳統男裝的方法來破舊立新。川久保玲在1994年為Comme des Garçons設計出一套實際上被「解構」的西服，她用的布料上面時常有刻意為之的瑕疵，但這套西服（現藏於美國大都會藝術博物館）原本裝領子的地方變成粗糙撕裂的邊緣，讓一件原本平凡無奇的辦公西服外套變成充滿憤怒的男裝宣言。這個例子完美呈現川久保玲與山本耀司在1980年代率先主張的解構主義理論與實踐，它以未加處理的布邊與遺留在布料上的粉筆痕跡來顛覆傳統裁縫技術。[15]

　　比利時設計師安・迪穆拉米斯特（Ann Demeulemeester）、馬丁・馬吉拉（Martin Margiela）和德賴斯・范諾頓（Dries Van Noten）在1990年代登場成為解構運動的主力健將，他們設計主張中的要素——尤其是對時尚產業的某種疏離與除魅——也經過篩選之後進入主流男裝。伊莉莎白・威爾森（Elizabeth Wilson）認為社會上對1990年代早期經濟蕭條的憂慮在時尚界更助長了一種「反烏托邦審美化」。[16] 19世紀末社會上某些部分籠罩在「世紀之交」這種強烈的焦慮氣氛裡，這從服裝本身與人們的穿著習慣都可看出端倪，而後現代這些病徵也可說是第二波的「世紀之交」。

　　然而，更廣泛來說，1990年代的西服逐漸離開1980年代的寬大花俏輪廓，形成一種比較單純、簡化、便易的樣貌。這其中一個原因是像吉兒・內爾梅斯（Jill Nelmes）在她討論電影的著作中所說，當雅痞（yuppie）稱霸的1980年代過去之後，人們逐漸明白「資本主義並非絕對可靠」。[17] 內爾梅斯看到的是90年代迎來一場巨大的男性自我認同危機，這在「新好男孩」（Backstreet Boys）和「男孩特區」（Boyzone）這些被包裝出來而紅透半邊天的年輕男性團體所展現的安全、健康形象上面或可探得一二。他們身上乾淨的白襯衫營造出1960年代那種善良無害的流行氣質，但文化理論專家簡妮絲・米勒（Janice Miller）卻說90年代這些青少年男團「是一段市場行銷的歷史而非音樂發展的歷史」。[18] 男孩特區的形象確實能呈現這10年間男裝與人們對男性風格的期望出現重大轉變，許多人認為這是正面的轉變；社會上愈來愈能接受辦公西服不打領帶、襯衫最上面一顆扣子鬆開不扣，男性上班可以穿白色以外各種顏色的襯衫，且「週五便服日」也愈來愈流行，當天常可見上班族身穿牛仔褲搭配T恤與休閒馬甲背心。

　　這種風氣很快擴大成為所謂的「休閒辦公服」，通常是由針織POLO衫、輕便西裝外套與卡其褲組成，90年代領導這股潮流的是大名鼎鼎的比爾・蓋茲（Bill Gates）。《坎培拉時報》在1994年4月報導這股流行趨勢是「舒適……

白西服男士：「男孩特區」在帕華洛帝演唱會上的打扮
義大利莫德納，1999年6月

與經典設計相結合，具有當代的休閒感與創意，結構寬鬆，鼓勵男性讓自己變得柔和來變得溫暖。」[19] 報導裡說，這種「態度的改變」在生活各個領域給予男性更多自由，特別是在上班時。愈來愈多職業場合容許工作者以這種輕鬆打扮出現，設計師因此迎來新的挑戰，澳大利亞當地品牌Country Road認為這導致了「『半套西服』與較傳統的三件式西服的變化性與質感」，所謂「半套西服」可以是西服外套或輕便西服外套搭配牛仔褲，或者是西服長褲搭配運動外套。

到了1990年代晚期，許多公司機關都已認同這種著裝態度，其中大部分都至少會給員工「週五便服日」。國家事務局公司（屬於彭博工業集團）在1998年1月的報告裡說：「現在基本上只有最頂端的經理與行政人員才需要穿傳統正式辦公服裝，回答問卷的員工裡有超過2/5……認為高級主管得要穿西服或

洋裝，但規定其他員工也必須穿著正式來上班的企業就少很多。」[20] 只不過這種「解放」並非普天同慶，有很多男士——特別是那些衣櫥裡只有西服，每天很高興自己日常衣著沒得選擇的人——對此覺得很難適應。

　　這股趨勢盛極而衰，某些人認為這呈現時尚與經濟之間的緊密聯結。艾琳‧瑪西‧德‧卡薩諾瓦（Erynn Masi de Casanova）在她對「白領階級男子氣概」的研究中訪問了某間名列「財星500大」公司的前任副總裁，此人認為「在1990年代經濟繁榮的時候大家穿衣比較隨便，後來發生金融危機之後人們就開始穿得比較正式了。」[21] 德‧卡薩諾瓦提出一種說法，在經濟蕭條的時候「男人被迫把注意力放在外表打扮上，這是他們還能控制的其中一樣東西」。西服歷史發展至今400年，而它與權力、正式感、穩定感和體面的關聯始終存在；本書最後一個例子並未推翻此事，它只是提供了一個叛逆性的轉折。

　　從表面上看來，紐西蘭時尚品牌WORLD出品的「桑德森」（Sanderson）西服是一套亮眼且頗不尋常的兩件式西服。它的大膽花卉圖案讓人立刻想到歷史上的類似設計，同時卻也顛覆了人們所「期望」的雄性美感，且它是用家飾布料來製作，這也顯示西服可以（也應該）使用人們意想不到的材質。布面圖案富有朝氣，符合工作場合比較輕鬆的服裝審美，但西服本身的剪裁與形狀、加上搭配的襯衫與領帶，則展現人們心目中比較正式的辦公服裝模樣。同時衣服裡還藏了一句非常叛逆的訊息，只見外套內襯上面寫著「我總算找到我的性愛機器！」；這句話推翻人們賦予西服的所有傳統價值，但它的存在卻又只是天知地知穿著者知的一個祕密，或許這也表示擁有400年傳統歷史的西服叛逆起來仍舊不夠勇敢。

　　書中的介紹結束在2000年，最後一個例子就是上面說的1990年代晚期這套桑德森西服，它既展現了極大變化，也展現一股固定不變的極大力量。本書寫作期間佔據時尚流行榜首的是「細身西服」，而它從許多方面看都與1960年代西服有如前世今生；它見證時尚的循環本質，但也呈現西服是如何反映出人們對「男子氣概」認知的快速變遷。在21世紀，這一切似乎都回歸個人選擇，許多人依然是西服的愛用者，某些人把西服加以改造來符合自己的生活方式，也還有不少人選擇堅決無視它，這情況正如本書導言一開頭引用的對話內容所示。如今上面這些選項都愈來愈被人接受，但我們眼中「西服」對男性而言所象徵的歷史、文化與社會意義至今依舊存在。

# 比爾‧布拉斯及塞爾瑪‧芬斯特‧布萊德蕭設計的西服

賓州費城藝術博物館

◆

　　比爾‧布拉斯（Bill Blass），美國史上第一位以自己姓名為品牌命名的設計師，他在1970年創設自己的公司，左邊這套獨特的西服也是在該年出品。布拉斯在1960年代設計的女裝特別著名，他經常把男裝裁縫的一些概念用於女裝設計，而他後來也成為美國第一位提供全系列男士時尚的設計師。[22] 這套西服保留1960年代晚期的標準輪廓，但以搶眼的彩色花紋大膽表達一種態度。右邊的西服是塞爾瑪‧芬斯特‧布萊德蕭（Thelma Finster Bradshaw）為藝術家父親霍華德‧芬斯特（Howard Finster）所作，這是另一個使用混紡雙面織物來做西服外套與長褲的例子。兩套的形狀很相似，但蘊含許些不同的細節與影響。[23]

...................................................................

**聚酯纖維**在1960與1970年代紅透半邊天，這種耐用且易生產的高科技纖維是摩登社會的象徵。1960年代，人們把加工聚酯纖維搭配羊毛製作出這套西服所使用的這類雙面布。雙面織物的出現為紡織工業開啟許多新的可能性，給予人無窮希望，但後來供過於求，以至於風光不再。

1970年早期的時尚專欄都強調這時的男裝「胸部較窄、袖孔較高」，這兩點在本章接下來兩個例子裡會愈來愈清楚。[24] 這件西服布料印花極其鮮亮大膽，波浪狀條紋與水平階梯花樣呈現著男裝設計的「公孔雀」氣氛。《烏木》雜誌在1972年說到「黑人男性的花俏時尚」，將這時期的服裝美學總結如下：「鮮豔、大膽、基本的孔雀色調……反映每個人的個性，而不是服從社會的要求……百無禁忌，唯一的限制只存在於心中。」[25]

斜開的附蓋口袋便於使用，它的形狀與實用性都讓人想起20世紀初的休閒服與騎馬服。

時間才到70年代初期，這時期標誌性的褲腳喇叭造型在這兩件西褲上已經變得很明顯，而褲腳反摺更能把人的注意力吸引到此處。

兩件外套做的都是中等寬度有缺口的領片，這種剪裁雖傳統但很流行。布萊德蕭這套西服在展覽時內搭一件黑色素面T恤，但其實這兩套在當時都會搭配襯衫／襯衫加領帶，或是高領針織衫。

三件式西服，法國，約1765年。

口袋蓋邊緣裁成扇貝狀，三個凸點中間連著凹下的弧線，類似1720年之後的男裝口袋蓋形狀。此外，布萊德蕭在這裡使用金屬扣子，符合了18世紀西服外套的特徵，如上方小圖所示。

兩件外套前襟下緣都做成弧狀，且延伸到較高的地方，就像19世紀晚期與20世紀早期男士休閒外套普遍的做法一樣。

# 羊毛混紡西服

1972年，蒙特婁麥科德博物館

◆

　　這件黑灰兩色的犬牙格紋（houndstooth）西服很有新愛德華式的風格，下領片非常寬大，軀幹做得很長，搭配喇叭褲後就成為 1970 年代早期最典型的造型。1960 年代晚期與 1970 年代早期的青年運動讓年輕人拒絕像上一輩的人那樣接受西服，但本頁這個例子也呈現了設計師如何設法讓正式的西服外套、長褲跟上正在發展的潮流。

......................................................................................................................................

極寬的下領片是70年代的關鍵標誌，這種外套在比較休閒的場合通常會搭一件大開領襯衫，以強調出外套領片寬度。

正式西服的基本形狀在整個1970年代沒什麼變化，只除了三件式西服在70年代中晚期宣告回歸而引起一些波瀾，畢竟這種打扮風格從1930年代以後就沒再進過時尚圈。下面這張1978年照片裡西服的設計美感與本頁例子類似——注意它同樣寬大的外套領片與襯衫領子——但穿的時候有搭配同布料的馬甲背心。背心最下面一顆扣子不扣，這是當時的流行。

婚禮賓客留影，1978年。

人們愈來愈能接受西服裡面搭配彩色而非素面白襯衫，連上班場合都是這樣。這件襯衫本體是黑底白波卡圓點，和左邊口袋裡的口袋巾是一樣花色。襯衫的白領子與本體很有對比感，讓人想起19世紀與20世紀初那種可拆換的硬挺領片。

黑底白波卡點的主題延續到外套內部，合成斜紋布內襯跟襯衫是相同花樣。[26]

當時流行的領帶最寬處至少要有4吋，這條領帶材質是用白色合成波紋綢斜裁製成，末端有尖角。[27]

西服外套可以是雙排扣或單排扣，但後者在1970年代早期比較受歡迎。《澳大利亞婦女周刊》1971年有篇文章〈幫你的先生走在時尚尖端〉，附圖中一名男士身穿類似的西服；文章作者說：「在這個當下，以及未來很可能很多年的時間裡」，流行的夾克形式都會「大幅借鑑獵裝夾克」，[28] 兩者類似處可見於胸口與腰部貼合身形的剪裁，以及斜開的口袋，且「最好能有口袋蓋」。

長褲剪裁較為貼身（且褲腰位置大概在髖部而非腰部），褲腳略呈喇叭形狀。這個年代褲腳周長通常可達約18吋，人們對這種造型有多種稱呼，如「平行褲」（parallels）、「喇叭褲」與「懶人褲」（loons）。[29]

褲腳反摺再度流行，但正如此處例子所示，它不一定是當時時髦西服的必備特徵。

# 「約翰先生」西服

### 1973年，雪梨，墨爾本維多利亞國家藝廊

◆

　　這件酒紅色西服代表1970年代早期男裝時尚幾個重要的轉變，且它也是澳洲人走在時尚尖端的證據。西服來自連鎖精品服飾店「梅莉薇與約翰先生的店」，這是1960年代梅莉薇與約翰・荷姆斯（Hemms）夫妻兩人在雪梨創立的品牌。1975年，他們在坎培拉開了第5間店，當時《坎培拉時報》說店內服裝「有個性，非常注重細節，且整體（包括飾品）都很協調。每款服飾皆有多種色系，限量製作。」[30]

.........................................................................

1950年代中期美國展開一場所謂的「粉紅革命」，參與者主要是年輕大學生。粉紅色襯衫與飾品當時極其時髦，用來搭配隨處可見的灰色法蘭絨西服，那些年輕人或敢在衣著上變化的人紛紛投入這個行列。[31]時間經過不到20年，粉紅色已經變得到處都是；不只是飾品，甚至整套西服都可以是粉紅色的。本頁例子裡的粉紅襯衫搭配深櫻桃紅的外套長褲，相得益彰。

從我們21世紀的人眼中來看，這件外套既是腰部收細，又用一條同顏色的寬腰帶來強調出腰部曲線，其剪裁帶有女性元素在裡面。1970年代早期的服飾廣告常稱這種剪裁形狀為「最時髦的『收腰』或『修身』造型。」[32]但這件外套其實在許多地方都極力展現男性特質，它所強調的是髖部窄、軀幹與肩膀寬的男性線條，而能夠打造這種體型的修身西服在整個1970年代都很受歡迎，符合理想上年輕男性健康壯實的體格。可以說這種西服鼓勵男性展示身體，讓他們用跟女性一樣的方法來展現性吸引力。此外，它多少也證實了英國作家詹姆斯・拉沃（James Laver）1964年的預言，當時他預測男裝發展很快就會「重新尋回喪失了兩百年的性感原則」。[33]

這些搶眼的尖角下領片邊緣裁成弧狀，是1970年代非常有名又受歡迎的設計。領片極寬，尖角尖端都碰到兩邊肩膀了。

髖部兩邊各有一個斜開的口袋，這在本書其他1970年代的例子上也看得到，但差別在於這兩個是不做口袋蓋的唇袋（口袋開口上下兩邊都用細長條布料縫邊），此處做唇袋的意義是盡可能不要破壞整件外套的細瘦輪廓。

褲管外展的情況符合1973年出現、俗稱「布袋褲」的新流行。和當時褲腰位於髖部的風潮不同，這種褲子是高腰褲，男女皆可穿，褲管從膝蓋以下愈來愈寬（膝蓋處周長最多22吋，但褲腳處周長可達28吋），褲腳通常會做2到2.5吋的反摺。[34]

**棕櫚灘「沙袋褲」（sand bags），1932年服飾廣告（細部）。**

長褲的前褶襉大約也是在這時候又流行起來，這種造型在1960年代基本無人使用，但從1920年代牛津寬褲與1930年代的棕櫚灘「沙袋褲」看來，前褶襉又是一個時尚歷史循環往復的明證，不論男裝、女裝都一樣。

# 休閒西服

## 1970年代，賓州史賓斯堡大學時尚檔案館與博物館

◆

　　這套襯衫與短褲的組合雖然沒有貼袋也沒有腰帶，但仍保有非洲旅行裝（safari suit）的其他重要造型特徵。它的結構與剪裁寬鬆輕便且不加襯墊，這都是呈現「休閒服」設計美感的獨特重點，但整套服裝一起穿的時候我們還是可以用比較正式的「西服」一詞來稱呼它。

........................................................................

運動服或便服很喜歡做成**拉克蘭袖（連肩袖）**，它適用於很多種情況，且因為袖孔袖山處只需裁直線所以製作比較簡易。這種袖子大約出現於1885年，名字來自克里米亞戰爭中英國的領兵大將拉克蘭勳爵。[35] 連肩袖在20世紀也常見於大衣造型，如下面這張1942年的廣告圖所示。

「**運動員指定選用**」（細部），**1945年3月31日。**

短褲腰帶很窄，前方兩道褶襉，這也是1940年代的風格，呈現於這張華達呢休閒服飾廣告裡。

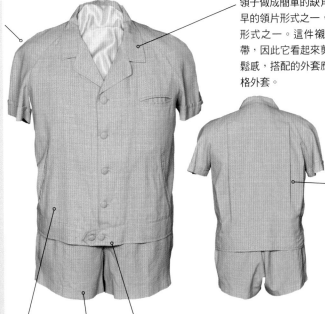

領子做成簡單的缺角領，這是歷史上最早的領片形式之一，也是最容易製作的形式之一。這件襯衫上頭沒辦法打領帶，因此它看起來剪裁精美但又保有輕鬆感，搭配的外套應該會是短的運動風格外套。

襯衫背後有往內做的「活動」褶襉，讓人聯想到較早之前的諾福克外套。這些褶襉的目的是讓穿著者更方便活動，本章後面會看到這種褶襉被應用在正式辦公西服的例子。

襯衫折縫處扣扣子（模仿側腰帶的樣子），加上斜角開口的切開式口袋，這都與1940和50年代人們俗稱為「華達」（gab）的華達呢夾克很相似。這種衣服最常見的材料是華達呢，因而得名；它也成為受體育活動影響、剪裁寬鬆不拘束的年輕人潮流服飾的代名詞。

馬褲在技術上可說是「短褲」的早期版本（晚宴或禮服用的馬褲偶爾就會被稱為短褲），因為它們就是比較短的長褲或燈籠褲。但今天一般說的「短褲」穿法與構造都跟馬褲非常不同，而且呈現了運動或休閒的氣氛，這是因為最早的現代短褲出現在1930年代，是用於爬山等戶外活動的服飾。後來人們愈來愈流行在非工作場合穿短褲當便服，但短褲鮮少出現在辦公室裡；有一個著名的例外是百慕達短褲，但它也是基於非常實際的需求而只用在非常特定的地方。不過，G・布魯斯・博耶（G. Bruce Boyer）認為，百慕達短褲改變了社會對短褲是否得體、是否可用於更多場合的看法，甚至還說短褲是「最早的辦公便服」，其來源包括戰後年代大學生流行的「百慕達短褲」，以及男裝愈來愈盛行軍裝風的現象。[36] 博耶的論點是有爭議的，本頁這個例子使用灰色聚酯纖維西裝布料、關邊口袋、原布腰帶與包原布的扣子，其設計美感確實符合博耶說法的某些部分，但腰帶扣的設計卻是海洋主題舵盤與船錨，強調著運動休閒娛樂的感覺。

# 喬治・亞曼尼西服

## 1982年，紐約設計學院博物館

◆

放眼 20 世紀男裝時尚界，只有喬治・亞曼尼最能與權力、威勢和進步畫上等號。在那個只要與義大利沾到邊就可在男裝界大行其道的時代，亞曼尼巧妙善用自己的背景與美感製作出既古典又去結構化的設計，其品質與新意都令人讚嘆。《紐約》雜誌在 1996 年說亞曼尼的生活態度是「紀律與放縱」，而這套表面看來莊重自持、但其實非常輕盈且帶有一種親密感的羊毛兩件式西服正呈現了這一點。它真實體現了亞曼尼對當前時尚與未來潮流的評語：「太多事情都做得太快，大家不停尋找新的東西，每一季都在快速轉變……我認為這是時尚的負面部分，時尚因為這樣變得有點可笑了。」[37] 這套西服製作於 1982 年，同年亞曼尼登上《時代》雜誌封面，雜誌內容讚譽他推廣非傳統男裝的功勞。

博物館方說這套西服是亞曼尼1980年代關鍵作品之一，它重新定義了「摩登丹迪男造型」。[38] 70與80年代的丹迪男被描述為「創造大眾品味的人」，他們影響著亞曼尼這類高級設計師，同時他們以一種之前較被視為女性特質的狂熱態度為時尚而消費。[39] 這些複雜的敘述又跟「新好男人」這個概念糾纏在一起，有人說「新好男人」是1980年代為了回應第二波女權運動對傳統男性氣概的攻擊而造出來的標籤，這種人感覺敏銳、有創意、能自省、注重自我與自我形象，是媒體眼中徹底準備好讓自己「煥然一新」改造身體的人。但於此同時人們也可能覺得這種人很自戀，對自己的外表模樣過度在意，且克制不了自己的消費物慾。[40]

這套西服呈現出典型「新好男人」對細節纖毫必較的程度，他們對流行趨勢與時髦飾品都深感興趣且熟知於心。1980年代，英國設計師保羅・史密斯（Paul Smith）帶著他的鮮活色彩主題撼動時尚界，鼓勵男性用淺色、亮色的襯衫與領帶來搭配暗色系西服。今天我們已經很能接受都上班族男性的西服裡不搭白襯衫而改搭自己喜歡的顏色，比如這裡的天空藍。

此處的搭配看起來稍偏正式，但後來人們很常用小立領來搭配亞曼尼西服，免除打領帶的需要。這時候搭西服的領帶比1970年代要窄，且人們很流行用細長的針織領帶搭配休閒服裝。[41]

亞曼尼的「無結構」西服結合正式感與舒適，他拋棄了80年代始終盛行的寬大加墊肩部設計，而以一種史無前例的方式重新發明辦公西服；他移除西服內部襯墊與內裡，讓肩膀變成自然斜肩，且將扣子移到偏低（或維持在正常）的位置。此處的西服軀幹前方藉扣子位置之助形成一個低而窄的 V 字形，整體達成較寬鬆、較柔和的效果。[42]

亞曼尼要的是一種隨性的合身感，其概念是西服可以在寬鬆（他用1930年代「垂墜剪裁」進行實驗而達成效果）的同時做到俐落畫面，而方法之一就是外套前襟只用一顆扣子。[43] 本質上他希望男士能感覺到與身上的西服「協調」，是人穿西服而非西服穿人。

長褲在膝蓋與大腿處剪裁寬鬆，褲管往腳踝處收窄，兩腿前方都做深褶襇；以上這些要素都有1930、40年代的風格。

保羅・史密斯西服，派屈克・麥當諾所有物。

保羅・史密斯的影響力一直延續到21世紀，他擅長明亮大膽的搭配方式，就像這套美麗諾羊毛西服與刺眼的粉紅真絲領帶的組合，2007到2012年。

# Kenzo三件式西服

## 1984年,賓州費城美術館

◆

　　1970 年,高田賢三在法國時尚界震撼登場,他是第一個在巴黎展出作品的日本服裝設計師。就像山本寬齋和三宅一生一樣,高田很快以日本新星的身分成名在外,但真正產生重大影響,讓他在時尚界登峰造極的則是他那些色彩明亮、充滿青春氣息的設計作品。[44] 這套西服製作於 1980 年代早期,當時高田已是知名設計師,不過這是他最早嘗試設計男裝的作品之一,其中仍然保有讓高田服飾在 1970 年代炙手可熱的獨特風格與活潑感。

.........................................................................................

整套以格紋布料製作的西服在1980年代,甚至在整個20世紀都並不罕見,本書第三章與第四章介紹過格子呢在19世紀早期曾頗為流行,用途也不只是做成馬甲背心來給整套西服添一點顏色而已——雖然這種做法曾一度非常受歡迎,比如下圖這件1850-59年的晨禮服馬甲背心。

前面曾介紹過一套1830年的格子呢西服,這裡的例子也是使用同樣的布料來製作外套、長褲與馬甲背心,營造出一股震撼又整體的效果。80年代初期的新聞報導說1981年秋冬時尚季伸展臺上出現「大膽對比色或和諧中性色的大方格與條紋格布料」製作的「優雅」西服外套,但當時這種設計還未在成衣市場普及。確實,這種風格在整個80年代似乎都是高級時尚設計師的靈感來源,比如薇薇安‧魏斯伍德結合格子呢與龐克文化的創作。不過到了後來,格子呢卻成為「頹廢搖滾」風格的流行元素,再也沒有一點文化菁英主義的影子。

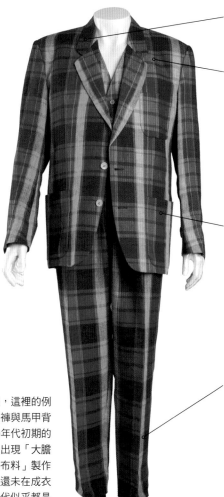

領片相對來說較短較窄,這也是1980年代早期的代表性風格。

這件外套的輪廓是1980年代的典型,肩膀非常寬壯,軀幹部分寬鬆。但再往下線條就變得細窄,腰部與臀部偏瘦,長褲做成直筒褲管。這符合1980年某份男性雜誌所說的男裝「Y字形」輪廓,該雜誌還建議男士去「市場上的成衣端」購買褲子來達到這種搭配效果,「較直,不會有近年流行的寬膨感」。[45]

此處有三個弧形邊緣的方形貼袋,這與19世紀晚期以來的休閒服風格都很類似(見第四章)。外套上出現這種口袋,呈現了當時人們看待西服的態度更有彈性,能接受更多種休閒風格出現在上班與下班場合。《坎培拉時報》在1982年說貼袋能為整套西服與單件服裝增添「輪廓的柔和性……達成休閒而優雅的感覺」。[46]

長褲褲腳處收窄的造型更強調出整套西服上重下輕,褲腳剪裁貼近腿部,與上方寬闊的肩膀形成強烈對比。

# 松田光弘西服，斜紋織法羊毛布

## 1986年，羅德島設計學院博物館

　　西方人對日式美感的興趣由來已久，但直到 1970 年高田賢三在巴黎的專賣店開張之前，西方設計師始終只是改造日本設計來符合歐美生活方式。「**日本主義**」起源於 19 世紀末，這個詞的涵義比較偏向文化上的挪用而非平等的欣賞態度；但高田賢三、三宅一生等人將日本風格一步步確切地同化進入西方時尚界（特別是法國時尚界），讓日本設計在世界舞臺上名列前茅，挑戰西方視為理所當然的既成規範。邦妮・英格利什指出，這些設計師在擁抱新科技的同時又能創造出富含「意義與記憶」的服裝；[47] 松田光弘這套西服就是這種風格融合的最佳例子，它精準俐落富有現代感，但又結合了 20 世紀早期休閒服與運動服的感覺。

1980年代中期上班族的襯衫有很多種選擇。1984年的《男裝色彩搭配指南》裡提供一套系統來幫助男性穿得協調好看，讓男性在春夏秋冬四種調色盤裡選擇能與自己頭髮、眼睛與皮膚顏色搭配的色調。襯衫當然不只有白色，彩色本體對比白色領子的襯衫在各種季節屬性的人之間都很受歡迎。如果是辦公服裝，那最好一定要打領帶。[48]

**外套細部圖。**

外套背面有兩片狹長的褶襇，從肩部垂直往下延伸。右邊1916年的《浮華世界》插圖展示出袖子與肩膀處的轉軸褶襇（pivot pleat），這些褶襇有非常實際的效果，它擴張布料空間讓高爾夫球員能自在揮桿。松田光弘西服上的褶襇是縫死的，但很明顯是受到20世紀早期高爾夫球服的影響。這種「背部活動設計」於1980年代重新在運動外套和運動服上面流行起來，某家報紙還說這是1980年的「新風貌」。[49] 松田光弘使用這種褶襇，既顛覆了傳統對於辦公西服的刻板印象，也強調出80年代人們對運動服飾的狂熱，正如松田在1982年評論的：「我的時尚靈感來自日常生活。」[50]

肩膀做得非常寬，這是1980年代中晚期典型的男裝輪廓。

這時期的下領片比起70年代明顯變窄，且長度很長，軀幹看起來會更加修長。

腰部位置做得偏高，且比起80年代早期變得明顯合身。腰部的細瘦效果結合軀幹的寬大感正闡釋了健美先生麥克・門澤爾在1983年的這句話：「以男性來說，1980年代的理想身材是結合了馬拉松運動員的精瘦與健美選手的肌肉。」[51]

這些斜口袋蓋有騎馬服（特別是獵裝夾克）的影子。口袋之所以做成斜的，最初是為了讓騎手騎在馬上時方便伸手進口袋。

外套與長褲是柔雪茄色，呈現當時鄉村風格的影響力。1986年秋天的運動外套好多都是格紋、格子呢與「褐色調」，而辦公西服的主流色系則包括「灰褐、棕褐、焦棕與荳蔻色」。[52]

「簡單造型的長褲最常見，」造型師路西雅諾・富蘭佐尼1986年6月寫道，「但更寬膨、有褶襇的造型也已經成功攻冰。」他看過的「西服裡超過10%……是搭著有褶襇、底下收窄的褲子〔來販賣〕。」某些設計師從1940年代的阻特裝獲得靈感，而此處長褲的褶襇與褲腳翻邊、外套的大寬肩與較長的長度也都有阻特裝色彩。它還符合富蘭佐尼的男裝基本款流行造型：「腰部稍微內收，前襟2顆鈕子……下領片保持中庸，寬度在3到4吋之間。」[53]

# 保羅・史密斯西服

## 1988年，倫敦維多利亞與亞伯特博物館

　　保羅・史密斯所打造的「保羅史密斯男人」在 1980 年代的英國展現出一種新的男子氣概。他鼓吹年輕男性對穿著打扮要無所顧忌，並為雅痞族和他們的手帳本（Filofax）提供外衣；他設計的衣服既具備多用性又有不按牌理出牌的特質，予人前衛的感覺。蘇西・曼奇斯（Suzy Menkes）在 1982 年說，這是「優雅」與「英倫」二詞「在現代語境中」被重新詮釋。[54] 人們說保羅・史密斯設計作品的根據與靈感來源有如一場「大規模、無止境重組的舊貨拍賣」，他受到歐洲大陸的影響（特別是米蘭），也重視全球文化的異質性；另一方面，這場「舊貨拍賣」也如科幻小說家威廉・吉布森（William Gibson）所說，是「他的國家、文化裡面所有素材恆常進行代碼互換」。[55] 在此我們看到的是一件非常符合那個時代的西服——呈現讓 80 年代年輕專業人士一見傾心的強人風格，並蘊含一種內斂的休閒感。

這套西服穿起來的模樣如本頁所示，清楚示範了約翰・莫洛伊（John Molloy）1975年初版、1988年修訂再版那本很有影響力的《成功者的穿衣術》裡面給雄心勃勃想嶄露頭角的年輕專業人士的建議；莫洛伊的衣著美學保守而注重力量感，他叮嚀男士們「記住規則，用同樣的方法穿」。莫洛伊使用電子問卷調查整理出衣著推薦清單，某種程度上可以為每個人量身打造，但他同時也極力強調冷靜、沉著、保守是絕不出錯的穿搭原則：「我們研究過程中訪問的主管級人員有85%還是認為穿衣服『追求時髦』的人中看不中用、缺乏分量。主管喜歡的風格是保守、協調、高度展現力量而有傳統氣息。」他引用美國總統隆納德・雷根與克萊斯勒汽車總裁李・艾科卡這些大人物為例子，說他們的衣著「給人可信任的感覺」。至於女性則可參考南西・雷根和瑪格麗特・柴契爾等政治人物，她們都以自己的穿著來體現「強人」概念。[56]

從這個角度來看，這件外套寬闊強壯的肩部造型、海軍藍直條紋，以及讓軀幹變寬變壯的雙排扣設計都非常適合企業家在商務場合穿著。不過這整套服裝還是在一個小地方做了讓步，那就是裡面搭配不打領帶的襯衫，以此展現比較輕鬆的態度。話說回來，這在整套西服的設計格局裡只是非常片面的一部分，因為它的設計理念是要能夠工作玩樂兩相宜，而玩樂時的穿法就是外套扣子打開、襯衫不紮，再搭配牛仔褲風格的皮帶與膠底帆布鞋。[57]

這套西服的年代是1988年，它帶有休閒氣息的多功能設計在80年代「強人風格」一板一眼的結構與90年代辦公室「週五便服日」有自覺的非正式感兩者之間形成過渡。（因為週五便服日太受歡迎，使得某些公司在2000年代早期重新頒布較嚴格的上班著裝要求。）

隆納德與南西・雷根，約1981到1989年。

# 男士「束縛裝」，薇薇安‧魏斯伍德

1990年，賓州費城美術館

◆

　　這套西服呈現 1990 年代早期的流行趨勢，但它最重要的價值來自於它是魏斯伍德的代表作之一。震撼、顛覆，它完美展現了魏斯伍德與她搭檔馬康‧麥拉倫（Malcolm McLaren，設計師兼經理人）那打破傳統界線的企圖心，攪亂人們對西服功能與設計所擁有的一般概念。與此同時，這設計既強化又否定了大眾視西服為一種「自我控制」形式的認知。束縛裝的各種變化形態生產於 1970 到 1990 年代之間，所以說本頁這套是最後被製作出來的其中一個樣品。

.......................................................................

這是雙排扣外套常見的尖角領，延續1980年代流行的審美觀。

以常規來看，1990年代是以單排扣外套更流行，但雙排扣外套也從未完全退出時尚界；從1980年代寬壯「強人風格」西服到1990年代日益柔和的線條，雙排扣設計可說是兩者之間的一種過渡。此處這件外套依舊強調肩部，但用的襯墊比較少，且未讓肩部的份量成為整身輪廓的大重點。

前襟左手側有一個有蓋的**票袋**。

紅色一般被視為象徵勇氣或甚至是狂熱表現自我的顏色，十分具有力量，而這些象徵意涵顯然都適用於此處。

沿著兩條褲管後方各有一道垂直拉鍊，褲襠門襟的拉鍊則一直延伸到襠部後縫線處。[58]

魏斯伍德解釋說，這些長褲是從龐克美學裡誕生出來的，它們是一種對現狀加以反叛的方式，用麥拉倫的話來說是一種「宣戰書」，而「敵人就是高級商業街的那種消費主義時尚。」[59] 魏斯伍德提到的靈感來源包括美軍飛行員制服與束縛精神病人用的約束衣（straightjacket），前者基於方便穿脫與其他實用目的而有繫帶與多條拉鍊設計。[60] 這裡面確有色情的成分，同時也有與魏斯伍德感興趣的「時尚中以『束縛』賦予力量的矛盾」密不可分的歷史聯想；這套衣服究竟能不能賦予穿著者力量猶待商榷，但這些繫帶確實與20世紀早期最先出現在女裝上的一陣短命潮流非常類似。

這張圖片出自1910年11月的《洛杉磯先驅報》，畫的是所謂的「霍布襪帶」。「霍布裙」（hobble，又譯「蹣跚裙」）是一種裙襬極窄、只短暫流行過的裙子，穿著者被迫只能小步走路，換句話說就是在無法自然行走的情況下只能「蹣跚」而行。霍布裙的某些忠實愛好者還會使用「霍布襪帶」，也就是將一條布料繞在雙膝下方把兩小腿繫在一起，避免自己一不小心步伐太大扯破裙子。

# 桑德森西服，WORLD

## 1997到1998年，墨爾本維多利亞國家藝廊

「桑德森」這名稱來自西服所使用的擦光印花布（chintz）材料，它上面玫瑰與牡丹的印花圖樣出自桑德森設計公司。這間生產壁紙與布料的公司創立於 19 世紀，創始人是與印花設計師威廉·莫里斯（William Morris）同時代的亞瑟·桑德森（Arthur Sanderson），而該公司的招牌就是這種鮮亮大膽、極富 18 與 19 世紀印花布料風格的花卉圖案。[61] 這種印花讓人想到家飾布料（但服裝設計從家飾布料找靈感的例子也不少見），是紐西蘭設計師丹妮絲·雷斯川—柯貝和法蘭西斯·霍伯匠心獨運的選擇，與他們所主張的「進步」審美觀完美契合。這套西服是為他們總部位於奧克蘭的時尚專賣店「World」所設計。

1990年代時尚常見對比性的色彩或花樣出現在同一件衣服上，不過這件襯衫所使用的綠白格紋可能是與另一股更直接的流行趨勢有關，那就是所謂的「**頹廢搖滾**」次文化，「超脫樂團」（Nirvana）正是屬於這類型的樂團之一。這項次文化帶起了特大號衣物層疊穿著再搭配厚底靴的穿衣趨勢，看起來非常不修邊幅，而其中寬大的法蘭絨格紋襯衫就是常見的搭配單品。然而這種風格卻被上班正裝與半正式服裝借用過去，其成果正如本頁所示；至於領帶那就顯然不是油漬搖滾風格典型會用的裝飾品。[62]

外套內裡是淺粉紅色聚酯纖維，裡面還寫了一行字：「我總算找到我的性愛機器！」這正符合雷斯川品牌富有煽動性的特質。在World這個牌子創立早期，雷斯川（Denise L'Estrange-Corbet）與搭檔法蘭西斯·霍伯（Francis Hooper）會在奧克蘭舉辦進行一整夜的表演，節目名稱就叫做「性」，以此進行品牌的推廣行銷。和凱倫·沃克（Karen Walker）、伊莉莎白·芬德雷（Elizabeth Findlay）這些前衛設計師一樣，雷斯川也以自己的能力在1980年代紐西蘭這相對荒瘠的時尚界佔據一席之地。[63]

外套的印花圖案名為「玫瑰與牡丹」，是1980年代的設計，重新點燃大眾對19世紀擦光印花布的想像。[64] 同時，這圖樣也讓人想起17世紀到18世紀早期歐洲貴族喜愛的「奇形絲綢」（bizarre silk）上面印的重複的大花樣。印花顏色包含粉紅、藍色、灰褐與芥末色，背景顏色則是奶油色。

西服使用奶油色的樸素塑膠扣子，每顆上面都刻著World字樣；用這種扣子的部分原因或許是為了與喧鬧的印花相搭配。

外套上面總共有5個口袋，髖部左右和左胸前各有一個看得見的，還有2個口袋藏在兩側。

直筒褲兩條褲管前方都有褶襉，如圖所示，這是整個1990年代典型的西服造型。

# 名詞解釋

美感服飾（Aesthetic dress，19到20世紀）：男裝的「美感服飾運動」是在推廣中古時期風格的「藝術美感」服裝，而大力提倡及膝馬褲和天鵝絨外套的奧斯卡‧王爾德則是其中的急先鋒。

英國熱（Anglomania，18世紀）：指當時法國人對英國文化與審美觀的喜愛，特別是指時尚方面的現象。

盔甲（Armor，約第8到18世紀）：打鬥時用來保護身體的金屬覆蓋物。

布袋褲（Baggies）：高腰的寬大長褲，流行於1970年代中期。

絲袋假髮（Bag wig，18世紀）：附有一個小型黑絲袋的假髮，可裝入假髮馬尾，再用黑色蝴蝶結遮住袋子和固定用的束帶。

肩帶（Baldric，16到17世紀）：斜掛胸前的帶子，用以支撐劍。

班揚袍（Banyan，18世紀）：寬鬆或合身的T字形長袍，是受到印度與波斯風格影響的產物。可當作休閒外套，或做為居家睡衣。

柏林繡（Berlin work，19世紀）：一種類似網繡的刺繡方式，將羊毛線以十字繡針法繡在底布上，用來裝飾家具、包包和鞋子。

雙角帽（Bicorne hat，18到19世紀）：一種有兩個角、帽簷上翻的帽子，最初是軍服的一種。帽上有時會飾以玫瑰花結或帽徽。

輕便西裝外套（Blazer，20世紀到現在）：源自海軍軍服的一種量身訂製的運動／休閒外套，通常可作為正裝搭配。

船夫帽（Boater，19到20世紀）：硬質的平頂夏季帽，帽簷硬挺，通常是草編材質，上面一般都會繞一圈緞帶來裝飾。

靴筒式袖口（Boot cuffs，18世紀）：極為寬大而長及手肘處的一種袖口設計。

布蘭登堡大衣（Brandenburg，17世紀）：長而寬大的大衣，上面用繩帶與盤扣裝飾。

馬褲（Breeches，16到19世紀）：長度到膝蓋或剛好過膝的褲子，到19世紀初之前，所有男性會穿的晚宴標準單品或很正式的穿著。

褲腳飾圈（Canions，17世紀）：寬鬆短罩褲褲腳延伸出來的部分，包裹住膝蓋，一方面是要遮蓋腿部，另一方面是要把注意力引到腿部露出來的部分。

卡曼紐外套（Carmagnole，18世紀）：一種羊毛布短外套，源自義大利農民服飾，「卡曼紐」就是義大利杜林（Turin）附近的小鎮。這種外套是法國大革命期間「無套褲漢」的標準穿著，因而舉世知名。

繫錶腰鍊（Chatelaine，18到19世紀）：一種配戴在腰部的夾子，上面垂著裝飾性的鍊條，男女通用；每條鍊條上面分別掛著懷錶、鑰匙、封蠟章（wax seal）和其他有用的小東西。

柴斯特菲爾大衣（Chesterfield）：一種合身長大衣，得名自第六任柴斯特菲爾伯爵喬治·史坦侯（George Stanhope）。

帽徽（Cockade）：一種裝飾用的玫瑰花結，通常配戴在雙角帽的一側或外套下領片上。

領片（Collar，16到21世紀）：一片繞在頸部周圍的布料，通常是連接在襯衫或外套上面。較晚時期有將領片上漿硬化的做法。

哥薩克式長褲（Cossack）：從俄國騎兵軍服演變而來的一種打褶長褲，腰部布料抓出褶襇，造成褲子在髖部膨大的效果，但褲管往腳踝的地方則是一路大幅收窄。

領飾巾（Cravat，17世紀到現在）：以長條寬布料作為頸飾，繞在脖子上，末端可以打出各種風格的結飾。字源是法文的cravate。

腹帶（Cummerbund，19到20世紀）：纏在腹部的寬帶子，用來代替馬甲背心搭配晚禮服，在20世紀多用顏色鮮豔的布料製作。

丹迪男（Dandy，18到19世紀）：指極其注重自己外觀（特別是服裝）的男性，一般認為英國的「美男子」布魯梅爾是帶起這股風潮的主要人物，但法國大革命政治環境下的某些法國貴族男士也扮演了示範性的角色。

小晚禮服（Dinner jacket，19到20世紀）：無後襬的非正式晚宴穿著，1888年首次出現，是無尾禮服（tuxedo，美式用語）的搭配之一。進入20世紀後，它除了黑色外也有白色，到了1960年代更是出現各種顏色。

同料西服（Ditto，19世紀）：一整套以相同花色的布料製作而成的西服。

男用緊身上衣（Doublet，16到17世紀）：長度及腰或及髖的合身外套，內有襯墊，穿在襯衫外面。

禮服外套（Dress coat，19到20世紀）：後襬長於前襬的正式外套，從19世紀中期起會在晚宴穿的隆重服飾。

英式垂墜西服（English drape，20世紀）：這種外套的剪裁會讓衣服「垂墜」於胸前，造成肩膀變寬的視覺效果。據說發明這種外套的人是倫敦裁縫師弗雷德里克·修爾特。

垂班德領（Falling band，17世紀）：配戴在男用緊身上衣上面的白色反摺領，大領片在穿著者肩膀上披開，邊緣通常有蕾絲裝飾。

報童帽（Flat cap，19到21世紀）：源自英國的軟質圓形帽子，前方有一截窄而硬的帽簷。帽子材質通常是堅固耐用的羊毛布料，其源頭可以追溯到14世紀。

佛若克大衣／大禮服外套（Frock coat）：18世紀的frock coat指的是一種有反摺領與反摺袖口的一般外套。19世紀早期的frock coat則是男性正式禮服外套的一種，有腰部縫線、上下領片與口袋。

外衣（Gown，16到17世紀）：一種寬鬆的外衣，穿在緊身上衣與罩褲外面，長度通常到腳踝或膝蓋，是社會上的專業人士或知識分子的服裝。這種衣服通常是垂袖設計，冬季用的會以皮草做內裡。

厚大衣（Greatcoat，17到20世紀）：長度及踝的羊毛大衣，常是軍隊制服的一部分。這種大衣肩膀上通常會有很顯眼的多層披肩領。

頹廢搖滾（Grunge，20世紀）：一種介於搖滾與重金屬之間的音樂風格，源於1980年代的美國。以時尚來說，頹廢搖滾的服裝風格是包含丹寧、法蘭絨襯衫、多層次穿搭與刻意弄破的衣物等要素的休閒風。在男裝方面，「超脫樂團」主唱科特‧柯本（Kurt Cobain）的穿著打扮被視為頹廢搖滾風的代表。

便裝／英式套裝（Habit dégagé/anglaise）：一種前無下襬而露出底下馬甲背心的騎裝外套。

垂袖（Hanging sleeves，16到17世紀）：男裝中指垂掛到手腕或及地的長袍袖套，有時會用帶子把外側邊沿處固定起來。

豪豬頭（Hedgehog，18世紀）：1970年代「奇男子」之間流行的一種長而雜亂的髮型。

奇男子（Incroyable，18世紀）：法國大革命之後巴黎貴族階層男士的一種次文化，與其相對應的是「奇女子」（Merveilleuses）。他們的服裝非常誇張奇特，還留著亂七八糟的「豪豬頭」，配戴的飾品包括單片眼鏡、耳環與雙角帽。

常春藤盟校風格（Ivy League style，20世紀）：預科生風格的前驅，代表的是20世紀早期到中期美國大學生在校園裡穿的服裝風格。

日本主義（Japonisme/Japonism，19世紀）：19世紀末從英國傳到北美的一股熱愛日本紡織品、繪畫、家具與室內設計的風潮，它在歷史上反映的是1854年日本重新開啟對歐洲的貿易。

緊身短夾克衫（Jerkin，16到17世紀）：一種緊身無袖的夾克衫，穿在男用緊身上衣外面，通常以皮革製成。

禮服大衣（Justacorps，17到18世紀）：男用三件式西服，這個字在法文裡是「緊貼身體」的意思。

下領片（lapel，18到21世紀）：外套或大衣上緊連著上領片下方的反摺布料。

領針（lapel pi，20世紀）：別在下領片上的裝飾性金屬別針，通常是用來代替胸花（boutonnière）。

通心粉男（Macaroni，18世紀）：指當時追逐時髦的年輕男子，他們言行舉止和穿著都非常誇張。通心粉男受到歐洲大陸的衣著審美影響，且他們通常被視為19世紀丹迪男的先驅。

麥金托什防水雨衣外套（Mackintosh，19到21世紀）：一種防水的雨衣外套，最早於1820年代出現在市面上，名稱得自於發明它的蘇格蘭人查爾斯‧麥金托什。

摩德風（Mod，20世紀）：1960年代的用詞，意指「摩登」、「時髦」，特別是用在與衣著相關的情況下。摩德風格的西服很合身，通常會搭配窄領帶和潔白襯衫，反映穿著者對衣服一絲不苟的態度。

晨禮服外套（Morning coat）：這種外套最初是男士晨間用的騎馬外套，從大約1850年之後逐漸普及為正式禮服；其造型是前無下襬，髖部做得很貼身而在背後形成燕尾。

暖手筒（Muff，16世紀到現在）：包裹雙手的圓管狀器具，通常有皮草內裡，其目的是禦寒，但同時也是一種時髦飾品。

諾福克外套（Norfolk jacket，20世紀）：一種剪裁寬鬆、有全腰帶（或半腰帶）的外套，上面做箱型褶襇，材質通常是粗呢料，用於運動和鄉間活動場合的穿著。一般認為諾福克外套是被維多利亞女王之子、英王愛德華七世帶入時尚界。

開袖（Open sleeve，18世紀）：下方開衩的寬大袖口，襯衫袖子的皺褶花邊可以通過縫隙露出來被看見。

框條（Paned，16到17世紀）：用在袖子和寬鬆短罩褲上面的一種裁縫技術，由數條獨立的框條構成，穿著時這些框條之間的空隙會分開，讓人們看見底下的華貴（通常是對比色）布料。

老式緊身褲（Pantaloon，19世紀）：這種早期出現的長褲得名自義大利即興喜劇（Commedia dell'Arte）的一個人物「潘塔龍」（Pantalone），褲管長及腳踝，腿部剪裁相對合身，在1820年代特別流行。

金銀線鑲邊工藝（Passementerie，源自法語的 passements）：使用總帶、流蘇、緞帶與緣飾所製作的華麗裝飾性飾邊。

豌豆腹（Peascod belly，16世紀）：用襯墊或馬毛墊子塞在衣物腰部前方中央製造出一塊下垂的部分，起點高於腰線，但下垂的尖端會垂到比自然腰線稍低的地方。因為看起來很像豌豆莢，所以被命名為「豌豆腹」。

上寬下窄褲（Peg-top trousers，19到20世紀）：這種褲子髖部剪裁寬鬆，但一路往下收窄，到腳踝處變得非常貼身。它最初在1830年代流行過一時，後來在1910年代又復興。

弗里吉亞軟帽（Phrygian cap，18世紀）：法國大革命時無套褲漢所戴的帽子，又稱「自由帽」（liberty cap）或「紅軟帽」，是一種帽冠呈尖形的軟質帽子。

木髓遮陽帽（Pith helmet，19到20世紀）：用木髓這種類似軟木的材質做的遮陽帽，輕便且能提供蔭涼。

聚酯纖維（Polyester，20世紀）：一種具備熱塑性的合成紡織品，化學成分是聚對苯二甲酸乙二酯（polyethylene terephthalate）。聚酯纖維在20世紀中期成為常用的西裝布料，且常與羊毛混紡製作成耐用易保養的現代布料。

連肩袖／拉克蘭袖（Raglan sleeve，19世紀）：整條袖子為單一一片布料製作，袖山延伸到領口，與軀幹連接的縫線從腋下到頸部一直線。人們認為這種設計與克里米亞戰爭期間（1853到1856年）英國將領拉克蘭勳爵有關。

瑞福爾夾克（Reefer，18到21世紀）：源自海員服裝的雙排扣厚重夾克，材質通常是羊毛，較短的版本被稱為「水手外套」（pea coats）。

好樣褶（Reet pleats，20世紀）：指阻特裝長褲前方非常深的褶襇，reet是right的俗語。

搖滾風（Rocker）：與摩德風相對立的男裝風格，受到重型機車文化的影響，以皮革和丹寧服飾搭配後梳油頭髮型。

麻布袋西服（Sack suit，19到20世紀）：在英國被稱為「西裝便服」，包含一件寬鬆、扣子位置高、沒有腰部縫線的外套與一條直筒長褲。

泡泡紗（Seersucker）：棉質或麻質的輕薄織品，上面凹凸不平的紋理為其特徵，是非常流行的夏裝布料。

襯衫（Shirt，16世紀到現在）：最貼近肌膚的衣物，用以隔開人體與外套，通常是以輕質淺色布料製成，上面用刺繡或蕾絲裝飾，或是依不同時期流行風潮在袖口、前襟和領子做出用以外露的縐邊。19世紀後期與20世紀初期的襯衫用的是可拆卸的領片。此外，襯衫要到1871年才變成前開襟設計。

肩飾結（Shoulder knot，17世紀）：配戴在右肩上的一簇緞帶環或繩帶，這種飾品在17世紀後成為貴族男僕制服的一部分。

脅腹（Sidebody，19世紀以降）：西服外套在1830年代後期出現的新設計，在腋下到腰部縫線的中間多插進一片直幅布料。

賽勒特（Solitaire，18世紀）：頸飾的一種，用一條黑緞帶圍繞壓在寬硬領巾上方，領巾可以有各種厚度。緞帶末端可以綁起來、塞進襯衫前襟、打成花結或是用別針別起來，端看個人喜好。

斯賓賽短外套（Spencer）：無燕尾、無下襬的短外套，在19世紀初期曾於男裝界短暫流行，而帶起這陣風潮的是第二任斯賓賽伯爵喬治·約翰·斯賓賽，這種外套的名稱正是從他而來。

斯滕凱爾克（Steinkirk）：領飾巾的一種風格，據說是誕生於1692年比利時的斯滕凱爾克戰役戰場上。打法是將領飾巾末端塞進外套扣眼裡，造成一種優雅又隨意的效果。

寬硬領巾（Stock，18到19世紀）：一種圍繞脖子在頸後固定起來的硬挺領巾，通常是麻質。

長襪（Stockings，16到19世紀）：用來搭配罩褲與馬褲的貼身長襪子，當馬褲在19世紀逐漸消失（只有最正式的場合與宮廷內還保留著），長襪也隨之淡出時尚歷史。

煙囪禮帽（Stovepipe hat，19世紀）：大禮帽的一種，帽冠很高，形狀呈圓筒狀，頂上平坦。

劍柄帶結（Sword knot，17到18世紀）：用緞帶與流蘇結成一簇做成的裝飾物，有時上面會鑲寶石，用途是掛在劍柄上。

格子呢（Tartan）：一種羊毛布料（也有少數例外），上面花樣是縱橫交錯重疊的彩色粗線條，底色為單一顏色。人們一般認為這種呢料源於蘇格蘭，但在英國以外的地方也曾發現早期格子呢樣本。

票袋（Ticket pocket，19世紀到現在）：男用外套右手側的一個小型有蓋口袋，位於一般口袋上方。在1830年代鐵路快速發展之後，為了便於取放與貯存車票，男裝裁縫通常都會在外套上多做一個票袋。

燕尾服（Tail coat，19世紀到現在）：長度及膝的正式外套，下襬布料只留下後方，稱為「燕尾」，其餘都裁掉。

大衣（Topcoat）：質料比厚大衣輕薄，但剪裁與厚大衣相同。

大禮帽（Top hat，19到20世紀）：帽冠高、頂上平坦的帽子，帽簷很寬，邊緣稍往上翹。19世紀大部分時間裡，這種帽子都是用來搭配日常服飾。其源頭可能是17世紀的圓錐帽。

三角帽（Tricorne hat，17到18世紀）：這種帽子帽簷很寬，於三處反摺翹起，留下三個尖角，因此名為「三角帽」。這種設計是為了讓華麗的假髮能從帽

子兩側以及後方露出來被看到。

**特里比帽（Trilby，19到20世紀）**：帽簷很窄、帽冠中央凹陷的毛氈帽。

**寬鬆短罩褲（Trunk hose，16世紀）**：極其寬膨且內藏襯墊的短罩褲，蓋住男士腿部上半截，連接著下半截的長襪。

**阿爾斯特大衣（Ulster，19到20世紀）**：這種大衣上面有可拆卸的披肩，單排扣或雙排扣設計都有。

**花式天鵝絨（Voided velvet）**：一種簇絨織物（tufted fabric），以高密度但不連續的毛絨織成，讓織物中空缺的區域形成圖案。

**馬甲背心（Waistcoat，18世紀到現在）**：最早是出現於17世紀的一種「短外套」，後來逐漸演變發展。最早的馬甲背心是穿在緊身上衣底下，後來變成穿在外套裡面，可以保暖，也能在襯衫與外套中間多加一層保護層。單排扣馬甲背心在美國通常被稱為vest。

**燕子領（Wing tip collar，19到20世紀）**：漿挺的正式領子，尖端朝外摺下，樣子像是鳥的翅膀。

**阻特裝（Zoot suit，20世紀）**：這種西服是高腰寬管褲搭配寬肩、長及大腿的外套，將1940年代流行的男裝輪廓加以誇張化，而它出現的背景是美國洛杉磯警察與當地年輕墨西哥裔美國人的衝突。另一方面，阻特裝也有源自爵士樂的部分，帶起阻特裝流行風潮的是歌手兼舞者凱伯・凱洛威。

# 注釋

## 序

1　Antony, Michael, *The Masculine Century: A Heretical History of Our Time*, IN: iUniverse, 2008, p.45.

2　Kuchta, David, *The Three-Piece Suit and Modern Masculinity: England, 1550–1850*, Berkeley: University of California Press, 2002, p.2.

3　Gowing, Laura, *Gender Relations in Early Modern England*, London: Routledge, 2014, p.13.

4　Veblen, Thorstein, *The Theory of the Leisure Class*, London: Penguin, (1899) 2005.

5　Mikhaila, Ninya and Malcolm-Davies, Jane, *The Tudor Tailor: Reconstructing Sixteenth-Century Dress*, London: Batsford, 2006, p.18.

6　Hollander, Anne, *Sex and Suits: The Evolution of Modern Dress*, London: Bloomsbury, (1994) 2016, p.45.

7　Fisher, Will, *Materializing Gender in Early Modern English Literature and Culture*, Cambridge: Cambridge University Press, 2006, p.72.

8　Vicary, Grace Q., "Visual Art as Social Data: The Renaissance Codpiece." *Cultural Anthropology*, 4, no.1 (1989): 3–25.

9　ed. by Fletcher, Christopher, Brady, Sean, Moss, Rachel E., & Riall, Lucy, *The Palgrave Handbook of Masculinity and Political Culture in Europe*, London: Palgrave MacMillan, 2018, p.203.

10　ed. by Jesson-Dibley, David, Herrick, Robert, *Selected Poems*, New York: Routledge, (1980) 2003, p.54.

11　Stedman, Gesa, *Cultural Exchange in Seventeenth-Century France and England*, Oxon: Ashgate, 2013, np.

12　*The Art of Prudent Behaviour in a Father's Advice to his Son, Arriv'd to the Years of Manhood. By way of Dialogue.* Mr Le Noble/Mr Boyer, London: Tim Childe, 1701, p.64.

13　Frieda, Leonie, *Francis I: The Maker of Modern France*, London: Hachette, 2018, np.

14　Yarwood, Doreen, *European Costume: 400 Years of Fashion*, Paris: Larousse, 1975, p.113.

15　Hayward, Maria, *Rich Apparel: Clothing and the Law in Henry VIII's England*, Surrey: Ashgate, 2009, p.124.

16　Amphlett, Hilda, *Hats: A History of Fashion in Headwear*, NY: Dover, (1974) 2003, p.1985.

17　Sichel, Marion, *Costume Reference: Tudors and Elizabethans*, Plays, Inc., 1977, p.17.

18　Mikhaila and Malcolm-Davies, 2006, p.19.

19　Ashelford, Jane, *A Visual History of Costume*, London: Batsford, 1983, p.15.

20　Hayward, 2009, p.124.

21　Forgeng, Jeffrey L., *Daily Life in Elizabethan England*, CA: ABC-CLIO, 2010, p.129.

22　Downing, Sarah Jane, *Fashion in the Time of William Shakespeare: 1564–1616*, London: Bloomsbury, 2014, p.39.

23　ed. by Furnivall, Frederick J., Stubbs, Philip, *Anatomy of the Abuses in Shakespeare's Youth AD.1573*, 1877, London: The New Shakespeare Society, p.55.

24　Olsen, Kristen, *All Things Shakespeare: A Concise Encyclopedia of Shakespeare's World*, CA: Greenwood, 2002, p.137.

25　*The London Shakespeare: The Tragedies*, London: Simon and Schuster, 1957, p.293.

26　Forgeng, Jeffrey L., 2010, p.136.

27　Lockhart, Paul Douglas, *Sweden in the Seventeenth Century*, Hampshire: Palgrave Macmillan, 2004, p.26.

28　Cunnington, C. Willett & Phyllis, *Handbook of English Costume in the Seventeenth Century*, London: Faber & Faber, (proof copy) p.145.

29　Museum object data, Livrustkammaren. T4386.

30　Steele, Valerie, *Encyclopedia of Clothing and Fashion*, NY: Charles Scribner's Sons, 2005, p.194.

31　Vincent, Susan, *Dressing the Elite: Clothes in Early Modern England*, London: Berg, 2003, p.84.

32 Rothstein, Natalie, Ginsburg, Madeleine & Hart, Avril, *Four Hundred Years of Fashion*, London: V&A Publications, 1984, p.145.

## 導言

1 Hollander, Anne, *Sex and Suits: The Evolution of Modern Dress*, London: Bloomsbury, (1994) 2006, p.26.

2 *You and Yours*, (2016). [Radio programme]. Radio 4: BBC.

3 Jenss, Heike, *Fashioning Memory: Vintage Style and Youth Culture*, London: Bloomsbury, 2015, np.

4 Hatherley, Owen, *The Ministry of Nostalgia*, London: Verso Books, 2017.

5 *You and Yours*, (2016).

6 Perry, Grayson, *The Descent of Man*, London: Allen Lane, 2016, np.

7 Ibid.

## 第一章

1 ed. by Le Gallienne, Richard, Pepys, Samuel, *Diary of Samuel Pepys: Selected Passages*, NY: Dover, 2012, p.164.

2 Kuchta, David, *The Three-Piece Suit and Modern Masculinity: England, 1550–1850,* Berkeley: University of California Press, 2002, p.79.

3 Field, Jacob F., *London, Londoners and the Great Fire of 1666: Disaster and Recovery,* NY: Routledge, 2017, np.

4 Kuchta, 2002.

5 Breward, Christopher, *The Suit: Form, Function and Style*, London: Reaktion, 2016, p.40.

6 Claydon, Tony, and Levillain, Charles-Édouard, *Louis XIV Outside In: Images of the Sun King Beyond France, 1661–1715,* Oxford: Routledge, 2016, p.65.

7 Pepys, Le Gallienne, 2012, p.166.

8 Breward, 2016, p.40.

9 Cole, Shaun, *The Story of Men's Underwear*, NY: Parkstone Press International, 2012, p.21.

10 Uglow, Jenny, *A Gambling Man: Charles II and the Restoration, 1660–1670*, London: Faber & Faber, 2009, p.521.

11 Breward, 2016, p.41.

12 *The Art of Prudent Behaviour in a Father's Advice to his Son, Arriv'd to the Years of Manhood. By way of Dialogue.* Mr Le Noble/Mr Boyer, London: Tim Childe, 1701, p.63.

13 de Winkel, Marieke, *Fashion and Fancy: Dress and Meaning in Rembrandt's Paintings*, Amsterdam: Amsterdam University Press, 2006, p.17.

14 Ribeiro, Aileen, *Fashion and Fiction: Dress in Art and Literature in Stuart England*, New Haven: Yale University Press, 2005, p.1.

15 Fuhring, Peter, Marchesano, Louis, Mathis, Remi and Selbach,Vanessa, *A Kingdom of Images: French Prints in the Age of Louis XIV, 1660–1715*, LA: Getty Research Institute, 2015, p.260.

16 DeJean, Joan, *The Essence of Style: How the French Invented High Fashion, Fine Food, Chic Cafés, Style, Sophistication and Glamour*, NY: Free Press, 2005, pp.70–71.

17 ed. by Bray, William, *Memoirs Illustrative of the Life and Writings of John Evelyn*, NY: G.P Putnam & Sons, 1870, p.751.

18 Cunnington, Phillis Emily, *Costumes of the Seventeenth and Eighteenth Century*, Plays, Inc., 1970, p.20.

19 Nunn, Joan, *Fashion in Costume, 1200–2000*, Chicago: New Amsterdam Books, 1984, 2000, p.61.

20 Mansel, Philip, *Dressed to Rule: Royal and Court Costume from Louis XIV to Elizabeth II*, New Haven: Yale University Press, 2005, p.15.

21 Cunnington, C. Willett & Phyllis, *Handbook of English Costume in the Seventeenth Century*, London: Faber & Faber, (proof copy) p.147.

22 *Delphi Complete Works of Samuel Pepys (Illustrated)*, East Sussex: 2015, np.

23 Mansel, 2005, p.11.

24 McKay, Elaine in *Cutter's Research Journal, Volume 11*, United States Institute for Theatre Technology, 1999.

25 http://collections.vam.ac.uk/item/ O78912/wedding-suit-unknown/.

26 Textile Research Centre, "Wedding Suit of King James II of Britain" in Secular Ceremonies and Rituals, trc-leiden.nl.

27 Waugh, Norah, *The Cut of Men's Clothes: 1600–1900*, London: Faber & Faber, 1964, p.48.

28 Earnshaw, Pat, *A Dictionary of Lace*, NY: Dover, 1984, p.180.

29 Hart, Avril and North, Susan, *Historical Fashion in Detail*, London: Victoria & Albert Museum, 1998, p.80.

30 Ibid, p.96.

31 Epstein, Diana, *Buttons*, London: Studio Vista, 1968, p.15.

32 Ewing, Elizabeth, *Everyday Dress: 1650–1900*, Tiptree: Batsford, 1984, p.24.

33 McCallum, Paul in Ennis, Daniel James and Slagle, Judith Bailey, *Prologues, Epilogues, Curtain-Raisers, and Afterpieces: The Rest of the Eighteenth-Century London Stage*, Newark: University of Delaware Press, 2007, p.42.

34 Spufford, Margaret, *The Great Reclothing of Rural England: Petty Chapman and Their Wares in the Seventeenth Century*, London: Bloomsbury, 1984, p.62.

35 DeJean, Joan, *How Paris Became Paris: The Invention of the Modern City*, London: Bloomsbury, 2004, p.195.

36 Turner Wilcox, Ruth, *Five Centuries of American Costume*, NY: Dover, (1963) 2004, p.111.

37 Waugh, 1964, p.52.

38 Staples, Kathleen A. and Shaw, Madelyn C., *Clothing Through American History: The British Colonial Era*, CA: Greenwood, 2013, p.313.

39 Kelly, Francis M. and Schwabe, Randolph, *European Costume and Fashion, 1490–1790*, New York: Dover, 1929, p.169.

40 Cunnington, C. Willett & Phyllis, (proof copy), p.158.

41 Ibid, pp.154–5.

42 Norberg, Kathryn, and ? Rosenbaum, Sandra, *Fashion Prints in the Age of Louis XIV: Interpreting the Art of Elegance*, Lubbock: Texas Tech University Press, 2014, p.154.

43 Hughes, Clair, *Hats*, London: Bloomsbury, 2016, p.39.

44 Russell, Douglas, *Costume History and Style*, NJ: Prentice Hall, 1983, p.265.

45 Payne, Blanche, Winakor, Geitel, and Farrell-Beck, Jane, *The History of Costume: From Ancient Mesopotamia Through the Twentieth Century*, Harper Collins, 1992, p.376.

第二章

1 *The Whole Duty of Man*, 1770, London: John Beercroft, p.126.

2 Hollander, Anne, *Sex and Suits: The Evolution of Modern Dress*, London: Bloomsbury, 1994, 2016, p.62.

3 Perry, Gillian and Rossington, Michael, *Femininity and Masculinity in Eighteenth-Century Art and Culture,* Manchester: Manchester University Press, 1994, p.14.

4 Yarwood, Doreen, *Illustrated Encyclopedia of World Costume*, NY: Dover, 1978, p.300.

5 *The Miscellaneous Works of Oliver Goldsmith, M.B.*, London: Allan Bell & Co., 1834, p.225.

6 Chazin-Bennahum, Judith, *The Lure of Perfection: Fashion and Ballet, 1780–1830*, NY: Routledge, 2005, p.31.

7 Voltaire, *Letters Concerning the English Nation*, London: Tonson, Midwinter, Cooper & Hodges, 1778, p.2.

8 Richardson, Samuel, *Clarissa*, 1748, ebook 2013.

9 Yarwood, 1978, p.92.

10 Doering, Mary D. in Blanco F., Hunt-Hurst & Vaughan Lee, *American Fashion Head to Toe: Volume One*, CO: ABC-CLIO, 2016, p.255.

11 Flugel, J. C., *The Psychology of Clothes*, London: Hogarth Press, 1966, pp.110–11.

12 Bolton, Andrew, *Anglomania: Tradition and Transgression in British Fashion*, NY: The Metropolitan Museum of Art, 2006, p.4.

13 Cumming, Valerie, Cunnington, C. W., and Cunnington, P. E., *The Dictionary of Fashion History*, London: Bloomsbury, (1960) 2010, p.186.

14 Bailey, Adrian, *The Passion for Fashion*, Dragon's World, 1988, p.28.

15 Rudolf, R. de M., *Short Histories of the Territorial Regiments of the British Army*, London: H. M. Stationery Office, 1902, p.97.

16 Chambers, William, *Chambers's Edinburgh Journal, Volume 1*, "Constantinople in 1831, from the journal of an officer," 1833, p.157.

17 http://collections.vam.ac.uk/item/O13923/coat-and-breeches-unknown/

18 *The Spectator: With Notes, and a General Index*, Vol.I, 1711, New York: Samuel Marks, 1826, p.189.

19 Cunnington, C. Willett & Phyllis, *Handbook of English Costume in the Eighteenth Century*, London: Faber & Faber, 1964, p.52.

20 http://collections.vam.ac.uk/item/O13923/coat-and-breeches-unknown/.

21 Willett & Cunnington, 1964, p.52.

22 Ibid, p.45.

23 Waugh, Norah, *The Cut of Men's Clothes: 1600–1900*, p.55, p.52.

24 Willett & Cunnington, 1964, p.56.

25 Doran, John, *Habits and Men, with remnants of record touching the Makers of both*, London: Richard Bentley, 1855, p.198.

26 Palairet, Jean, *A new Royal French Grammar*, Dialogue 16, 1738, p.249–50.

27 "An Essay on Fashions, extracted from the Holland Spectator," *The Gentleman's Magazine*, July 1736, p.378.

28 Willett & Cunnington, 1964, p.61.

29 Ashelford, Jane, *The Art of Dress: Clothes and Society 1500 – 1914*, London: The National Trust, 1996, p.139.

30 Cole, Shaun, *The Story of Men's Underwear: Volume 1*, NY: Parkstone International, 2012, np.

31 Loudon, J.C., *The Magazine of Natural History and Journal of Zoology, Botany, Mineralogy, Geology, and Meteorology*, Volume I, London: Longman, Rees, Orme, Brown and Green, 1829, p.373.

32 https://www.metmuseum.org/art/collection/search/79048.

33 Harrison Martin, Richard, and Koda, Harold, *Two by Two*, New York: The Metropolitan Museum of Art, 1996, p.12.

34 Yarwood, Doreen, *English Costume from the Second Century BC to 1967*, London: Batsford, 1969, p.189.

35 Harrison Martin, Richard, *Our New Clothes: Acquisitions of the 1990s*, NY: Metropolitan Museum of Art, 1999, p.43.

36 Kisluk-Grosheide, Daniëlle, *Bertrand Rondot, Visitors to Versailles: From Louis XIV to the French Revolution*, NY: The Metropolitan Museum of Art/New Haven: Yale University Press, 2018, p.68.

37 Heck, J. G., *Iconographic Encyclopaedia Of Science, Literature, And Art: Volume III*, New York: D. Appleton and Co., 1860, p.106.

38 Ilmakunnas, Johanna in ed. Simonton, Deborah, Kaartinen, Marjo, Montenach, Anne, *Luxury and Gender in European Towns, 1700–1914*, NY: Routledge, 2014, np.

39 *The London Saturday Journal*, March 12, 1842, p.125.

40 Ilmakunnas, 2014, np.

41 Pastoureau, Michel, *Red: The History of a Color*, NJ: Princeton University Press, 2017, p.148.

42 Sichel, Marion, *History of Men's Costume*, London: Batsford, 1984, p.39.

43 *Walker's Hibernian Magazine, Or, Compendium of Entertaining Knowledge, Part 2*, Dublin: Thomas Walker, July 1790, p.490.

44 "Styling the Macaroni Male," June 8, 2016, Clarissa M. Esguerra, Assistant Curator, Costume and Textiles. https://unframed.lacma.org/2016/06/08/styling-macaroni-male.

45 McGirr, Elaine M., *Eighteenth-Century Characters: A Guide to the Literature of the Age*, Hampshire: Palgrave Macmillan, 2007, p.141.

46 McNeil, Peter, "Macaroni Men and Eighteenth-Century Fashion Culture: 'The Vulgar Tongue,'" *The Journal of the Australian Academy of the Humanities*, 8 (2017), pp.67–68.

47 Philadelphia Museum of Art data: http://www.philamuseum.org/collections/permanent/45317.html?mulR=786324968|11.

48 Leslie, Catherine Amoroso, *Needlework Through History: An Encyclopedia*, CT: Greenwood Press, 2007, p.40–41.

49 Rijksmuseum data: http://hdl.handle.net/10934/RM0001.COLLECT.2317

50 Hollander, Anne, *Sex and Suits: The Evolution of Modern Dress*, London: Bloomsbury, (1994) 2016, p.61.

51 *The Analytical Review*, No.3, Vol.19, June 1794, p.309.

52 Ed. by Sparks, Jared, *The Writings of George Washington, Volume II*, Boston: Ferdinand Andrews, 1840, p.337.

53 Styles, John, and Vickery, Amanda, *Gender, Taste, and Material Culture in Britain and North America, 1700–1830*, Yale Center for British Art, 2006, p.226–8.

54 Epstein, 1968, p.36–7.

55 McClafferty, Carla Killough, *The Many Faces of George Washington: Remaking a Presidential Icon*, MN: Carolrhoda Books, 2011, p.77–78.

56 Dickens, Charles, *All the Year Round: A Weekly Journal*, London: No.26, Wellington St, 1860, p.369.

57 *Fashioning Fashion*, p.130.

58 Alderson, Jr., Robert J, *This Bright Era of Happy Revolutions*, SC: University of South Carolina Press, 2008, p.213.

59 Tortora, Phyllis G. and Eubank, Keith, *Survey of Historic Costume*, London: Fairchild Books, 2010, p.309.

60 Roche, Daniel in Steele, Valerie, *Paris Fashion: A Cultural History*, London: Bloomsbury, (1998) 2001, p.46.

61 Pastoureau, Michel, *The Devil's Cloth: A History of Stripes*, NY: Washington Square Press, 2001, p.49 & 52.

62 Byrd, Penelope, *The Male Image: Men's Fashion in Britain, 1300–1970*, London: Batsford, 1979, p.82.

63 Gibbings, Sarah, *The Tie: Trends and Traditions*, Studio Editions, 1990, p.35.

64 Amann, Elizabeth, *Dandyism in the Age of Revolution: The Art of the Cut*, Chicago: University of Chicago Press, 2015, p.95.

65 Dwyer, Philip, *Napoleon: The Path to Power 1769–1799*, London: Bloomsbury, 2008, np.

66 Richmond, Vivienne, *Clothing the Poor in Nineteenth-Century England*, Cambridge: Cambridge University Press, 2013, p.34.

第三章

1 d'Aurevilly, Barbey, in Sadleir, Michael, *The Strange Life of Lady Blessington*, NY: Little, Brown and Company, 1947, p.46.

2 Tortora, Phyllis G. and Eubank, Keith, *Survey of Historic Costume*, NY: Fairchild, 2009, p.245.

3 Kelly, Ian, *Beau Brummell: The Ultimate Man of Style*, NY: Free Press, 2013, np.

4 *Neckclothitania; or, Tietania: Being an Essay on Starchers, by one of the cloth*, London: J.J. Stockdale, 1818.

5 Baudelaire, Charles, "The Dandy" from *The Painter of Modern Life*, 1863, in ed.by Tanke, Joseph J. and McQuillan, Colin, *The Bloomsbury Anthology of Aesthetics*, London: Bloomsbury, 2012, p.373.

6 Barthes, Roland, *The Language of Fashion*, London: Bloomsbury, 2013, p.63.

7 Harvey, John, *Clothes*, Oxon: Routledge, 2014, np.

8 Sydney, William Connor, *The Early Days of the Nineteenth Century in England, 1800–1820*, Volume 1, London: G. Redway, 1898, p.93.

9 Hollander, Anne. "FASHION IN NUDITY." *The Georgia Review*, Vol.30, No.3, 1976, pp. 642–702. *JSTOR*, www.jstor.org/stable/41397286.

10 Jones, Vivien, Austen, Jane, *Selected Letters*, Oxford: Oxford University Press, 2004, p.4.

11 "GENTLEMEN'S FASHIONS FOR MAY." (1831, September 24). *The Sydney Gazette and New South Wales Advertiser (NSW : 1803–1842)*, p.4. Retrieved July 17, 2018, from http://nla.gov.au/nla.news-article220272.

12 ed.by Blanco F., José, Hunt-Hurst, Patricia Kay, Vaughan Lee, Heather, and Doering, Mary, *Clothing and Fashion: American Fashion from Head to Toe, Volume 1*, CA: ABC-CLIO, 2016, p.206.

13 *The West-End Gazette of Gentlemen's Fashion*, Vol.6, No.65, November 1867, p.20.

14 Greig, Hannah, *The Beau Monde: Fashionable Society in Georgian London*, Oxford: Oxford University Press, p.115–16.

15 Schaeffer, Claire, *Claire Schaeffer's Fabric Sewing Guide*, Krause, 2008, p.277.

16 Takeda, Sharon Sadako and Spilker, Kaye Durland, *Fashioning Fashion: European Dress in Detail 1700–1915*, NY: Delmonico, Los Angeles County Museum of Art, 2011, p.128.

17 Hunt, Margaret R., *Women in Eighteenth Century Europe*, Oxford: Routledge, 2014, p.164.

18 Calahan, April, *Fashion Plates: 150 Years of Style*, NH and London: Yale University Press, 2015, p.92.

19 Sichel, Marion, *Costume Reference 5: The Regency*, London: Batsford, 1978, p.14.

20 Fitzmaurice, Edmond, *The Life of Granville George Leveson Gower, Second Earl Granville, K.G., 1815–1891*, Volume 1, Chizine, (1915) 2018, np.

21 Hollander, Anne, *Fabric of Vision: Dress and Drapery in Painting*, London: Bloomsbury, 2002, p.126.

22 Backhouse, Frances, *Once They Were Hats: In Search of the Mighty Beaver*, Toronto: ECW Press, 2015, np.

23 Ouellette, Susan, *US Textile Production in Historical Perspective: A Case Study from Massachusetts*, London: Routledge, 2007, np.

24 Sichel, Marion, *Costume Reference 5: The Regency*, London: Batsford, 1978, p.8, p.16.

25 Metropolitan Museum item information, Accession Number: 2009.300.2932 https://metmuseum.org/art/collection/search/157813.

26 Waugh, Norah, *The Cut of Men's Clothes: 1600 – 1900*, London: Faber & Faber, 1964, p.116.

27 Byrd, Penelope, *Nineteenth Century Fashion*, London: Batsford, 1992, p.95.

28 Mortimer, Thomas, *A General Dictionary of Commerce, Trade, and Manufactures: Exhibiting their present state in every part of the world*, London: Richard Phillips, 1810.

29 Simons, William, quoted in Makepeace, Margaret, *The East India Company's London Workers: Management of the Warehouse Labourers, 1800–1858*, Suffolk: The Boydell Press, 2010, p.24–25.

30 Richmond, Vivienne, *Clothing the Poor in Nineteenth-Century England*, Cambridge: Cambridge University Press, 2013, pp.21–22.

31 ed.by Hoffmeister, Gerhart, *European Romanticism: Literary Cross-çurrents, Modes, and Models*, MI: Wayne State University Press, 1990, p.231.

32 Waugh, Norah, *The Cut of Men's Clothes: 1600 – 1900*, London: Faber & Faber, 1964, p.118.

33 Johnston, Lucy, *Nineteenth century Fashion in Detail*, London: Victoria & Albert Museum, 2005, p.156.

34 Waugh, 1964, p.82.

35 ed.by Brown, Ian, *From Tartan to Tartanry: Scottish Culture, History and Myth*, Edinburgh: Edinburgh University Press, 2010, np.

36 Epstein, 1968, p.40.

37 https://hammond-turner.com/index.php/history

38 *Highland Light Infantry Chronicle*, Vol. VII, No.1, January 1907, p.3.

39 Rev Sinclair, John, *Memoirs of the Life and Works of John Sinclair, Bart*, London: William Blackwood & Sons, 1837 p.257.

40 Frank, Adam, *The Clans, Septs & Regiments of the Scottish Highlands*, VA: Clearfield, 1970, p.535.

41 "GENTLEMEN'S FASHIONS FOR MAY." (1831, September 24). *The Sydney Gazette and New South Wales Advertiser (NSW : 1803–1842)*, p.4. Retrieved August 29, 2018, from http://nla.gov.au/nla.news-article2202721.

42 Walker, G., *The Art of Cutting Breeches*, Fourth Edition, London: G. Walker, 1833, p.25.

43 Hart, Avril, *Ties*, London: Victoria & Albert Museum, 1998, p.46.

44 Johnston, Lucy, *Nineteenth Century Fashion in Detail*, London: Victoria & Albert Museum, 2005, p.140.

45 Davis, R. I., *Men's Garments 1830–1900: A guide to pattern cutting and tailoring*, CA: Players Press, 1994, p.90.

46 "OBSERVATIONS ON FASHIONS AND DRESS." (1830, June 24). *The Sydney Gazette and New South Wales Advertiser (NSW : 1803–1842)*, p.4. Retrieved July 17, 2018, from http://nla.gov.au/nla.news-article2195384.

47 Sichel, 1978, p.13.

48 *Workwoman's Guide* By a Lady, London: Simpkin, Marshall & Co., 1840, p.55.

49 "A YOUNG LOGICIAN." (1845, October 8). *South Australian Register (Adelaide, SA : 1839–1900)*, p.4. Retrieved December 7, 2017, from http://nla.gov.au/nla.news-article27451067.

50 Davis, R. I., 1994, p.14.

51 Couts, Joseph, *A Practical Guide for the Tailor's Cutting-Room; being a treatise on measuring and cutting clothing*, London: Blackie & Son, 1848, p.58.

52 *The West End Gazette of Gentlemen's Fashions*, edited by a committee of the above society, Vol.III, London: Kent & Co., 1870, p.5.

53 Davis, R. I., 1994, p.22.

54 Epstein, 1968, p.44.

55 Foster, Vanda, *A Visual History of Costume: The Nineteenth Century*, Volume 5, London: Batsford, 1984, p.23.

56 "GENTLEMEN'S FASHIONS." (1840, November 12). *Launceston Advertiser (Tas. : 1829–1846)*, p.4. Retrieved August 6, 2018, from http://nla.gov.au/nla.news-article84750812

57 Yarwood, Doreen, *Costume of the Western World*, Cambridge: Lutterworth, 1980, p.111.

58 Hart, 1998, pp.53–54.

59 Kelly, Stuart, *Scott-Land: The Man Who Invented a Nation*, Edinburgh: Polygon, 2010, np.

60 "FASHIONS FOR APRIL." (1851, August 12). *The Sydney Morning Herald (NSW : 1842–1954)*, p.4 (Supplement to the Sydney Morning Herald). Retrieved January 17, 2018, from http://nla.gov.au/nla.news-article12929374.

61 *The Habits of Good Society: A Handbook of Etiquette for Ladies and Gentlemen*, London: James Hogg & Sons, 1859, p.148.

62 Tortora & Eubank, 2009, p.370.

63 Hartley, Cecil B., *The Gentleman's Book of Etiquette and Manual of Politeness*, Boston: G.W. Cottrell, 1860, p.146.

64 Johnston, Lucy, 2005, p.216.

65 Mayhew, Henry et.al, *Punch, or the London Charivari*, Vol.XXVII, 1854, p.123.

66 Houfe, Simon, *John Leech and the Victorian Scene*, Suffolk: ACC Art Books, 1984, p.142.

第四章

1  Harvey, John, *Men in Black*, London: Reaktion, 1995, p.23.

2  "MEN'S FASHIONS." *The Goulburn Herald and Chronicle (NSW : 1864–1881)* 10 July 1867: 4. Web. 19 Aug 2018 http://nla.gov.au/nla.news-article100873801

3  Perrot, Philippe, *Fashioning the Bourgeoisie: A History of Clothing in the Nineteenth Century*, NJ: Princeton University Press, (1981) 1994, p.70.

4  Mayhew, Henry, *The Morning Chronicle Survey of Labour and the Poor: The Metropolitan Districts*, Volume 1, London: Routledge, np.

5  "OLD CLOTHES, AND WHAT BECOMES OF THEM." (1865, February 4). *Sydney Mail (NSW : 1860–1871)*, p.8. Retrieved July 11, 2018, from http://nla.gov.au/nla.news-article166660809.

6  *Generations of Style: Brooks Brothers, The First 100 Years*, p.21.

7  Cockburn Conkling, Margaret, Lunettes, Henry, *The American Gentleman's Guide to Politeness and Fashion*, NY: Derby & Jackson, 1860, p.29.

8  Lunettes, Henry, *The American Gentleman's Guide to Politeness and Fashion*, 1860, p.29.

9  Hartley, Cecil B., *The Gentlemen's Book of Etiquette and Manual of Politeness*, Boston: G.W Cottrell, 1860, p.118.

10  Lunettes, Henry, *The American Gentleman's Guide to Politeness and Fashion*; 1863, p.31.

11  *Gossip for the Gentlemen*, Daily Alta California, Volume 19, Number 6245, 20 April 1867, p.6.

12  "Men's Fashions." *Illawarra Mercury (Wollongong, NSW : 1856–1950)* 12 July 1867: 4. Web. 19 Aug 2018 http://nla.gov.au/nla.news-article135813592.

13  Miller, Michael B., *The Bon Marche: Bourgeois Culture and the Department Store, 1869–1920*, NJ: Princeton University Press, 1981, p.3.

14  *The West End Gazette of Gentleman's Fashions*, Vol.III, London: Kent & Co., June 1870, p.48.

15  Hopkins, John, *Basics Fashion Design 07: Menswear*, Lausanne: AVA Publishing, 2011, p.88.

16  Cole, Shaun, *The Story of Men's Underwear: Volume 1*, NY: Parkstone International, 2012, np.

17  "ABOUT SHIRTS." (1874, May 13). *Wagga Wagga Advertiser and Riverine Reporter (NSW : 1868–1875)* Retrieved November 2018 from http://nla.gov.au/nla.news-article104115537.

18  Wilde, Oscar in *The Pall Mall Budget*, Volume 32, 1884, p.32.

19  Galsworthy, John, *The Forsyte Saga*, Surrey: The Windmill Press, (1922) 1950, p.410.

20  Hunt-Hurst, Patricia Kay in Blanco F, José, *Clothing and Fashion: American Fashion from Head to Toe*, Denver, CO: ABC-CLIO, 2016, pp.184–220.

21  Hartley, 1860, p.140.

22  Breward, Christopher in Taylor, Lou, *The Study of Dress History*, Manchester: Manchester University Press, 2002, p.138.

23  Minister, Edward & Son, *The Gazette of Fashion and Cutting Room Companion*, August 1, 1868, No.268, Vol.23, p.30.

24  Woods, John, *A new and complete system for cutting Trousers*, London: Kent & Richards, 1847, p.7.

25  *The West End Gazette of Gentleman's Fashions*, Vol.10, No.120, London: Kent & Co., June 1872, p.45.

26  Sichel, Marion, *Costume Reference: The Victorians*, Plays, Inc., 1978, p.33.

27  Foster, Vanda, *A Visual History of Costume: The Nineteenth Century*, Vol.5, London: Batsford, 1984, p.82.

28  *The Athenaeum*, No.1537, April 11, 1857, p.466.

29  *Beadle's dime book of practical etiquette for ladies and gentlemen*, New York: Irwin P. Beadle & Co., 1859, p.21.

30  Kinsler, Blakley Gwen, *The Miser's Purse*, Piecework, November/December 1996, p.47–48.

31  Yarwood, Doreen, *Illustrated Encyclopedia of World Costume*, NY: Dover, 1978, p.154.

32  *The West-End Gazette of Gentlemen's Fashions By a Committee of the Above Society*, May 1872, p.44.

33  Devere, Louis, *The Gentleman's Magazine of Fashion*, London: Simpkin, Marshall & Co., May 1871, p.4.

34  Johnston, Lucy, 2005, p.30.

35  Devere, 1871, p.4.

36  Johnston, 2005, p.30.

37  Byrde, Penelope, *Nineteenth Century Fashion*, London: Batsford, 1992, p.99.

38  RISDM data: https://risdmuseum.
    org/art_design/objects/1705_suit_
    worn_by_james_adams_woolso
    n_1829_1904

39  Boyer, G. Bruce, *True Style: The History
    and Principles of Classic Menswear,* PA:
    Perseus, 2015, p.201.

40  O'Byrne, Robert, *The Perfectly Dressed
    Gentleman,* London: CICO, 2011, np.

41  "FASHION." (1890, January 10).
    *Fitzroy City Press (Vic. : 1881–1920),* p.3
    (Supplement to the Fitzroy City Press.).
    Retrieved May 12, 2018, from http://
    nla.gov.au/nla.news-article65678455.

42  Ledbetter, Kathryn, *Victorian
    Needlework,* CA: Praeger, 2012, p.33.

43  Hunt-Hurst, Blanco F, José, 2016, p.234.

44  Breward, 2016, p.89.

45  Shrock, Joel, *The Gilded Age,* CN:
    Greenwood Press, 2004, p.81–3.

46  "HIS FROCK COAT." (1898,
    17 September). *The Capricornian
    (Rockhampton, Qld. : 1875–1929).*
    Retrieved August 20, 2018, from http://
    nla.gov.au/nla.news-article68205799.

47  Philadelphia Museum of Art object data:
    1996-19-11a—c/

48  Holt, Arden, *Fancy Dresses Described:
    A Glossary of Victorian Costumes,* NY:
    Dover, (1896) 2017, p.305.

第五章

1   *Los Angeles Herald,* Volume 33, Number
    84, 24 December 1905, p.7.

2   *Morning Press,* 17 December 1908, p.5.

3   *Tit-Bits* quoted in *Los Angeles Herald,*
    California, April 9, 1905, Page 35.

4   Burstyn, Varda, *The Rites of Men:
    Manhood, Politics, and the Culture of
    Sport,* Toronto: University of Toronto
    Press, 2000, p.94.

5   Dunkerley, W.A., *To-Day,* London,
    1895.

6   Blackman, Cally, *100 Years of Fashion
    Illustration,* London: Laurence King,
    2007, p.9.

7   Galsworthy, John, *The Forsyte Saga,*
    Surrey: The Windmill Press, (1922)
    1950, p.553.

8   Edwards, Nina, *Dressed for War:
    Uniform, Civilian Clothing and Trappings,
    1914 to 1928,* London: I.B Tauris, 2015,
    p.73.

9   *Current Opinion,* May 1919,
    "London's Literary Tailor: H. Dennis
    Bradley expresses his philosophy of
    clothes through the medium of the
    advertizement," Volumes 66–67, p.319.

10  Carr, Richard, and Hart, Bradley W.,
    *The Global 1920s: Politics, economics and
    society,* Oxford: Routledge, 2016, np.

11  Costantino, Maria, *Men's Fashion in the
    Twentieth Century: From Frock Coats
    to Intelligent Fibres,* CA: Costume &
    Fashion Press, 1997, p.44.

12  Art and Picture Collection, The New
    York Public Library. "For the well
    dressed man : comfort is the keynote of
    the modern man's wardrobe." *The New
    York Public Library Digital Collections.*
    1922. http://digitalcollections.nypl.
    org/items/510d47e0-f013-a3d9-e040-
    e00a18064a99.

13  *Vanity Fair,* "The Well Dressed Man in
    Winter," 1921.

14  Bruzzi, Stella, quoted in Arnold,
    Rebecca, *Fashion, Desire and Anxiety:
    Image and Morality in the Twentieth
    Century,* London: I.B Tauris, 2001, p.38.

15  Sichel, Marion, *Costume Reference 8:
    1918–39,* London: Batsford, 1978, p.14.

16  Clemente, Deirdre, "Showing Your
    Stripes: Student Culture and the
    Significance of Clothing at Princeton,
    1910–1933." *The Princeton University
    Library Chronicle,* Vol.69, No.3,
    2008, pp. 437–464. *JSTOR,* JSTOR,
    www.jstor.org/stable/10.25290/
    prinunivlibrchro.69.3.0437, p.440.

17  San Pedro Daily News, Volume 19,
    Number 16, 20 January 1920, p.8.

18  Koda, Martin in Tulloch, Carol, *The
    Birth of Cool: Style Narratives of the
    African Diaspora,* London: Bloomsbury,
    2016, p.67.

19  Ibid.

20  Waugh, Evelyn, *Brideshead Revisited: The
    Sacred and Profane Memories of Captain
    Charles Ryder,* London: Penguin, (1945)
    2012, np.

21  Tulloch, 2016, p.67.

22  Science, Industry and Business Library:
    General Collection , The New York
    Public Library. "Flannel outing suits;
    No. 9. The new Breakwater summer
    suit." *The New York Public Library Digital
    Collections.* 1900.

23  Hughes, Clair, *Hats,* London:
    Bloomsbury, 2016, p.198.

24  "IN SUMMER-TIME." (1896, October
    25). *Sunday Times (Sydney, NSW :
    1895–1930):* Retrieved December
    2017 from http://nla.gov.au/nla.news-
    article130400893.

25  "FEW CHANGES IN FASHIONS FOR
    MEN." (1903, March 7). *The World's
    News (Sydney, NSW : 1901–1955),* p.19.
    Retrieved March 30, 2018, from http://
    nla.gov.au/nla.news-article128457052.

26 Hallwyl Museum data: http://hallwylskamuseet.se/en/explore/family.

27 Jackson, Ashley, *Mad Dogs and Englishmen: A grand tour of the British Empire at its height*, London: Quercus, 2009, np.

28 "WHAT MEN ARE WEARING." (1902, November 15). *The Daily News (Perth, WA : 1882–1950)*, p.6. Retrieved April 9, 2018, from http://nla.gov.au/nla.news-article81322122.

29 *Mariposa Gazette*, Number 42, 30 March 1901, p.2.

30 Story, Alfred T., *The Phrenological Magazine*, 1881, p.175.

31 Stinson Jarvis, Thomas, *Letters from East Longitudes: Sketches of Travel in Egypt, the Holy Land, Greece, and Cities of the Levant*, Toronto: James Campbell & Son, 1875, p.210.

32 Hunt-Hurst, Patricia Kay in Blanco F, José, *Clothing and Fashion: American Fashion from Head to Toe*, Denver, CO: ABC-CLIO, 2016, p.216.

33 *Men's Wear* [semi-monthly], Volume 28, October 1910, p.115.

34 *The American Tailor and Cutter*, Volume 32, J. Mitchell Company, 1910, p.26.

35 Bradley, Carolyn G., *Western World Costume: An Outline History*, N.Y: Dover, 2013, p.123.

36 Arnold and Daniel, Philadelphia, 1897, via oldcycles.eu.

37 Quoted in Alford, Steven E. and Ferriss, Suzanne, *An Alternative History of Bicycles and Motorcycles: Two-Wheeled Transportation and Material Culture*, London: Lexington Books, 2016, p.107.

38 "Cycling." *The Evening Star (Boulder, WA : 1898–1921)* 13 October 1904: 4. Web. 21 Aug 2018 http://nla.gov.au/nla.news-article204535161.

39 Stamper, Anita M. and Condra, Jill, *Clothing Through American History: The Civil War Through the Gilded Age, 1861 – 1899*, CA: Greenwood, 2011, p.355.

40 "STOCKINGS OF MANY COLORS." (1909, May 8). *The Daily News (Perth, WA : 1882–1950)* Retrieved August 21, 2018, from http://nla.gov.au/nla.news-article77120933.

41 Blanco F., 2016, p.216.

42 Victoria & Albert Museum. Retrieved from http://collections.vam.ac.uk/item/O78848/norfolk-jacket-unknown/.

43 Johnston, Lucy, *Nineteenth century Fashion in Detail*, London: Victoria & Albert Museum, 2005, p.162.

4 *Sacramento Daily Union*, Volume 53, Number 124, 16 July 1885, p.3.

45 *Tailor & Cutter*, Volume 49, 1914, p.168.

46 *Gentry*, "Renaissance of the Norfolk Jacket," Spring 1953, p.105.

47 *It's All Done with Buttons*, La Mode Division, B. Blumenthal & Company, 1949, p.4.

48 *San Pedro News Pilot*, Volume 1, Number 175, 27 April 1914, p.2.

49 "EVENING DRESS." (1910, August 2). *The Tumut Advocate and Farmers and Settlers' Adviser (NSW : 1903–1925)*, p.3. Retrieved March 7, 2018, from http://nla.gov.au/nla.news-article112262430.

50 Payne, Winakor, Farrell-Beck, *The History of Costume: From Ancient Mesopotamia Through the Twentieth Century*, London: Harper Collins, 1992, p.550.

51 The American Tailor and Cutter, Volume 32, 1910, p.iv.

52 *Men's Wear*. [semi-monthly], Volume 29, 1910, p.64.

53 Ashelford, Jane, *The Art of Dress: Clothes and Society 1500 – 1914*, London: The National Trust, 1996, p.303.

54 Bohleke, Karin. *Titanic Fashions: High Style in the 1910's*. Hanover: Shippensburg University Fashion Archives and Museum, 2012.

55 Sichel, Marion, *Costume Reference 7: The Edwardians*, London: Batsford, 1986, pp.8–12.

56 Edwards, Nina, *Dressed for War: Uniform, Civilian Clothing and Trappings, 1914 to 1928*, London: I.B Tauris, 2015, p.48.

57 "THE TROUSERS CREASE." (1914, June 13). *The Muswellbrook Chronicle (NSW : 1898–1955)*, p.6. Retrieved March 2, 2018, from http://nla.gov.au/nla.news-article107868473

58 Anderson, Fiona, *Tweed*, London: Bloomsbury, 2017, p.89.

59 Evans Jr, Charles, "The Americanization of Golf," *Vanity Fair*, June 1922.

60 Green, Sandy, *Don'ts for Golfers*, A&C Black, (1925) 2008 p.39.

61 Manlow, Veronica, *Designing Clothes: Culture and Organization of the Fashion Industry*, NJ: Transaction Publishers, 2007, p.64.

62 Flusser, Alan J., *Clothes and the man: the principles of fine men's dress*, NY: Villard, 1985, p.124.

63 Graves, Robert, *Goodbye to All That*, NY: Octagon, 1980, p.328.

64 "Oxford Bags," by Moses, Jack, *Glen Innes Examiner*, NSW, March 10, 1928, p.5.

65 Clemente, Deirdre, *Dress Casual: How College Students Redefined American Style*, NC: University of North Carolina Press, 2014, p.125.

66 Tortora and Eubank, *Survey of Historic Costume*, p.480.

67 Storey, Nicholas, *History of Men's Fashion: What the Well-Dressed Man Is Wearing*, South Yorkshire: Remember When, 2008, p.31.

68 Lehman, LaLonnie, *Fashion in the Time of the Great Gatsby*, London: Shire/Bloosmbury: 2013, np.

69 Borsodi, William, *Advertisers Cyclopedia or Selling Phrases, Economist Training School*, Binghamton, N.Y: D.C Race Co, 1909, p.1134

70 America's Textile Reporter: For the Combined Textile Industries, Volume 18, 1904, p.208.

71 About Shirts. (1923, March 25). *The Daily Mail (Brisbane, Qld. : 1903–1926)*, p.13. Retrieved May 22, 2018, from http://nla.gov.au/nla.news-article220567878.

72 Galsworthy, John, (1922) 1950, p.635.

73 Quoted in *The Morning News*, Wilmington, Delaware, January 8, 1925, p.1

74 Takeda, Sharon Sadako and Spilker, Kaye Durland, *Reigning Men: Fashion in Menswear, 1715–2015*, NY: Prestel/Los Angeles County Museum of Art, 2016, p.256.

75 *Vogue*, July 15, 1922: Francis de Miomandre, *The Case Against the Decline of Masculine Elegance*, p.62.

76 *Vanity Fair*, "For the Well Dressed Man," June, 1921.

77 Ibid.

78 *Collier's Magazine*, "Black Tie," November 29, 1947, p.82.

79 Kindell, Alexandra, Demers, Elizabeth S., *Encyclopedia of Populism in America: A Historical Encyclopedia*, Volume 1: A–M, CA: ABC-CLIO, 2014, p.176.

80 *Boys' Life*, New York: The Boy Scouts of America, June 1938, p.43.

81 Gavenas, Mary Lisa, *The Fairchild Encyclopedia of Menswear*, London: Fairchild Books, 2008, p.91.

82 STRAW "BOATER." (1936, August 22). *The Longreach Leader (Qld. : 1923–1954)*, p.4. Retrieved February 1, 2018, from http://nla.gov.au/nla.news-article37360810.

83 *Santa Cruz Sentinel*, Volume 86, Number 80, 6 October 1932, p.15.

84 Chenoune, Farid, *A History of Men's Fashion*, New York: Flammarion, 1993, p.175.

85 "WHAT WELL-DRESSED MEN WILL WEAR THIS YEAR." (1932, January 25). *News (Adelaide, SA : 1923–1954)*, p.9. Retrieved March 3, 2018, from http://nla.gov.au/nla.news-article128302095

86 "AROUND the Town." (1935, December 21). *Barrier Miner (Broken Hill, NSW : 1888–1954)*, p.5 (SPORTS EDITION). Retrieved March 3, 2018, from http://nla.gov.au/nla.news-article46715062.

87 Tailor On London Dress For Men (1935, June 26). *Barrier Miner (Broken Hill, NSW : 1888–1954)*, p.2. Retrieved July 2, 2018, from http://nla.gov.au/nla.news-article46696412

88 *Santa Cruz Sentinel*, Volume 94, Number 113, 10 November 1936.

89 "Why hide expensive tie under your waistcoat? Wearing vest offers advantages and trouble," *Colorado Eagle and Journal*, Number 3, 10 January 1933, p.1.

90 "MEN'S TROUSERS FOR WOMEN." (1933, April 15). *Recorder (Port Pirie, SA : 1919–1954)*, p.2. Retrieved August 13, 2018, from http://nla.gov.au/nla.news-article95994673.

91 Takeda and Spilker, 2016, p.161.

92 Bolton, Andrew, *Anglomania: Tradition and Transgression in British Fashion*, NY: The Metropolitan Museum of Art, 2006, p.75.

93 Sichel, Marion, *Costume Reference 8, 1918 – 1939*, London: Batsford, 1978, pp.13–15.

第六章

1 Martin, Richard Harrison and Koda, Harold, *Orientalism: Visions of the East in Western Dress*, NY: Metropolitan Museum of Art, 1994, p.39.

2 Williams, Susan, *The People's King: The True Story of the Abdication*, London: Penguin, 2003, np.

3 Duke Sets Color Fashions (1941, February 26). *The Sun (Sydney, NSW : 1910–1954)*, p.9 "LAST RACE ALL DETAILS." Retrieved July 18, 2018, from http://nla.gov.au/nla.news-article230944193.

4 Bowstead, Jay McCauley, *Menswear Revolution: The Transformation of Contemporary Men's Fashion*, London: Bloomsbury, 2018, np.

5   Chibnall, Steve, "Whistle and zoot: The changing meaning of a suit of clothes," *History Workshop*, no.20, 56–81.

6   "IT'S A MOD, MOD WORLD." (1964, May 20). *The Australian Women's Weekly (1933–1982)*, p.5. Retrieved July 19, 2018, from http://nla.gov.au/nla.news-article51779808.

7   Delis Hill, Daniel, *Peacock Revolution: American Masculine Identity and Dress in the Sixties and Seventies*, London: Bloomsbury, 2018, p.85.

8   "Return of the Dandy." (1966, June 22). *The Australian Women's Weekly (1933–1982)*, p.11. Retrieved July 19, 2018, from http://nla.gov.au/nla.news-article44024618.

9   Garrett, Valery, *Chinese Clothing: An Illustrated Guide,* Oxford: Oxford University Press, 1994, p.107.

10  "News In Brief." (1956, July 24). *The Canberra Times (ACT : 1926–1995)*, p.3. Retrieved November 8, 2018, from http://nla.gov.au/nla.news-article91218521.

11  "Men are throwing their hats away!" (1950, September 11). *The Sun (Sydney, NSW : 1910–1954)*, p.11 (LATE FINAL EXTRA). Retrieved November 9, 2018, from http://nla.gov.au/nla.news-article230475306.

12  Desert Sun, Volume 35, Number 302, 24 July 1962.

13  *Desert Sun*, Volume 37, Number 171, 21 February 1964.

14  Hughes, Clair, *Hats*, London: Bloomsbury, 2017, p.104.

15  Steinberg, Neil, *Hatless Jack: The President, the Fedora, and the History of an American Style*, London: Granta Books, 2005, p.210.

16  *Men's Wear*, Volume 160, London: Fairchild, 1969, np.

17  "Newest Fashion for Coeds Is As Old As the Flapper," *Desert Sun*, 1957.

18  Logan, Walter, "The Topcoat Scene is Getting Livelier," *The San Francisco Examiner*, Sunday, November 5, 1967, p.108.

19  Peiss, Kathy, *Zoot Suit: The Enigmatic Career of an Extreme Style*, Philadelphia: University of Pennsylvania Press, 2011, pp.1–3.

20  "Sex psychology of a zoot suit." (1944, April 2). *The Sun (Sydney, NSW : 1910–1954)*, p.3 (SUPPLEMENT TO THE FACT). Retrieved May 16, 2018, from http://nla.gov.au/nla.news-article231822178.

21  Obregn Pagn, Eduardo, *Murder at the Sleepy Lagoon: Zoot Suits, Race, & Riot in Wartime L.A.*, Chapel Hill: University of North Carolina Press, 2003, p.181.

22  *Yank*: June 15, 1945, "Foreigners Observe American Culture," p.18 oldmagazinearticles.com.

23  "Duke sets colour fashions," *Bay of Plenty Times*, Volume LXIX, Issue 13288, 14 March 1941.

24  Edward VIII, *A Family Album*, London: Cassell, 1960, pp.108–09.

25  Cole, David John, Browning, Eve, and Schroeder, Fred E. H., *Encyclopedia of Modern Everyday Inventions*, CT: Greenwood Press, 2003, p.121.

26  Menkes, Suzy, *The Windsor Style*, London: Grafton, 1987, p.127.

27  Edward VIII, 1960, p.116.

28  Holden, Anthony, *Prince Charles*, NY: Atheneum, 1979, p.43.

29  IWM data: https://www.iwm.org.uk/history/how-clothes-rationing-affected-fashion-in-the-second-world-war.

30  "Utility Clothing." (1942, January 10). *The Daily News (Perth, WA : 1882–1950)*, p.21 (First Edition). Retrieved March 22, 2018, from http://nla.gov.au/nla.news-article78578072.

31  "Notes on the News" (1942, August 1). *The Telegraph (Brisbane, Qld. : 1872–1947)*, p.3 (LATE WEEK END). Retrieved March 23, 2018, from http://nla.gov.au/nla.news-article172616485.

32  *Men's Wear*, February 10, 1950, p.231 oldmagazinearticles.

33  Victoria & Albert Museum data: http://collections.vam.ac.uk/item/O84102/suit-utility/.

34  Ibid.

35  Jobling, Paul, *Advertising Menswear: Masculinity and Fashion in the British Media since 1945*, London: Bloomsbury, 2014, p.12.

36  "'Demob' Suits Of Best Scotch Tweed." (1945, September 4). *The Mercury (Hobart, Tas. : 1860–1954)*, p.5. Retrieved March 23, 2018, from http://nla.gov.au/nla.news-article26142068.

37  Bryan, Sir Paul, *Wool, War and Westminster: Front-Line Memoirs of Sir Paul Bryan, DSO, MC.*, NY: Tom Donovan, 1993, p.169.

38  Hutton, Mike, *Life in 1940s London*, Gloucestershire: Amberley Publishing, 2013, np.

39  MacDougall, Ian, *Voices from War and Some Labour Struggles: Personal Recollections of War in Our Century by Scottish Men and Women*, Mercat Press, 1995, p.255.

40 "'DEMOBBED' MEN'S WAISTLINE GROWS." (1946, October 11). *The Courier-Mail (Brisbane, Qld.:1933–1954)*, p.1. Retrieved March 27, 2018, from http://nla.gov.au/nla.news-article49362697.

41 Craik, Jennifer, *The Face of Fashion: Cultural Studies in Fashion*, London: Routledge, 2003, p.184.

42 "Colour Trend." (1954, August 13). *Macleay Argus (Kempsey, NSW : 1885–1907; 1909–1910; 1912–1913; 1915–1916; 1918–1954)*, p.2. Retrieved February 16, 2018, from http://nla.gov.au/nla.news-article234555376.

43 "Teddy suit is mating call." (1955, June 29). *The Argus (Melbourne, Vic. : 1848–1957)*, p.2. Retrieved June 13, 2018, from http://nla.gov.au/nla.news-article71890618.

44 Marchant, Hilde, "The Truth about the 'Teddy Boys' and the Teddy Girls," *Picture Post*, 29 May, 1954, London.

45 Tyrell, Anne V., *Changing trends in fashion: patterns of the twentieth century, 1900–1970*, London: Batsford, 1986, p.128.

46 "Narrow Trousers For Australians." (1952, January 6). *The Sunday Herald (Sydney, NSW : 1949–1953)*, p.1. Retrieved June 13, 2018, from http://nla.gov.au/nla.news-article18488730.

47 Scala, Mim, *Diary of a Teddy Boy: A Memoir of the Long Sixties*, Goblin Press, 2009, p.13.

48 MAAS Museum data: https://collection.maas.museum/object/163411.

49 Martin, Richard and Koda, Harold, *Christian Dior*, NY: The Metropolitan Museum of Art, 1996, p.18.

50 "The Sydney Morning Herald." (1953, December 22)*The Sydney Morning Herald (NSW : 1842–1954)* Retrieved August 2018 from http://nla.gov.au/nla.news-article27520868.

51 "Men To Wear Washable Suits Soon." (1954, March 15). *The West Australian (Perth, WA : 1879–1954)*, p.15. Retrieved May 6, 2018, from http://nla.gov.au/nla.news-article49622749.

52 FIT Museum data: http://fashionmuseum.fitnyc.edu/view/objects.

53 "WHEN BUYING A SUIT BE COLOUR CONSCIOUS." (1956, October 26). *Western Herald (Bourke, NSW : 1887–1970)*, p.15. Retrieved May 6, 2018, from http://nla.gov.au/nla.news-article104015373.

54 "NEW WASHABLE SUIT IN U.K." (1954, March 6). *Barrier Miner (Broken Hill, NSW : 1888–1954)*, p.2 (SPORTS EDITION). Retrieved May 6, 2018, from http://nla.gov.au/nla.news-article49418758.

55 Davies, Hunter, *The Beatles*, London: Ebury Press, (1968) 2009, p.189.

56 Kelly, Michael Bryan, *The Beatle Myth: The British Invasion of American Popular Music, 1956–1969*, NC: McFarland, 1991, p.109.

57 Lewisohn, Mark, *The Beatles – All These Years: Volume One: Tune In*, London: Little, Brown, 2013, np.

58 *Newsweek*, Volume 72, Part 2, p.672.

59 Victoria & Albert Museum data: http://collections.vam.ac.uk/item/O7844/mans-suit-mr-fish/.

60 *Desert Sun*, Number 17, California, 25 August 1966, p.6.

61 Delis Hill, 2018, p.106.

62 *Desert Sun*, Number 250, California, 23 May 1969, p.12.

63 *Desert Sun*, Number 244, California, 16 May 1969, p.7.

64 Robertson, Whitney A. J. in Blanco, Hunt-Hurst, Vaughan Lee and Doering, *Clothing and Fashion: American Fashion from Head to Toe, Volume One*, CA: ABC-CLIO, 2016, p.312.

65 *Arizona Daily Star*, Tucson, Arizona, May 12, 1968, p.30.

66 Byrd, Penelope, *The Male Image: Men's Fashion in Britain, 1300–1970*, London: Batsford, 1979, np.

67 Post, Elizabeth and Post, Emily, *Etiquette*, Toronto: Harper Collins, 1965, np.

68 Harper's Bazaar, Volume 105, Hearst Corporation, 1972, np.

69 McGillis Ian, "McCord Brings Expo 67 Styles Back to Life," *Montreal Gazette*, 16 March 2017.

70 McCord Museum data: http://museedelamode.ca/collection/designersquebecois-en.html.

71 Lynch, Annette and Strauss, Mitchell D., *Ethnic Dress in the United States: A Cultural Encyclopedia*, NY: Rowman & Littlefield, 2015, p.67–68.

72 Paoletti, Jo B., *Sex and Unisex: Fashion, Feminism, and the Sexual Revolution*, IN: Indiana University Press, 2015, p.51.

73 Delis Hill, 2018, p.110.

74 Ties disappear in Italy (1968, March 8). *The Canberra Times (ACT : 1926–1995)*, p.13. Retrieved June 8, 2018, from http://nla.gov.au/nla.news-article107040704.

75 Grace, Stephen, *Shanghai: Life, Love and Infrastructure in China's City of the Future*, CO: Sentient, 2010, p.132.

76 Finnane, Antonia, *Changing Clothes in China: Fashion, History, Nation*, NY: Columbia University Press, 2008, p.184.

77 Garrett, Valery, *Chinese Dress: From the Qing Dynasty to the Present*, VT: Tuttle Publishing, 2007, p.458.

78 Breward, Christopher, *The Suit: Form, Function and Style*, London: Reaktion, 2016, p.100.

79 Steele, Valerie and Major, John S., *China Chic: East Meets West*, Yale: Yale University Press, 1999, p.57.

80 Mackerras, Colin, *China in Transformation: 1900–1949*, London: Routledge, 2008, p.135.

第七章

1 Edwards, Tim, *Men in the Mirror: Men's Fashion, Masculinity, and Consumer Society*, London: Bloomsbury, (1997) 2016, p.55.

2 Mallon, Jackie, *Designer Kansai Yamamoto talks all things David Bowie*, Monday, 21 May 2018, fashionunited. uk.

3 Paoletti, Jo B., *Sex and Unisex: Fashion, Feminism, and the Sexual Revolution*, IN: Indiana University Press, 2015, p.6.

4 Bruzzi, Stella, *Undressing Cinema: Clothing and identity in the movies*, Oxon: Routledge, 1997, p.177.

5 *Hosiery and knitwear in the 1970s: a study of the industry's future market prospects*, H.M. Stationery Off., 1970, p.33.

6 Steele, Valerie, *Encyclopedia of Clothing and Fashion*, NY: Charles Scribner's Sons, 2005, p.4.

7 Blackman, Cally, *100 Years of Fashion Illustration*, London: Laurence King Publishing, 2007, p.258.

8 Hebdige, Dick, quoted in Richardson, Niall, and Locks, Adam, *Body Studies: The Basics*, Oxon: Routledge, 2014, p.77.

9 Potvin, John, *Giorgio Armani: Empire of the Senses*, London: Routledge, 2013, p.64.

10 Breward, Christopher, *The Suit: Form, Function and Style*, London: Reaktion, 2016, p.205.

11 Edwards, Tim, *Men in the Mirror: Men's Fashion, Masculinity, and Consumer Society*, London: Bloomsbury, (1997) 2016, p.55.

12 Delis Hill, Daniel, *As Seen in Vogue: A Century of American Fashion in Advertising*, Lubbock: Texas Tech University Press, 2004, p.123.

13 English, Bonnie, *Japanese Fashion Designers: The Work and Influence of Issey Miyake, Yohji Yamamoto and Rei Kawakubo*, London: Berg, 2011, p.20.

14 Kawamura, Yuniya, *Fashioning Japanese Subcultures*, London: Berg, 2012, p.23.

15 Kennedy, Alicia, Emily Stoehrer, Banis and Calderin, Jay, *Fashion Design, Referenced: A Visual Guide to the History, Language, and Practice of Fashion*, MA: Rockport Publishers, 2013, p.125.

16 Wilson, Elizabeth quoted in Arnold, Rebecca, *Fashion, Desire and Anxiety: Image and Morality in the 20th Century*, London: Tauris, 2001, p.25.

17 Nelmes, Jill, *An Introduction to Film Studies*, Oxon: Routledge, 1996, p.269.

18 Miller, Janice, *Fashion and Music*, Oxford: Berg, 2011, np.

19 "MORE TO LIFE." (1994, April 12). *The Canberra Times (ACT : 1926–1995)*, p.14. Retrieved August 6, 2018, from http://nla.gov.au/nla.news-article118112694.

20 *Dress policies and casual dress days*, Bureau of National Affairs, January 1998, p.1.

21 Masi de Casanova, Erynn, *Buttoned Up: Clothing, Conformity, and White-Collar Masculinity*, NY: Cornell University Press, 2015, pp.9–10.

22 Blass, Bill, *Bare Blass*, NY: Harper Collins, 2003, np.

23 ed. by Hall, Dennis R. & Susan G., *American Icons*, CT: Greenwood, 2006, p.567.

24 "Men's Wear Is Off To Handsome Start This Decade," *Desert Sun*, Number 187, 12 March 1970.

25 *Ebony* magazine, August 1972, p.156.

26 McCord Museum collection data: M972.112.3.1–5.

27 Sterlacci, Francesca and Arbuckle, Joanne, *Historical Dictionary of the Fashion Industry*, NY: Rowman & Littlefield, 2017, p.353.

28 "THE ART OF UPDATING YOUR HUSBAND." (1971, June 2). *The Australian Women's Weekly (1933–1982)*, p.30. Retrieved May 18, 2018, from http://nla.gov.au/nla.news-article44798006.

29 Reed, Paula A., *Fifty Fashion Looks that Changed the 1970s,* London: Conran Octopus, 2012, p.42–3.

30 "HUSBAND, WIFE FASHION TEAM." (1975, December 5). *The Canberra Times (ACT : 1926–1995),* p.15. Retrieved April 9, 2018, from http://nla.gov.au/nla.news-article102190028.

31 Lindop, Edmund, *America in the 1950s,* MN: Lerner, 2010, p.1964.

32 Advertising (1972, April 11). *The Canberra Times (ACT : 1926–1995),* p.12. Retrieved May 25, 2018, from http://nla.gov.au/nla.news-article102208991.

33 Laver, James, quoted in Wills, Garry, *Values Americans Live by,* NY: Arno Press, 1978, p.565.

34 Delis Hill, 2018, p.77.

35 Sweetman, John, *Raglan: From the Peninsula to the Crimea,* South Yorkshire: Pen & Sword Military, 2010, p.338.

36 Boyer, Bruce G., *True Style: The History and Principles of Classic Menswear,* PA: Perseus, 2015, np.

37 *New York Magazine,* 16 Sep 1996, p.30–32.

38 The Museum at FIT online collection data, 85.58.7.

39 Warner, Helen, *Fashion on Television: Identity and Celebrity Culture,* London: Bloomsbury, 2014, p.127.

40 Edwards, Tim, 2016, p.39.

41 Blanco, Vaughan Lee and Doering, 2016, p.204.

42 Boyer, 2015, np.

43 Potvin, 2017, p.149.

44 Polan, Brenda and Tredre, Roger, *The Great Fashion Designers,* Oxford: Berg, 2009, p.141.

45 "TIMESTYLE." (1980, August 10). *The Canberra Times (ACT : 1926–1995),* p.14. Retrieved May 25, 2018, from http://nla.gov.au/nla.news-article125615279.

46 "WOOL Tailored separates for men." (1982, March 16). *The Canberra Times (ACT : 1926–1995),* p.16. Retrieved May 27, 2018, from http://nla.gov.au/nla.news-article12690988345.

47 English, 2013, p.6.

48 Jackson, Carole and Lulow, Kalia, *Color for Men,* NY: Ballantine Books, 1984, np.

49 "The 1980 man." (1980, April 27). *The Canberra Times (ACT : 1926–1995),* p.14. Retrieved May 9, 2018, from http://nla.gov.au/nla.news-article110593389.

50 *Newsweek,* Volume 100, Issues 18–26, 1982, Page 98.

51 Mentzer, Mike and Friedberg, Ardy, *Mike Mentzer's Spot Bodybuilding: A Revolutionary New Approach to Body Fitness and Symmetry,* London: Simon & Schuster, 1983, p.22.

52 *San Bernardino Sun,* 13 July 1986, p.29.

53 "Suitable for Fall," *The Cincinnati Enquirer,* Cincinnati, Ohio, Tuesday, June 24, 1986, p.20.

54 Menkes, Suzy, *Forbes,* Volume 155, Issues 6–9, 1995, p.104.

55 Sheridan, Jayne, *Fashion, Media, Promotion: The New Black Magic,* Oxford: Wiley-Blackwell, 2010, p.193.

56 *San Bernardino Sun,* Volume 115, Number 45, 14 February 1988, p.58.

57 Victoria & Albert Museum collections data, T.3&A-1988.

58 Philadelphia Museum of Art object data: 2000-38-1a,b.

59 Kelly, Ian and Westwood, Vivienne, *Vivienne Westwood,* London: MacMillan, 2014, np.

60 Vermorel, Fred, *Vivienne Westwood: Fashion, Perversity and the Sixties laid bare,* NY: Overlook Press, 1993.

61 Banham, Joanna, *Encyclopedia of Interior Design,* London: Routledge, 1997, p.1110.

62 Steele, Valerie, *Fifty Years of Fashion: New Look to Now,* New Haven: Yale University Press, 1997, p.145.

63 Molloy, Maureen and Larner, Wendy, *Fashioning Globalisation: New Zealand Design, Working Women and the Cultural Economy,* West Sussex: Wiley Blackwell, 2013, p.2004.

64 Hillier, Bevis and McIntyre, Kate, *Style of the Century,* Watson-Guptill Publications, 1998, p.243.

# 參考書目

Alderson, Jr., Robert J, *This Bright Era of Happy Revolutions*, SC: University of South Carolina Press, 2008.

Alford, Steven E. and Ferriss, Suzanne, *An Alternative History of Bicycles and Motorcycles: Two-Wheeled Transportation and Material Culture*, London: Lexington Books, 2016.

Amann, Elizabeth, *Dandyism in the Age of Revolution: The Art of the Cut*, Chicago: University of Chicago Press, 2015.

Amphlett, Hilda, *Hats: A History of Fashion in Headwear*, NY: Dover, (1974) 2003.

Anderson, Fiona, *Tweed*, London: Bloomsbury, 2017.

Antony, Michael, *The Masculine Century: A Heretical History of Our Time*, IN: iUniverse, 2008.

Arnold, Rebecca, *Fashion, Desire and Anxiety: Image and Morality in the Twentieth Century*, London: I.B. Tauris, 2001.

Ashelford, Jane, *A Visual History of Costume*, London: Batsford, 1983.

Ashelford, Jane, *The Art of Dress: Clothes and Society 1500–1914*, London: The National Trust, 1996.

Backhouse, Frances, *Once They Were Hats: In Search of the Mighty Beaver*, Toronto: ECW Press, 2015.

Bailey, Adrian, *The Passion for Fashion*, London: Dragon's World, 1988.

Banham, Joanna, *Encyclopedia of Interior Design*, London: Routledge, 1997.

Blackman, Cally, *100 Years of Fashion Illustration*, London: Laurence King, 2007.

Blanco F, José, *Clothing and Fashion: American Fashion from Head to Toe*, Denver, CO: ABC-CLIO, 2016.

Blass, Bill, *Bare Blass*, NY: Harper Collins, 2003.

Bohleke, Karin, *Titanic Fashions: High Style in the 1910's*. Hanover: Shippensburg University Fashion Archives and Museum, 2012.

Bolton, Andrew, *Anglomania: Tradition and Transgression in British Fashion*, NY: The Metropolitan Museum of Art, 2006.

Borsodi, William, *Advertisers Cyclopedia or Selling Phrases, Economist Training School*, Binghamton, NY: DC Race Co, 1909.

Bowstead, Jay McCauley, *Menswear Revolution: The Transformation of Contemporary Men's Fashion*, London: Bloomsbury, 2018.

Boyer, G. Bruce, *True Style: The History and Principles of Classic Menswear*, PA: Perseus, 2015.

Bradley, Carolyn G., *Western World Costume: An Outline History*, NY: Dover, 2013.

Bray, William, *Memoirs Illustrative of the Life and Writings of John Evelyn*, NY: G.P. Putnam & Sons, 1870.

Breward, Christopher, *The Suit: Form, Function and Style*, London: Reaktion, 2016.

Brown, Ian, *From Tartan to Tartanry: Scottish Culture, History and Myth*, Edinburgh: Edinburgh University Press, 2010.

Bruzzi, Stella, *Undressing Cinema: Clothing and Identity in the Movies*, Oxon: Routledge, 1997.

Bryan, Sir Paul, *Wool, War and Westminster: Front-Line Memoirs of Sir Paul Bryan, DSO, MC*, NY: Tom Donovan, 1993.

Burstyn, Varda, *The Rites of Men: Manhood, Politics, and the Culture of Sport*, Toronto: University of Toronto Press, 2000.

Byrd, Penelope, *The Male Image: Men's Fashion in Britain, 1300–1970*, London: Batsford, 1979.

Byrd, Penelope, *Nineteenth Century Fashion*, London: Batsford, 1992.

Calahan, April, *Fashion Plates: 150 Years of Style*, NH and London: Yale University Press, 2015.

Carr, Richard, and Hart, Bradley W., *The Global 1920s: Politics, Economics and Society*, Oxford: Routledge, 2016.

Chambers, William, *Chambers's Edinburgh Journal, Volume 1*, 'Constantinople in 1831, from the Journal of an Officer,' 1833.

Chazin-Bennahum, Judith, *The Lure of Perfection: Fashion and Ballet, 1780–1830*, NY: Routledge, 2005.

Chenoune, Farid, *A History of Men's Fashion*, New York: Flammarion, 1993.

Chibnall, Steve, 'Whistle and Zoot: The Changing Meaning of a Suit of Clothes,' *History Workshop*, no. 20, 56–81.

Claydon, Tony, and Levillain, Charles-Édouard, *Louis XIV Outside In: Images of the Sun King Beyond France, 1661–1715*, Oxford: Routledge, 2016.

Clemente, Deirdre, "Showing Your Stripes: Student Culture and the Significance of Clothing at Princeton, 1910–1933." *The Princeton University Library Chronicle*, vol. 69, no. 3, 2008, pp. 437–464.

Cockburn Conkling, Margaret, Lunettes, Henry, *The American Gentleman's Guide to Politeness and Fashion*, NY: Derby & Jackson, 1860.

Cole, David John, Browning, Eve, and Schroeder, Fred E. H., *Encyclopedia of Modern Everyday Inventions*, CT: Greenwood Press, 2003.

Cole, Shaun, *The Story of Men's Underwear: Volume 1*, NY: Parkstone International, 2012.

Costantino, Maria, *Men's Fashion in the Twentieth Century: From Frock Coats to Intelligent Fibres*, CA: Costume & Fashion Press, 1997.

Couts, Joseph, *A Practical Guide for the Tailor's Cutting-Room; Being a Treatise on Measuring and Cutting Clothing*, London: Blackie & Son, 1848.

Craik, Jennifer, *The Face of Fashion: Cultural Studies in Fashion*, London: Routledge, 2003.

Cumming, Valerie, Cunnington, C. W., and Cunnington, P. E., *The Dictionary of Fashion History*, London: Bloomsbury, (1960) 2010.

Cunnington, C. Willett & Phyllis, *Handbook of English Costume in the Seventeenth Century*, (proof copy) Faber & Faber, London.

Davies, Hunter, *The Beatles*, London: Ebury Press, (1968) 2009.

Davis, R. I., *Men's Garments 1830–1900: A Guide to Pattern Cutting and Tailoring*, CA: Players Press, 1994.

DeJean, Joan, *How Paris Became Paris: The Invention of the Modern City*, London: Bloomsbury, 2004.

Delis Hill, Daniel, *As Seen in Vogue: A Century of American Fashion in Advertising*, Lubbock: Texas Tech University Press, 2004.

Delis Hill, Daniel, *Peacock Revolution: American Masculine Identity and Dress in the Sixties and Seventies*, London: Bloomsbury, 2018.

Devere, Louis, *The Gentleman's Magazine of Fashion*, London: Simpkin, Marshall & Co., May 1871.

de Winkel, Marieke, *Fashion and Fancy: Dress and Meaning in Rembrandt's Paintings*, Amsterdam: Amsterdam University Press, 2006.

Dickens, Charles, *All the Year Round: A Weekly Journal*, London: No.26, Wellington St, 1860.

Doran, John, *Habits and Men, with remnants of record touching the Makers of both*, London: Richard Bentley, 1855.

Dwyer, Philip, *Napoleon: The Path to Power 1769–1799*, London: Bloomsbury, 2008.

Earnshaw, Pat, *A Dictionary of Lace*, NY: Dover, 1984.

Edward VIII, *A Family Album*, London: Cassell & Co., 1960.

Edwards, Nina, *Dressed for War: Uniform, Civilian Clothing and Trappings, 1914 to 1928*, London: I.B. Tauris, 2015.

Edwards, Tim, *Men in the Mirror: Men's Fashion, Masculinity, and Consumer Society*, London: Bloomsbury, (1997) 2016.

English, Bonnie, *Japanese Fashion Designers: The Work and Influence of Issey Miyake, Yohji Yamamoto and Rei Kawakubo*, London: Berg, 2011.

Ennis, Daniel James and Slagle, Judith Bailey, *Prologues, Epilogues, Curtain-Raisers, and Afterpieces: The Rest of the Eighteenth-Century London Stage*, Newark: University of Delaware Press, 2007.

Epstein, Diana, *Buttons*, London: Studio Vista, 1968.

Evans Jr., Charles, "The Americanization of Golf," *Vanity Fair*, June 1922.

Ewing, Elizabeth, *Everyday Dress: 1650–1900*, Tiptree: Batsford, 1984.

Finnane, Antonia, *Changing Clothes in China: Fashion, History, Nation*, NY: Columbia University Press, 2008.

Fisher, Will, *Materializing Gender in Early Modern English Literature and Culture*, Cambridge: Cambridge University Press, 2006.

Fitzmaurice, Edmond, *The Life of Granville George Leveson Gower, Second Earl Granville, K.G., 1815–1891*, Volume 1, Chizine, 1915.

Fletcher, Christopher, Brady, Sean, Moss, Rachel E., & Riall, Lucy, *The Palgrave Handbook of Masculinity and Political Culture in Europe*, London: Palgrave MacMillan, 2018.

Flusser, Alan J., *Clothes and the Man: The Principles of Fine Men's Dress*, NY: Villard, 1985.

Forgeng, Jeffrey L., *Daily Life in Elizabethan England*, CA: ABC-CLIO, 2010.

Frieda, Leonie, *Francis I: The Maker of Modern France*, London: Hachette, 2018.

Foster, Vanda, *A Visual History of Costume: The Nineteenth Century, Volume 5*, London: Batsford, 1984.

Furnivall, Frederick J., Stubbs, Philip, *Anatomy of the Abuses in Shakespeare's Youth AD 1573*, London: The New Shakespeare Society, 1877.

Galsworthy, John, *The Forsyte Saga*, Surrey: The Windmill Press, (1922) 1950.

Garrett, Valery, *Chinese Dress: From the Qing Dynasty to the Present*, VT: Tuttle Publishing, 2007.

Gavenas, Mary Lisa, *The Fairchild Encyclopedia of Menswear*, London: Fairchild Books, 2008.

Gibbings, Sarah, *The Tie: Trends and Traditions*, London: Barron's, 1990.

Grace, Stephen, *Shanghai: Life, Love and Infrastructure in China's City of the Future*, CO: Sentient, 2010.

Graves, Robert, *Goodbye to All That*, NY: Octagon, 1980.

Green, Sandy, *Don'ts for Golfers*, London: A&C Black, (1925) 2008.

Greig, Hannah, *The Beau Monde: Fashionable Society in Georgian London*, Oxford: Oxford University Press, 2013.

Harrison Martin, Richard, and Koda, Harold, *Two by Two*, New York: The Metropolitan Museum of Art, 1996.

Hart, Avril, *Ties*, London: Victoria & Albert Museum, 1998.

Hart, Avril and North, Susan, *Historical Fashion in Detail*, London: Victoria & Albert Museum, 1998.

Hartley, Cecil B., *The Gentleman's Book of Etiquette and Manual of Politeness*, Boston: G.W. Cottrell, 1860.

Harvey, John, *Men in Black*, London: Reaktion, 1995.

Hatherley, Owen, *The Ministry of Nostalgia*, London: Verso Books, 2017.

Hayward, Maria, *Rich Apparel: Clothing and the Law in Henry VIII's England*, Surrey: Ashgate, 2009.

Hebdige, Dick, quoted in Richardson, Niall, and Locks, Adam, Body Studies: The Bascis, Oxon: Routledge, 2014.

Heck, J. G., *Iconographic Encyclopaedia Of Science, Literature, And Art: Volume III*, New York: D. Appleton and Co., 1860.

Hillier, Bevis and McIntyre, Kate, *Style of the Century*, New York: Watson-Guptill Publications, 1998.

Hoffmeister, Gerhart, *European Romanticism: Literary Cross-Currents, Modes, and Models*, MI: Wayne State University Press, 1990.

Holden, Anthony, *Prince Charles*, NY: Atheneum, 1979.

Hollander, Anne. "FASHION IN NUDITY." *The Georgia Review*, vol. 30, no. 3, 1976, pp. 642–702. JSTOR, JSTOR, www.jstor.org/stable/41397286.

Hollander, Anne, *Sex and Suits: The Evolution of Modern Dress*, London: Bloomsbury, (1994) 2016.

Holt, Arden, *Fancy Dresses Described: A Glossary of Victorian Costumes*, NY: Dover, (1896) 2017.

Hopkins, John, *Basics Fashion Design 07: Menswear*, Lausanne: AVA Publishing, 2011.

Houfe, Simon, *John Leech and the Victorian Scene*, Suffolk: ACC Art Books, 1984.

Hughes, Clair, *Hats*, London: Bloomsbury, 2016.

Hunt, Margaret R., *Women in Eighteenth Century Europe*, Oxford: Routledge, 2014.

Hunt-Hurst, Patricia Kay in Blanco F, José, *Clothing and Fashion: American Fashion from Head to Toe*, Denver, CO: ABC-CLIO, 2016.

Hutton, Mike, *Life in 1940s London*, Gloucestershire: Amberley Publishing, 2013.

Jackson, Ashley, *Mad Dogs and Englishmen: A Grand Tour of the British Empire at Its Height*, London: Quercus, 2009.

Jackson, Carole and Lulow, Kalia, *Color for Men*, NY: Ballantine Books, 1984.

Jenss, Heike, *Fashioning Memory: Vintage Style and Youth Culture*, London: Bloomsbury, 2015.

Jesson-Dibley, David, Herrick, Robert, *Selected Poems*, New York: Routledge, (1980) 2003.

Jobling, Paul, *Advertising Menswear: Masculinity and Fashion in the British Media Since 1945*, London: Bloomsbury, 2014.

Johnston, Lucy, *Nineteenth Century Fashion in Detail*, London: Victoria & Albert Museum, 2005.

Kawamura, Yuniya, *Fashioning Japanese Subcultures*, London: Berg, 2012.

Kelly, Francis M. and Schwabe, Randolph, *European Costume and Fashion, 1490–1790*, NY: Dover, 1929.

Kelly, Ian, *Beau Brummell: The Ultimate Man of Style*, NY: Free Press, 2013.

Kelly, Ian and Westwood, Vivienne, *Vivienne Westwood*, London: MacMillan, 2014.

Kelly, Michael Bryan, *The Beatle Myth: The British Invasion of American Popular Music, 1956–1969*, NC: McFarland, 1991.

Kelly, Stuart, *Scott-Land: The Man Who Invented a Nation*, Edinburgh: Polygon, 2010.

Kennedy, Alicia, Emily Stoehrer, Banis and Calderin, Jay, *Fashion Design, Referenced: A Visual Guide to the History, Language, and Practice of Fashion*, MA: Rockport Publishers, 2013.

Kindell, Alexandra, Demers, Elizabeth S., *Encyclopedia of Populism in America: A Historical Encyclopedia, Volume 1: A–M*, CA: ABC-CLIO, 2014.

Kinsler, Blakley Gwen, *The Miser's Purse*, Piecework, November/December 1996.

Kisluk-Grosheide, Daniëlle, *Bertrand Rondot, Visitors to Versailles: From Louis XIV to the French Revolution*, NY: The Metropolitan Museum of Art/ New Haven: Yale University Press, 2018.

Kuchta, David, *The Three-Piece Suit and Modern Masculinity: England, 1550–1850*, Berkeley: University of California Press, 2002.

Ledbetter, Kathryn, *Victorian Needlework*, CA: Praeger, 2012.

Lehman, LaLonnie, *Fashion in the Time of the Great Gatsby*, London: Shire/Bloosmbury: 2013.

Leslie, Catherine Amoroso, *Needlework Through History: An Encyclopedia*, CT: Greenwood Press, 2007.

Lewisohn, Mark, *The Beatles – All These Years: Volume One: Tune In*, London: Little, Brown, 2013.

Lindop, Edmund, *America in the 1950s*, MN: Lerner, 2010.

Lockhart, Paul Douglas, *Sweden in the Seventeenth Century*, Hampshire: Palgrave Macmillan, 2004.

Logan, Walter, "The Topcoat Scene is Getting Livelier," *The San Francisco Examiner*, Sunday, November 5, 1967.

Lynch, Annette and Strauss, Mitchell D., *Ethnic Dress in the United States: A Cultural Encyclopedia*, NY: Rowman & Littlefield, 2015.

MacDougall, Ian, *Voices from War and Some Labour Struggles: Personal Recollections of War in Our Century by Scottish Men and Women*, Edinburgh: Mercat Press, 1995.

Mackerras, Colin, *China in Transformation: 1900–1949*, London: Routledge, 2008.

Makepeace, Margaret, *The East India Company's London Workers: Management of the Warehouse Labourers, 1800–1858*, Suffolk: The Boydell Press, 2010.

Manlow, Veronica, *Designing Clothes: Culture and Organization of the Fashion Industry*, NJ: Transaction Publishers, 2007.

Marchant, Hilde, "The Truth about the 'Teddy Boys' and the Teddy Girls," *Picture Post*, May 29, 1954.

Martin, Richard Harrison and Koda, Harold, *Orientalism: Visions of the East in Western Dress*, NY: Metropolitan Museum of Art, 1994.

Martin, Richard and Koda, Harold, *Christian Dior*, NY: The Metropolitan Museum of Art, 1996.

Masi de Casanova, Erynn, *Buttoned Up: Clothing, Conformity, and White-Collar Masculinity*, NY: Cornell University Press, 2015.

McClafferty, Carla Killough, *The Many Faces of George Washington: Remaking a Presidential Icon*, MN: Carolrhoda Books, 2011.

McGirr, Elaine M., *Eighteenth-Century Characters: A Guide to the Literature of the Age*, Hampshire: Palgrave Macmillan, 2007.

McKay, Elaine in *Cutter's Research Journal*, Volume 11, United States Institute for Theatre Technology, 1999.

McNeil, Peter, "Macaroni Men and Eighteenth-Century Fashion Culture: 'The Vulgar Tongue,'" *The Journal of the Australian Academy of the Humanities*, 8, 2017.

Menkes, Suzy, *The Windsor Style*, London: Grafton, 1987.

Menkes, Suzy, *Forbes*, Volume 155, Issues 6–9, 1995.

Mentzer, Mike and Friedberg, Ardy, *Mike Mentzer's Spot Bodybuilding: A Revolutionary New Approach to Body Fitness and Symmetry*, London: Simon & Schuster, 1983.

Mikhaila, Ninya and Malcolm-Davies, Jane, *The Tudor Tailor: Reconstructing Sixteenth-Century Dress*, London: Batsford, 2006.

Miller, Janice, *Fashion and Music*, Oxford: Berg, 2011.

Miller, Michael B., *The Bon Marche: Bourgeois Culture and the Department Store, 1869-1920*, NJ: Princeton University Press, 1981.

Molloy, Maureen and Larner, Wendy, *Fashioning Globalisation: New Zealand Design, Working Women and the Cultural Economy*, West Sussex: Wiley Blackwell, 2013.

Mr Le Noble/Mr Boyer, *The Art of Prudent Behaviour in a Father's Advice to his Son, Arriv'd to the Years of Manhood. By way of Dialogue*, London: Tim Childe, 1701.

Nelmes, Jill, *An Introduction to Film Studies*, Oxon: Routledge, 1996.

Norberg, Kathryn, and Rosenbaum, Sandra, *Fashion Prints in the Age of Louis XIV: Interpreting the Art of Elegance*, Lubbock: Texas Tech University Press, 2014.

Nunn, Joan, *Fashion in Costume, 1200-2000*, Chicago: New Amsterdam Books, (1984) 2000.

Obregn Pagn, Eduardo, *Murder at the Sleepy Lagoon: Zoot Suits, Race, & Riot in Wartime L.A*, Chapel Hill: University of North Carolina Press, 2003.

O'Byrne, Robert, *The Perfectly Dressed Gentleman*, London: CICO, 2011.

Olsen, Kristen, *All Things Shakespeare: A Concise Encyclopedia of Shakespeare's World*, CA: Greenwood, 2002.

Ouellette, Susan, *US Textile Production in Historical Perspective: A Case Study from Massachusetts*, London: Routledge, 2007.

Palairet, Jean, *A new Royal French Grammar*, Dialogue 16, 1738.

Paoletti, Jo B., *Sex and Unisex: Fashion, Feminism, and the Sexual Revolution*, IN: Indiana University Press, 2015.

Pastoureau, Michel, *Red: The History of a Color*, NJ: Princeton University Press, 2017.

Payne, Blanche, Winakor, Geitel, and Farrell-Beck, Jane, *The History of Costume: From Ancient Mesopotamia Through the Twentieth Century*, Harper Collins, 1992.

Peiss, Kathy, *Zoot Suit: The Enigmatic Career of an Extreme Style*, Philadelphia: University of Pennsylvania Press, 2011.

Perry, Gillian and Rossington, Michael, *Femininity and Masculinity in Eighteenth-century Art and Culture*, Manchester: Manchester University Press, 1994.

Perry, Grayson, *The Descent of Man*, London: Allen Lane, 2016.

Polan, Brenda and Tredre, Roger, *The Great Fashion Designers*, Oxford: Berg, 2009.

Post, Elizabeth and Post, Emily, *Etiquette*, Toronto: Harper Collins, 1965.

Potvin, John, *Giorgio Armani: Empire of the Senses*, London: Routledge, 2013.

Reed, Paula A., *Fifty Fashion Looks that Changed the 1970s*, London: Conran Octopus, 2012.

Ribeiro, Aileen, *Fashion and Fiction: Dress in Art and Literature in Stuart England*, New Haven: Yale University Press, 2005.

Richardson, Niall, and Locks, Adam, *Body Studies: The Basics*, Oxon: Routledge, 2014.

Richmond, Vivienne, *Clothing the Poor in Nineteenth-Century England*, Cambridge: Cambridge University Press, 2013.

Robertson, Whitney A.J. in Blanco, Hunt-Hurst, Vaughan Lee and Doering, *Clothing and Fashion: American Fashion from Head to Toe, Volume One*, CA: ABC-CLIO, 2016.

Rothstein, Natalie, Ginsburg, Madeleine & Hart, Avril, *Four Hundred Years of Fashion*, London: V&A Publications, 1984.

Rudolf, R. de M, *Short Histories of the Territorial Regiments of the British Army*, London: H.M. Stationery Office, 1902.

Russell, Douglas, *Costume History and Style*, NJ: Prentice Hall, 1983.

Sadleir, Michael, *The Strange Life of Lady Blessington*, NY: Little, Brown and Company, 1947.

Scala, Mim, *Diary of a Teddy Boy: A Memoir of the Long Sixties*, Goblin Press, 2009.

Sheridan, Jayne, *Fashion, Media, Promotion: The New Black Magic*, Oxford: Wiley-Blackwell, 2010.

Sichel, Marion, *Costume Reference: Tudors and Elizabethans*, Plays, Inc., 1977.

Sichel, Marion, *Costume Reference 5: The Regency*, London: Batsford, 1978.

Sichel, Marion, *Costume Reference 8: 1918–39*, London: Batsford, 1978.

Sichel, Marion, *History of Men's Costume*, London: Batsford, 1984.

Sichel, Marion, *Costume Reference 7: The Edwardians*, London: Batsford, 1986.

Simonton, Deborah, Kaartinen, Marjo, Montenach, Anne, *Luxury and Gender in European Towns, 1700-1914*, NY: Routledge, 2014.

Sinclair, Rev John, *Memoirs of the Life and Works of John Sinclair, Bart*, London: William Blackwood & Sons, 1837.

Sparks, Jared, *The Writings of George Washington, Volume II*, Boston: Ferdinand Andrews, 1840.

Spufford, Margaret, *The Great Reclothing of Rural England: Petty Chapman and Their Wares in the Seventeenth Century*, London: Bloomsbury, 1984.

Stamper, Anita M. and Condra, Jill, *Clothing Through American History: The Civil War Through the Gilded Age, 1861 – 1899*, CA: Greenwood, 2011.

Staples, Kathleen A. and Shaw, Madelyn C., *Clothing Through American History: The British Colonial Era*, CA: Greenwood, 2013.

Steele, Valerie, *Fifty Years of Fashion: New Look to Now*, New Haven: Yale University Press, 1997.

Steele, Valerie, *Paris Fashion: A Cultural History*, London: Bloomsbury, (1998) 2001.

Steele, Valerie, *Encyclopedia of Clothing and Fashion*, NY: Charles Scribner's Sons, 2005.

Steele, Valerie and Major, John S., *China Chic: East Meets West*, Yale: Yale University Press, 1999.

Steinberg, Neil, *Hatless Jack: The President, the Fedora, and the History of an American Style*, London: Granta Books, 2005.

Sterlacci, Francesca and Arbuckle, Joanne, *Historical Dictionary of the Fashion Industry*, NY: Rowman & Littlefield, 2017.

Stinson Jarvis, Thomas, *Letters from East Longitudes: Sketches of Travel in Egypt, the Holy Land, Greece, and Cities of the Levant*, Toronto: James Campbell & Son, 1875.

Styles, John, and Vickery, Amanda, *Gender, Taste, and Material Culture in Britain and North America, 1700–1830*, Yale Center for British Art, CT: 2006.

Sweetman, John, *Raglan: From the Peninsula to the Crimea*, South Yorkshire: Pen & Sword Military, 2010.

Takeda, Sharon Sadako and Spilker, Kaye Durland, *Fashioning Fashion: European Dress in Detail 1700–1915*, NY: Delmonico, Los Angeles County Museum of Art, 2011.

Takeda, Sharon Sadako and Spilker, Kaye Durland, *Reigning Men: Fashion in Menswear, 1715–2015*, NY: Prestel/Los Angeles County Museum of Art, 2016.

Tanke, Joseph J. and McQuillan, Colin, *The Bloomsbury Anthology of Aesthetics*, London: Bloomsbury, 2012.

Tortora, Phyllis G. and Eubank, Keith, *Survey of Historic Costume*, London: Fairchild Books, 2010.

Turner Wilcox, Ruth, *Five Centuries of American Costume*, NY: Dover, (1963) 2004.

Tyrell, Anne V., *Changing trends in fashion: patterns of the twentieth century, 1900-1970*, London: Batsford, 1986.

Uglow, Jenny, *A Gambling Man: Charles II and the Restoration, 1660–1670*, London: Faber & Faber, 2009.

Veblen, Thorstein, *The Theory of the Leisure Class*, London: Penguin, (1899) 2005.

Vermorel, Fred, *Vivienne Westwood: Fashion, Perversity and the Sixties laid bare*, NY: Overlook Press, 1993.

Vincent, Susan, *Dressing the Elite: Clothes in Early Modern England*, London: Berg, 2003.

Voltaire, *Letters Concerning the English Nation*, London: Tonson, Midwinter, Cooper & Hodges, 1778.

Walker, G., *The Art of Cutting Breeches*, Fourth
Edition, London: G. Walker, 1833.

Warner, Helen, *Fashion on Television: Identity and
Celebrity Culture*, London: Bloomsbury, 2014.

Waugh, Evelyn, *Brideshead Revisited: The Sacred
and Profane Memories of Captain Charles Ryder*,
London: Penguin, (1945) 2012.

Waugh, Norah, *The Cut of Men's Clothes:
1600–1900*, London: Faber & Faber, 1964.

Williams, Susan, *The People's King: The True Story
of the Abdication*, London: Penguin, 2003.

Woods, John, *A new and complete system for cutting
Trousers*, London: Kent & Richards, 1847.

Yarwood, Doreen, *Illustrated Encyclopedia of World
Costume*, NY: Dover, 1978.

Yuniya Kawamura, *Fashioning Japanese Subcultures*,
London: Berg, 2012.

# 圖片來源

Bell, C.M., photographer. Atwater, A.J. Photograph retrieved from the Library of Congress: https://www.loc.gov/pictures/item/2016687864/

Hendrick Goltzius, *Officers in Peascod Doublets*, 1587, Rijksmuseum, Amsterdam: RP-P-OB-4639.

Costume (doublet and breeches) associated with Gustavus Adolphus of Sweden (9 December 1594–6 November 1632, O.S.)—Livrustkammaren, Stockholm: LRK 31192-31193

Frans Hals, *Portrait of a Man*, early 1650s, Oil on canvas, Marquand Collection, Gift of Henry G. Marquand, 1890, Metropolitan Museum of Art, New York: 91.26.9.

(center) Cornelis Anthonisz. (manner of), *Portret van koning Frans I van Frankrijk*, 1538–c. 1547, Rijksmuseum, Amsterdam: RP-P-1932-153.

(bottom left) Pieter Cornelisz, *The Seven Acts of Mercy: Freeing the Prisoners* (detail), digital image courtesy of the Getty's Open Content Program: 92.GA.77.

(center) Johannes Wierix, *Unknown man with carnation*, 1578, Rijksmuseum, Amsterdam, RP-P-OB-67.124.

(left) Fencing Doublet, leather, c.1580, Bashford Dean Memorial Collection, Funds from various donors, 1929, Metropolitan Museum of Art, New York: 29.158.175.

(center) Wedding outfit worn by Gustav II Adolf, c.1620, Livrustkammaren, Stockholm: LRK 31302.

(bottom left) As above: detail.

(bottom right) As above: black and white.

(center) Wenceslaus Hollar, *Standing man takes a bow*, 1627–1636, Rijksmuseum, Amsterdam: RP-P-OB-11.586.

(left) As above (detail).

(right) Anthony van Dyck, *Robert Rich, Second Earl of Warwick*, ca. 1632–35, The Jules Bache Collection, 1949, Metropolitan Museum of Art, New York: 49.7.26.

1877 cabinet card, S. M. Robinson, s & 4 Sixth St., Pittsburgh, PA, collection of Drs. K. and B. Bohleke.

Carte de visite. Backmark: Herman Buchholz, Springfield, Mass. collection of Drs. K. and B. Bohleke.

The Knoll Studio Alliance O [Ohio], c.1910s, collection of Drs. K. and B. Bohleke.

The Miriam and Ira D. Wallach Division of Art, Prints and Photographs: Print Collection, The New York Public Library. "The effigies of the most high and mighty monarch Charles the Second by the grace of God king of Great Britaine, France, and Ireland, defender of the faith etc." The New York Public Library Digital Collections. 1777-1890. http://digitalcollections.nypl.org/items/510d47da-22bc-a3d9-e040-e00a18064a99

Sébastien Leclerc, 1685, *Man bij muurtje, gekleed in een rhingrave kostuum en wijde mantel*, Purchased with the support of the F.G. Waller-Fonds, Rijksmuseum, Amsterdam: RP-P-2009-1071.

(center) Nicolas Bonnart, *Recueil des modes de la cour de France, 'Le Financier'*, 1678–93, Purchased with funds provided by The Eli and Edythe L. Broad Foundation, Mr. and Mrs. H. Tony Oppenheimer, Mr. and Mrs. Reed Oppenheimer, Hal Oppenheimer, Alice and Nahum Lainer, Mr. and Mrs. Gerald Oppenheimer, Ricki and Marvin Ring, Mr. and Mrs. David Sydorick, the Costume Council Fund, and member of the Costume Council (M.2002.57.38), www.lacma.org.

(bottom right) Petticoat breeches (Byxor, Karl XI), Livrustkammaren, Stockholm, LSH: 16748.

(center) Wedding Suit worn by James II, embroidered wool coat and breeches, England, 1673, Purchased with Art Fund support, and the assistance of the National Heritage Memorial Fund, the Daks Simpson group Plc and Moss Bros, Victoria & Albert Museum, London: T.711:1, 2-1995.

(bottom left) Jan van Troyen after Gerbrand van den Eeckhout, *Heer, elegant gekleed volgens de mode van ca. 1660, staand voor de stoep van een huis*, purchased with the support of the F.G. Waller-Fonds, Rijksmuseum, Amsterdam: RP-P-2009-2052.

(left) Nicolas Bonnart, *Recueil des modes de la cour de France, 'Habit d'Espée en Esté'*, France, c.1678 (detail), Purchased with funds provided by The Eli and Edythe L. Broad Foundation, Mr. and Mrs. H. Tony Oppenheimer, Mr. and Mrs. Reed Oppenheimer, Hal Oppenheimer, Alice and Nahum Lainer, Mr. and Mrs. Gerald Oppenheimer, Ricki and Marvin Ring, Mr. and Mrs. David Sydorick, the Costume Council Fund, and member of the Costume Council (M.2002.57.34), www.lacma.org.

(right) Nicolas Bonnart, *Recueil des modes de la cour de France, 'Crieur d'Oranges'* France, c.1674 (detail), Purchased with funds provided by The Eli and Edythe L. Broad Foundation, Mr. and Mrs. H. Tony Oppenheimer, Mr. and Mrs. Reed Oppenheimer, Hal Oppenheimer, Alice and Nahum Lainer, Mr. and Mrs. Gerald Oppenheimer, Ricki and Marvin Ring, Mr. and Mrs. David Sydorick, the Costume Council Fund, and member of the Costume Council (M.2002.57.165), www.lacma.org.

(center) Jean Dieu de Saint-Jean, *Recueil des modes de la cour de France, 'Homme de qualité en habit d'hiuer'*, Paris, France, 1683, Purchased with funds provided by The Eli and Edythe L. Broad Foundation, Mr. and Mrs. H. Tony Oppenheimer, Mr. and Mrs. Reed Oppenheimer, Hal Oppenheimer, Alice and Nahum Lainer, Mr. and Mrs. Gerald Oppenheimer, Ricki and Marvin Ring, Mr. and Mrs. David Sydorick, the Costume Council Fund, and member of the Costume Council (M.2002.57.30), www.lacma.org.

(bottom left) Nicolas Bonnart, *Recueil des modes de la cour de France, 'Casaque d'hyuer à la Brandebourg'*, France, c.1675–86, Purchased with funds provided by The Eli and Edythe L. Broad Foundation, Mr. and Mrs. H. Tony Oppenheimer, Mr. and Mrs. Reed Oppenheimer, Hal Oppenheimer, Alice and Nahum Lainer, Mr. and Mrs. Gerald Oppenheimer, Ricki and Marvin Ring, Mr. and Mrs. David Sydorick, the Costume Council Fund, and member of the Costume Council (M.2002.57.92), www.lacma.org.

(center) Jerome Robbins Dance Division, The New York Public Library. "Homme en habit despée" *The New York Public Library Digital Collections*. 1680s. http://digitalcollections.nypl.org/items/4ce9a460-9bd6-0130-380c-58d385a7b928

(bottom left) Coat belonging to Karl XI, c.17th century, Livrustkammaren, Stockholm, LRK: 19017.

(center) Jacob Gole, *Louis, Dauphin of France*, 1660–1737, Yale Center for British Art, Paul Mellon Fund, B1970.3.938.

(right) Thomas Forster, *Portrait of a Man*, 1700 (detail), Rogers Fund, 1944, Metropolitan Museum of Art, 44.36.2.

Francis Hayman, *Dr. Charles Chauncey, M.D, A Gentleman*, 1747, Yale Center for British Art, Paul Mellon Collection, B1974.3.30.

Anon, *Portrait of Jacob Mossel, Governor-General of the Dutch East India Company*, 1750–1799, Rijksmuseum, Amsterdam: SK-A-4550.

Joseph B. Blackburn, *Portrait of Captain John Pigott*, USA, c.1752, Purchased with funds provided by the American Art Council in honor of the Museum's twenty-fifth anniversary (M.90.210.1), www.lacma.org.

Unknown artist, *An Unknown Man, perhaps Charles Goring of Wiston (1744–1829), out Shooting with his Servant*, c.1765, Yale Center for British Art, Paul Mellon Collection, B2001.2.218.

(center) The Miriam and Ira D. Wallach Division of Art, Prints and Photographs: Art & Architecture Collection, The New York Public Library. "Habit of a French man of quality in 1700. Francois de qualité." *The New York Public Library Digital Collections.* 1757–1772. http://digitalcollections. nypl.org/items/510d47e4-3cb0-a3d9-e040-e00a18064a99

(left) At-home Robe (Banyan), India, c.1750, Costume Council Fund (M.2005.42), www.lacma.org.

(bottom right) Louis Desplaces, *Man in officer's dress, with sword hanging at left hip, shown in frontal view with his head turned toward the left, trees beyond*, ca. 1700–1739, Bequest of Phyllis Massar, 2011, Metropolitan Museum of Art: 2012.136.245.

(center) A young man's/older boy's coat and breeches, 1705–15, English; Red wool, silver embroidery, mended 1710–20, altered 1852, Victoria & Albert Museum, London: T.327&A-1982.

(bottom left) Woman's Dress and Petticoat (Robe à la française), Europe, c.1745, Purchased with funds provided by Suzanne A. Saperstein and Michael and Ellen Michelson, with additional funding from the Costume Council, the Edgerton Foundation, Gail and Gerald Oppenheimer, Maureen H. Shapiro, Grace Tsao, and Lenore and Richard Wayne (M.2007.211.927a-b), www.lacma.org.

(bottom right) Breeches, 1710, Europe, Gift of Mr. Lee Simonson, 1939, Metropolitan Museum of Art, New York: C.I.39.13.165.

(center) Coat, probably German, 1720s-1730s, front view, Los Angeles County Fund (62.6.2), www.lacma.org.

(right) Coat, probably German, 1720s-1730s, back view, Los Angeles County Fund (62.6.2), www.lacma.org.

(left) Jerome Robbins Dance Division, The New York Public Library. "Das Tanzen" (detail) The New York Public Library Digital Collections. 1720–1740.

(center) Man's coat, British, c.1735, Image © National Museums Scotland: A.1978.417.

(bottom left) Jerome Robbins Dance Division, The New York Public Library. "Das Tanzen" (detail) The New York Public Library Digital Collections. 1720–1740.

(top right) Boitard, Louis Pierre, Engraver, and Bartholomew Dandridge. *Standing / B. Dandridge pinx ; L.P. Boitard, sculp.* [Published] Photograph. Retrieved from the Library of Congress, <www.loc.gov/item/93508032/>.

(center) Frans van der Mijn, *Portrait of Jan Pranger*, 1742, Rijksmuseum, Amsterdam: SK-A-2248

(left) Ensemble, c.1740, British, Purchase, Irene Lewisohn Bequest, 1977, Metropolitan Museum of Art, New York: 1977.309.1a, b.

(center) Suit, 1750–75, British, Isabel Shults Fund, 1986, Metropolitan Museum of Art, New York: 1986.30.4a–d.

(right) As above, detail.

(top left) As above, detail.

(bottom left) Anton Raphael Mengs, *Johann Joachim Winckelmann*, c.1777, Harris Brisbane Dick Fund, 1948, Metropolitan Museum of Art, New York: 48.141.

(center) Gentleman's court suit, c.1760s, Museum Purchase: Auxiliary Costume Fund and Exchange Funds from the Gift of Harry and Mary Dalton2003.123.4A-C, Mint Museum, Charlotte, NC.

(left) Woman's Dress (Robe à la française and Petticoat), France/England, 1760–65, Gift of Mrs. Aldrich Peck (M.56.6a-b), www.lacma.org.

(top right) Giovanni Battista Tiepolo, *Caricature of a Man Seen from Behind*, c.1760, Robert Lehman Collection, 1975, Metropolitan Museum of Art, New York: 1975.1.457

(bottom right) Gilbert Stuart, *Captain John Gell*, 1785, Oil on canvas, Purchase, Dorothy Schwartz Gift, Joseph Pulitzer Bequest, and 2000 Benefit Fund, 2000, Metropolitan Museum of Art, New York: 2000.450.

(center) Suit, c.1760, Purchase, Irene Lewisohn Bequest and Polaire Weissman Fund, 1996, Metropolitan Museum of Art, New York: 1996.117a–c.

(bottom right) As above, back view.

(bottom left) Waistcoat, c.1760, Purchase, Irene Lewisohn Bequest and Polaire Weissman Fund, 1996, Metropolitan Museum of Art, New York: 1996.117a–c.

(center) Wedding suit of Gustav III, 1766, Livrustkammaren, Stockholm, LRK: 31255.

(top right) As above, detail.

(left) *L'Auguste Cérémonie du Mariage de Mgr Louis Dauphin de France, né à Versailles le 4 septembre 1729 avec Marie Thérése infante d'Espagne née à Madrid le 11 juin 1726. . . . . .*: [estampe] (detail), Bibliothèque nationale de France, département Estampes et photographie, RESERVE QB-201 (98)-FOL.

(center) *Suit (habit à la française)*, c.1775, France, National Gallery of Victoria, Melbourne. Presented by the National Gallery Women's Association, 1978, D73.a-c-1978.

(bottom right) Claude Louis Desrais, *Bourgeois de Paris en habit Simple*, 1778, purchased with the support of the F.G. Waller-Fonds, Rijksmuseum, Amsterdam: RP-P-2009-1130.

(left) Probably after Samuel Hieronymus Grimm, *Well-a-day, Is this my Son Tom*, c.1773, The Elisha Whittelsey Collection, The Elisha Whittelsey Fund, 1960, Metropolitan Museum of Art, New York: 60.576.9.

(right) Man's Three-piece Suit (Coat, Vest, and Breeches), front view, Italy, probably Venice, c. 1770, Costume Council Fund (M.83.200.1a-c), www.lacma.org.

(left) As above, back view.

(right) Giovanni Battista Tiepolo, *Caricature of a Man with His Arms Folded, Standing in Profile to the Left*, c.1760, Robert Lehman Collection, 1975, Metropolitan Museum of Art, New York: 1975.1.453.

(center) Man's Three-piece Suit: Coat, Waistcoat, and Breeches, France, c. 1775–1785, Gift of Mrs. Arthur Biddle, 1935, Philadelphia Museum of Art: 1935-16-2a–c.

(left, bottom right) As above, detail (x3).

(top right) Jerome Robbins Dance Division, The New York Public Library. "The Bengall minuet" *The New York Public Library Digital Collections*. 1773-11-03 (detail). http://digitalcollections.nypl.org/items/99ca8050-f811-0132-e0ce-58d385a7bbd0.

(center) Frock Coat, c. 1784–c. 1789, Gift of Jonkheer J.F. Backer, Amsterdam, Rijksmuseum, Amsterdam: BK-NM-13158.

(top left) Frock coat (detail), c.1790, Isabel Shults Fund, 1986, Metropolitan Museum of Art, New York: 1986.181.2.

(right) Adriaen de Lelie, *Jacob Alewijn*, c.1780–90, Amsterdam Museum, bruikleen Backer Stichting, SB 5126.

(bottom left) Waistcoat, c.1780, Rogers Fund, 1926, Metropolitan Museum of Art, New York: 26.56.33.

(top left) Ribbed silk coat, c.1780s, England (front view), Shippensburg University Fashion Archives & Museum, Pennsylvania.

(top right) As above, back view.

(bottom left, bottom right) As above, details x2.

(center) Suit, 1789, Courtesy of Mount Vernon Ladies' Association, W-574/A-B.

(top right) Unknown artist, *An Unknown Man, perhaps Charles Goring of Wiston (1744–1829), out Shooting with his Servant*, c.1765, detail, Yale Center for British Art, Paul Mellon Collection, B2001.2.218.

James Gillray, *French Liberty—British Slavery* (detail), December 21, 1792, Gift of Adele S. Gollin, 1976, 1976.602.27.

(center) Sans-culotte Trousers, France, c.1790, Purchased with funds provided by Phillip Lim (M.2010.205), www.lacma.org.

(bottom right) Vest, France, c.1789–1794, Purchased with funds provided by Suzanne A. Saperstein and Michael and Ellen Michelson, with additional funding from the Costume Council, the Edgerton Foundation, Gail and Gerald Oppenheimer, Maureen H. Shapiro, Grace Tsao, and Lenore and Richard Wayne (M.2007.211.1078), www.lacma.org.

(center) Coat, 1790s, purchase, NAMSB Foundation Inc. Gift, 1999, Metropolitan Museum of Art, New York: 1999.105.2.

(top left) As above, detail.

(bottom left) As above, back view.

(bottom right) Waistcoat, c.1790, Purchase, Irene Lewisohn Bequest, 1968, Metropolitan Museum of Art, New York: C.I.68.67.2.

(left, right) Jean Louis Darcis after Carle Vernet, *Les Incroyables*, c.1796, purchased with the support of the F.G. Waller-Fonds, Rijksmuseum, Amsterdam: RP-P-2009-2825.

(far left) Coat, France, 1790s, (detail) Purchased with funds provided by Suzanne A. Saperstein and Michael and Ellen Michelson, with additional funding from the Costume Council, the Edgerton Foundation, Gail and Gerald Oppenheimer, Maureen H. Shapiro, Grace Tsao, and Lenore and Richard Wayne (M.2007.211.802), www.lacma.org.

(center) Coat, France, 1790s, Purchased with funds provided by Suzanne A. Saperstein and Michael and Ellen Michelson, with additional funding from the Costume Council, the Edgerton Foundation, Gail and Gerald Oppenheimer, Maureen H. Shapiro, Grace Tsao, and Lenore and Richard Wayne (M.2007.211.802), www.lacma.org.

(left) *Journal des Dames et des Modes*, Costume Parisien, 5 janvier 1800, An 8, (185) : Chapeau Cornette, anonymous, 1800, purchased with the support of the F.G. Waller-Fonds, Rijksmuseum, Amsterdam: RP-P-2009-2305.

(right) Friedrich Justin Bertuch, Journal des Luxus und der Moden 1786–1826, Band V, T.22, c.1787, Rijksmuseum, Amsterdam: BI-1967-1159C-22

(center) Johannes Pieter de Frey after Jacobus Johannes Lauwers, *Boer met kruik*, c.1770–1834, Rijksmuseum, Amsterdam: RP-P-OB-52.288.

(right) Johannes Pieter de Frey after Jacobus Johannes Lauwers, *Boer met mand op de rug*, c.1770–1834, Rijksmuseum, Amsterdam: RP-P-OB-52.290.

(left) Waistcoat, c.1780, purchase, Irene Lewisohn and Alice L. Crowley Bequests, 1983, Metropolitan Museum of Art, New York: 1983.157.3.

Coat and trousers, c.1830s, Shippensburg Fashion Archives and Museum, Pennsylvania.

Louis-Léopold Boilly, *Portrait of a Gentleman*, c.1800, Gift of Marilyn B. and Calvin B. Gross (M.2003.197.2), www.lacma.org.

(left) Journal des Dames et des Modes 1825, Costume Parisien (2358), anonymous, 1825, Rijksmuseum, Amsterdam: BI-1938-0115A-56.

(right) Journal des Dames et des Modes, Costume Parisien, 15 janvier

1823, (2124): *Manteau à collet de loutre*, Rijksmuseum, Amsterdam: RP-P-2009-2471.

Chesterfield overcoat, W.C. Bell, c.1860–70, collection of Drs. K. and B. Bohleke.

Caped overcoat, c.1860–90, collection of Drs. K. and B. Bohleke.

(center) Man's Coat, Waistcoat, Breeches, c. 1785–1800 (front view), purchased with funds provided by Suzanne A. Saperstein and Michael and Ellen Michelson, with additional funding from the Costume Council, the Edgerton Foundation, Gail and Gerald Oppenheimer, Maureen H. Shapiro, Grace Tsao, and Lenore and Richard Wayne (M.2007.211.51), www.lacma.org.

(left, top right) As above, detail x 2.

(bottom right) Bicorne hat, 1790–1810, USA, Gift of Dr. and Mrs. Robert Gerry, 1986, Metropolitan Museum of Art, New York: 1986.518.3.

(center) Jerome Robbins Dance Division, The New York Public Library. "Académie et salle de danse" *The New York Public Library Digital Collections*. 1800–1809. http://digitalcollections.nypl.org/items/28153940-00ba-0133-9adc-58d385a7b928.

(bottom right) Fashion plate, c. 1797-1839, *Costume Parisien* (detail), Purchased with the support of the F.G. Waller-Fonds, Rijksmseum, Amsterdam, RP-P-2009-2347 .

(left) Fashion plate, 1800, private collection.

(left) Sir Thomas Lawrence, *Lord Granville Leveson-Gower, later 1st Earl Granville* (detail), c.1804–09, Britain, Yale Center for British Art, Paul Mellon Collection, B1981.25.736.

(right) Anthonie Willem Hendrik Nolthenius de Man, *Man met hoge hoed*, 1828, Rijksmuseum, Amsterdam: RP-P-1882-A-5286.

(center) Wool broadcloth coat and pantaloons, 1805–10, The Daughters of the American Revolution Museum, Washington DC. Gift of Mr. Tracy L. Jeffords (81); gift of Mrs. Bessie Napier Proudfit (1497) and Friends of the Museum purchase (2016.2.A-B).

(top left) Unknown artist, *Self Portrait*, c.1800–05, Dale T. Johnson Fund, 2014, Metropolitan Museum of Art, New York: 2014.512.

(bottom left) Habit à la disposition, c.1760–75, France, Brooklyn Museum Costume Collection at The Metropolitan Museum of Art, Gift of the Brooklyn Museum, 2009; Gift of Paula Fox, 1996, Metropolitan Museum of Art, New York: 2009.300.2932.

(top right) Coat, 1822, Livrustkammaren, Stockholm, LSH: 86753.

(left, right) Trousers and Jacket, (front and back views) c.1820s, The National Museum of Denmark, photographers: Roberto Fortuna and Peter Danstrøm, V.S.

(far right) Pantaloons, c.1820–30, probably Italian, Gift of The Metropolitan Museum of Art, 1940 Metropolitan Museum of Art: C.I.40.173.9.

(center) The Miriam and Ira D. Wallach Division of Art, Prints and Photographs: Art & Architecture Collection, The New York Public Library. "Scavenger." *The New York Public Library Digital Collections.* 1820. http://digitalcollections.nypl.org/items/510d47de-1cfa-a3d9-e040-e00a18064a99.

(left) Ensemble, ca. 1820, American, Purchase, Irene Lewisohn Bequest, 1976, Metropolitan Museum of Art: 1976.235.3a–e.

(right) The Miriam and Ira D. Wallach Division of Art, Prints and Photographs: Art & Architecture Collection, The New York Public Library. "Rabbit-man." *The New York Public Library Digital Collections.* 1820. http://digitalcollections.nypl.org/items/510d47dc-998c-a3d9-e040-e00a18064a99.

(center) Man's Tailcoat, probably England, c.1825–1830, Costume Council Curatorial Discretionary Fund (AC1993.127.1), www.lacma.org.

(top right) As above, rear detail.

(top left) Fashion plate, c.1820s, private collection.

(bottom left) Anon, *Laceing [sic] a Dandy*, January 26, 1819, Rogers Fund and The Elisha Whittelsey Collection, The Elisha Whittelsey Fund, 1969, Metropolitan Museum of Art, New York: 69.524.35.

(bottom right) Linen trousers, 1830s, detail, Shippensburg University Fashion Archives & Museum, Pennsylvania.

(center) Tartan suit, c.1830, © National Museums Scotland: A.1994.102 A.

(right) Man's Hunting Jacket, Scotland, 1825–1830 (detail), Purchased with funds provided by Suzanne A. Saperstein and Michael and Ellen Michelson, with additional funding from the Costume Council, the Edgerton Foundation, Gail and Gerald Oppenheimer, Maureen H. Shapiro, Grace Tsao, and Lenore and Richard Wayne (M.2007.211.956), www.lacma.org.

(center) Coat and 'cossack' trousers, c.1833, Catharine Breyer Van Bomel Foundation Fund, 1981, Metropolitan Museum of Art, New York: 1981.210.4.

(top left, top right) As above, detail x 2.

(bottom left) Fashion plate, c.1830s, private collection.

(bottom right) Silk dress, c.1831–35, purchase, Irene Lewisohn Bequest, 2017, Metropolitan Museum of Art, New York: 2017.70.

(left) Tail Coat, England, c.1840, purchased with funds provided by Suzanne A. Saperstein and Michael and Ellen Michelson, with additional funding from the Costume Council, the Edgerton Foundation, Gail and Gerald Oppenheimer, Maureen H. Shapiro, Grace Tsao, and Lenore and Richard Wayne (M.2007.211.807), www.lacma.org.

(right) Tail Coat, Scotland, c. 1845, purchased with funds provided by Suzanne A. Saperstein and Michael and Ellen Michelson, with additional funding from the Costume Council, the Edgerton Foundation, Gail and Gerald Oppenheimer, Maureen H. Shapiro, Grace Tsao, and Lenore and Richard Wayne (M.2007.211.958), www.lacma.org.

(far right) Man's Vest, England, c.1845, Gift of Ms. Mims Thompson (M.87.219), www.lacma.org.

(bottom) Shoes by John Golden, c.1848, Brooklyn Museum Costume Collection at The Metropolitan Museum of Art, Gift of the Brooklyn Museum, 2009; Gift of Mrs. James McF. Baker, 1948, Metropolitan Museum of Art, New York: 2009.300.3482a–d.

(center) *Men's dark blue suit* c.1840, Museum of Applied Arts & Sciences, 87/1249, <https://ma.as/71577>

(left) Waistcoat, 1840s, Britain, Purchase, Friends of The Costume Institute Gifts, 1980, Metropolitan Museum of Art, New York: 1980.72.9.

(right) Fashion plate, c.1840s, private collection.

(left, right) Man's coat, 1845 and 1850, 82.33.2, ©The Museum at FIT, New York.

(far right) Man's Frock Coat, Europe, circa 1845, Purchased with funds provided by Suzanne A. Saperstein and Michael and Ellen Michelson, with additional funding from the Costume Council, the Edgerton Foundation, Gail and Gerald Oppenheimer, Maureen H. Shapiro, Grace Tsao, and Lenore and Richard Wayne (M.2007.211.61), www.lacma.org.

(bottom left) Ensemble, c.1860, USA, Brooklyn Museum Costume Collection at The Metropolitan Museum of Art, Gift of the Brooklyn Museum, 2009; Gift of Mrs. Franklin W. Hopkins, 1928, Metropolitan Museum of Art, New York: 2009.300.626.

(bottom right) Fashion plate, 'Paris Modes', Germany, c.1840s, private collection.

(center) Frock coat and trousers, Northern Ireland, c.1852, purchased with funds provided by Michael and Ellen Michelson (M.2010.33.8a-b), www.lacma.org.

(top left) Man wearing shoe-tie. c.1850s-70s, x2, collection of Drs. K. and B. Bohleke.

(bottom left) Blackwork panel, c.1580–1620 (detail), Britain, Rogers Fund, 1935, Metropolitan Museum of Art, New York: 35.21.3.

(right) 1860–70 photograph of man in frock coat, collection of Drs. K. and B. Bohleke.

(center) Anon, *L'Elégant, Journal des Tailleurs* (detail), 1 October 1854, Gift of the M.A. Ghering-van Ierlant Collection, Rijksmuseum, Amsterdam: RP-P-2009-3360.

(top left) Smoking jacket, 1860s, American or European, Gift of Jessie Leonard Hill, Charles R. Leonard, Jr., and Laura Leonard Ault, 1978, Metropolitan Museum of Art, New York: 1978.477.23.

(right) Photograph, c.1860–70, collection of Drs. K. and B. Bohleke.

(bottom) As above.

Family portrait, c.1860s, collection of Drs. K. and B. Bohleke.

Photograph, late 1860s couple, collection of Drs. K. and B. Bohleke.

Photograph, J.&W Hicks, man in morning coat, collection of Drs. K. and B. Bohleke.

Napoleon Sarony, *Oscar Wilde*, 1882, Gilman Collection, Purchase, Ann Tenenbaum and Thomas H. Lee Gift, 2005, Metropolitan Museum of Art, New York: 2005.100.120.

(center) Sack suit, 1865–70, Britain, Purchase, Irene Lewisohn Trust Gift, 1986, Metropolitan Museum of Art, New York: 1986.114.4a–c.

(left) Summer sack suit, antique photograph, c.1860s, collection of Drs. K. and B. Bohleke.

(left, right) Anon, *Le Musée des Tailleurs illustré, 1869, Nr. 7 : Journal donnant les Modes de Paris*, 1869, On loan from the M.A. Ghering-van Ierlant Collection, Rijksmuseum, Amsterdam: RP-P-2009-3550.

(bottom left) Cabinet card, c.1860–70, Ohio, collection of Drs. K. and B. Bohleke.

(bottom right) The Miriam and Ira D. Wallach Division of Art, Prints and Photographs: Photography Collection, The New York Public Library. "Portrait of a man." *The New York Public Library Digital Collections*. 1869–1881. http://digitalcollections.nypl.org/items/510d47e1-6c50-a3d9-e040-e00a18064a99.

(center) Wedding suit of W.F. Potter, 1869, 1964.25.1.North Carolina Museum of History, photographer: Eric Blevins.

(far left) As above, waistcoat detail, photographer: Eric Blevins.

(near left) Miser's purse, 1840–60, USA, Brooklyn Museum Costume Collection at The Metropolitan Museum of Art, Gift of the Brooklyn Museum, 2009; Gift of George F. Hoag, 1959, 2009.300.2942.

(bottom right) Evening shirt, c.1860, USA, Brooklyn Museum Costume Collection at The Metropolitan Museum of Art, Gift of the Brooklyn Museum, 2009; Gift of Sarah F. Milligan and Kate Milligan Brill, 1940, Metropolitan Museum of Art, New York: 2009.300.6450.

(center) Man's Suit (Jacket and Trousers), England, 1860–1870, purchased with funds provided by Michael and Ellen Michelson (M.2010.33.9a-b), www.lacma.org.

(bottom left) As above, rear view (detail).

(right) Cabinet photo, c.1870s, collection of Drs. K. and B Bohleke.

(center) 'University' coat, England, c.1873–75, Victoria & Albert Museum, London: T.3-1982.

(left) As above, detail.

(center) Man's Morning Coat and Vest, England, c.1880, Purchased with funds provided by Michael and Ellen Michelson (M.2010.33.15a-b), www.lacma.org.

(left) As above, detail.

(right) *Man's Wedding Suit: Cutaway Coat, Trousers, and Waistcoat*, C. Prueger & Son, Philadelphia, 1885, Gift of C. C. Whitenack, 1933, Philadelphia Museum of Art, 1933-13-1a–c.

(center) Suit worn by James Adams Woolson (1829–1904), 1880, Cotton seersucker jacket and trousers. Gift of the Estate of Mrs. Byron Satterlee Hurlbut, 58.166.20. Photography by Erik Gould, courtesy of the Museum of Art, Rhode Island School of Design, Providence.

(top right) Carte de visite, c.1880s, Pirrong & Son, Photographers. 322 North Second St. Philadelphia, collection of Drs. K. and B Bohleke.

(bottom right) Seersucker coat, 1795–99, American or European, Gift of Mr. J. C. Hawthorne, 1946, Metropolitan Museum of Art, New York: C.I.46.82.16.

(center) Smoking Suit, England, c.1880, Gift of the Costume Council in memory of Maryon Lears (M.2012.81a-b), www.lacma.org.

(top left) Woman's dressing gown, 1880–85, America, Brooklyn Museum Costume Collection at The Metropolitan Museum of Art, Gift of the Brooklyn Museum, 2009; Gift of Lillian E. Glenn Peirce and Mabel Glenn Cooper, 1929, Metropolitan Museum of Art, New York: 2009.300.70.

(top right) Alexandre Gabriel Decamps, *Turkish Guardsmen*, France, 1841, digital image courtesy of the Getty's Open Content Program: 2016.15.

(bottom left) Slippers, Europe or USA, 1850–1900, Mrs. Alice F. Schott Bequest (M.67.8.165a-b), www.lacma.org.

(bottom right) Vest, 1860–69, America, Brooklyn Museum Costume Collection at The Metropolitan Museum of Art, Gift of the Brooklyn Museum, 2009; Gift of Sarah F. Milligan and Kate Milligan Brill, 1940, Metropolitan Museum of Art, New York: 2009.300.2729.

(left, right) *Fashionable gentlemen in suits*, 1890, Screen print, Graphic Arts/Getty Images. GraphicaArtis / Contributor.

(far right top) Cabinet card, Germany, c.1890s, collection Daniela Kästing.

(far right bottom) Portrait photograph, c.1890s, collection of Drs. K. and B. Bohleke.

(center) Man's fancy dress ensemble in eighteenth-century style: coat, breeches, and waistcoat, Artist/maker unknown, American?, Gift of the heirs of Charlotte Hope Binney Tyler Montgomery, 1996, Philadelphia Museum of Art, 1996-19-11a–c.

(right) As above, detail.

(left) Cabinet photo of man in 18th century suit, c.1890s, New York, author's collection.

(bottom right) Man's Waistcoat, Italy or France, circa 1730, Purchased with funds provided by Suzanne A. Saperstein and Michael and Ellen Michelson, with additional funding from the Costume Council, the Edgerton Foundation, Gail and Gerald Oppenheimer, Maureen H. Shapiro, Grace Tsao, and Lenore and Richard Wayne (M.2007.211.794), www.lacma.org.

Cabinet photo, c.1908, collection of Drs. K. and B. Bohleke.

The window of men's clothing store 'P&Q', USA, 1919, collection of Drs. K. and B. Bohleke.

Photograph of Hector Hogg, c.1916–17, Hogg/Edwards family collection.

Photograph of Stanley Gordon Hogg, c.1916, Hogg/Edwards family collection.

Photograph of Stanley Gordon Hogg, c.1930s, Hogg/Edwards family collection.

Advertisement for a raccoon fur coat, 1921, USA, courtesy Matt Jacobsen, oldmagazinearticles.com.

(center) Science, Industry and Business Library: General Collection, The New York Public Library. "Flannel outing suits; No. 9. The new Breakwater summer suit" (detail), *The New York Public Library Digital Collections*. 1900. http://digitalcollections. nypl.org/items/510d47dd-fe5b-a3d9-e040-e00a18064a99

(top left) Sketch by Charles Dana Gibson, c.1901 (detail), private collection.

(bottom right) Harper, Alvan S., 1847–1911. *Man with mustache in fully buttoned suit.* Between 1885 and 1910. Black & white glass photonegative. State Archives of Florida, Florida Memory. Accessed 6 Dec. 2018.<https://www.floridamemory.com/items/show/130136>.

(left) Travel suit consisting of jacket, vest and trousers. Belonged to Walther von Hallwyl, c.1900, Hallwyl Museum, Stockholm. Photography by Jens Mohr.

(right) Suit consisting of jacket, vest and trousers. Made of patterned gray-colored camgorncheviot in stripe pattern and with light gray horn buttons. Belonged to Walther von Hallwyl, c.1900, Hallwyl Museum, Stockholm. Photography by Jens Mohr.

(far left) Photograph of the Hallwyl family featuring Walther von Hallwyl (detail), ID: 4945, Hallwyl Museum, Stockholm.

(center) Foto [sic] by Dittrich, 1107 Boardwalk, Atlantic City, N.J. [New Jersey], c.1908–10, collection of Drs. K. and B. Bohleke.

(top left) The Miriam and Ira D. Wallach Division of Art, Prints and Photographs: Art & Architecture Collection, The New York Public Library. "Arrow collars. Cluett shirts." *The New York Public Library Digital Collections*. 1895–1917. http://digitalcollections.nypl.org/items/510d47e2-90e2-a3d9-e040-e00a18064a99.

(bottom left) Photograph of working class couple, c.1908–10, collection of Drs. K. and B. Bohleke.

(center) Full-Length Portrait of a Young Man Standing Next to a Bicycle. [Between 1890 and 1910] [Photograph] Retrieved from the Library of Congress, https://www.loc.gov/item/2006689595/.

(bottom left) The Miriam and Ira D. Wallach Division of Art, Prints and Photographs: Art & Architecture Collection, The New York Public Library. "Ride Sterling bicy[cles]" *The New York Public Library Digital Collections*. 1895–1917. http://digitalcollections.nypl.org/items/510d47e2-90df-a3d9-e040-e00a18064a99.

(center) Norfolk suit consisting of jacket, vest and trousers. Brown cheviot and with brown horn buttons. Belonged to Walther von Hallwyl, c.1910. Hallwyl Museum, Stockholm. Photography by Jens Mohr.

(bottom left) Photograph of Prince Philip, Duke of Edinburgh, c.1950s, GENTRY magazine (detail), courtesy Matt Jacobsen, oldmagazinearticles.com.

(center) Evening dress suit, George Dean, c.1911, gift of the Estate of A. D. Savage, © McCord Museum, Montreal: M973.49.11.1-3.

(right) The Miriam and Ira D. Wallach Division of Art, Prints and Photographs: Art & Architecture Collection, The New York Public Library. "Arrow collars, Cluett shirts. Saturday evening post, Sept 25 1909." *The New York Public Library Digital Collections*. 1895–1917. http://digitalcollections.nypl.org/items/510d47e2-90e4-a3d9-e040-e00a18064a99.

(center) Suit and wedding dress worn by David Raymond Fogelsanger (1889–1958) and Lydia Hawbaker (1888–1935) of Shippensburg, PA, at their wedding in 1914. Suit made by tailor Abraham Lincoln "Link" Shearar, PA.

(left) Collar, c.1900–10, author's collection.

(center) Wool 'Golfing' suit, brown plaid, Shippensburg University Fashion Archives & Museum, Pennsylvania: S1986-34-005.

(bottom left) *Harry Vardon's golf swing*, c.1910–20, courtesy Matt Jacobsen, oldmagazinearticles.com.

(bottom right) Fishbaugh, W. A.(William Arthur), 1873–1950. *Carl Byoir with another man on the golf course at the Miami Biltmore Hotel—Coral Gables, Florida.* 1925. Black & white photoprint. State Archives of Florida, Florida Memory. Accessed 7 Dec. 2018. <https://www.floridamemory.com/items/show/37236>.

(center) *Jack Buchanan wearing Oxford bags*, 1925, Getty Images, Bettmann / Contributor.

(top left) Group of friends in Egypt, c.1920s, Simmonds family collection.

(bottom right) Cambridge University rowing crew group, c.1931, courtesy Christina Bloom: https://heartheboatsing.com.

(center) *Man modeling walking suit*. Photograph. Retrieved from the Library of Congress, <www.loc.gov/item/90710715/>.

(right) Wedding portrait, South Africa, 1920s, Levy family collection.

(center) Business suit, c.1926, Gift of Mrs. Donald A. MacInnes, © McCord Museum, Montreal: M973.137.1.1-5.

(left) Sack suit, 1865–70, Britain, Purchase, Irene Lewisohn Trust Gift, 1986, Metropolitan Museum of Art, New York: 1986.114.4a–c.

(bottom right) *Edward Maxwell, architect, Montreal, QC, 1893* by Wm. Notman & Son, 1893, purchase from Associated Screen News Ltd, © McCord Museum, Montreal:II-100033.

(center) Evening suit, c.1920s, made by Mr J.R. Jamieson, Edinburgh, Image © National Museums Scotland: H.TI 23 A.

(left) Science, Industry and Business Library: General Collection, The New York Public Library. "Go formal in authentic evening wear (single-breasted tuxedo, double-breasted tuxedo, shawl collar summer tuxedo, full dress for formal evening wear, clerical frock, cutaway frock, Prince Albert frock, dress vest, clerical vest, cassock vest)", detail, *The New York Public Library Digital Collections*. 1942. http://digitalcollections.nypl.org/items/510d47dd-ff8b-a3d9-e040-e00a18064a99

(right) As above, detail.

(center) Palm Beach Suit, c.1930–39, courtesy of the FIDM Museum at the Fashion Institute of Design & Merchandising, Los Angeles, CA: 2008.5.24AB.

(bottom left) Palm Beach Suit, advertisement (detail), 1932, courtesy Matt Jacobsen, oldmagazinearticles.com.

(center) Suit, 1931, Gift of Mrs. Henry Yates © McCord Museum, Montreal: M987.182.5.1-3.

(bottom left) Wedding portrait, 1936, collection of Drs. K. and B. Bohleke.

(top right) Portrait of solider, c.1914 (detail), collection of Drs. K. and B. Bohleke.

(center) Brown pinstripe suit, c.1930s, Shippensburg University Fashion Archives & Museum, Pennsylvania: S1983-16-004 Cory.

(bottom left) Rear view of suit, c.1930s, Shippensburg University Fashion Archives & Museum, Pennsylvania: S1983-16-004 Cory.

(center) Evening suit, 1938, Gift of Mr. John L. Russell, © McCord Museum, Montreal: M993.14.3.1-2.

(bottom left) *American actor and dancer Fred Astaire (1899–1987), mid leap, circa 1935.* (Photo via John Kobal Foundation/Hulton Archive/Getty Images).

(top) Photograph of Shell Oil employees, c.1965–6, Edwards family collection.

(bottom) Family snapshot, 1966, London, Edwards family collection.

(center) *Rayfield McGhee in a "zoot suit"—Tallahassee, Florida.* 1942 or 1943. Black & white photonegative. State Archives of Florida, Florida Memory. Accessed 7 Dec. 2018.<https://www.floridamemory.com/items/show/154912>.

(bottom left) *Yank: Army Weekly* magazine cartoon, 1945 (detail), courtesy Matt Jacobsen, oldmagazinearticles.com.

(bottom right) Avery, Joseph H., Jr. *Jimmy Reid and friends in zoot suits with jive chains—Tallahassee, Florida.* 194-. Black & white photonegative. State Archives of Florida, Florida Memory. Accessed 7 Dec. 2018.<https://www.floridamemory.com/items/show/155093>.

(left) Suit worn by the Duke of Windsor, Maryland Historical Society, photograph by Dan Goodrich.

(right) Duke of Windsor's Suit: back view, Maryland Historical Society, photograph by Dan Goodrich.

(far right) NEW YORK, NY—1945: Le duc de Windsor Edward VIII et la duchesse de Windsor Wallis Simpson, a bord du navire 'Argentina' en 1945 New York City. (Photo by Keystone-France\Gamma-Rapho via Getty Images).

(center) 'Utility' suit, c.1940s, Great Britain, Victoria & Albert Museum, London: T.242&A-1981.

(left) Wedding portrait, 1947, Hogg/Edwards family collection.

(right) Photograph of Gordon Edwards, 1939, Edwards family collection.

(center) Demob suit, c.1940s, Great Britain, © IWM (UNI 2966).

(bottom right) Portrait of a soldier, late 1940s, Edwards family collection.

(center) Suit, 1950, Gift of Mr. A. W. Robertson, © McCord Museum, Montreal: M20470.0-2.

(right) Photograph of Gordon Edwards, c.1950, Edwards family collection.

(center) *A young Teddy Boy takes a moment out from the Mecca Dance Hall in Tottenham, London, to show off his Teddy suit.* Original Publication: Picture Post—7169—The Truth About The Teddy Boys—pub. 1954 (Photo by Joseph McKeown/Getty Images).

(bottom right) Art and Picture Collection, The New York Public Library. "Man in Suit and Top Hat, United States, 1901s." *The New York Public Library Digital Collections.* 1908. http://digitalcollections.nypl.org/items/510d47e0-ee92-a3d9-e040-e00a18064a99.

*Suit worn by Johnny O'Keefe* 1955–59 Museum of Applied Arts & Sciences, accessed 7 December 2018, <https://ma.as/163411>

(center) Man's suit, Wash N' Wear, c.1959, Museum at FIT, New York: P88.80.1 ©The Museum at FIT.

(far left) Portrait photograph, 1959, Missouri, Wright family collection.

(near left) Portrait photograph, 1959, Greece, Tsoulis family collection.

(center) John Lennon's stage suit, 1964, National Museum, Liverpool: WAG.1996.4a

(top right) *Turquoise Nehru Jacket,* America, Gift of Louis C. Madeira, 1979, Philadelphia Museum of Art: 1979-150-9.

(bottom left) UNITED KINGDOM—APRIL 30: Young Newlyweds In London. The Groom Is Wearing A Beatles-Styled Suit. (Photo by Keystone-France/Gamma-Keystone via Getty Images).

(bottom right) Dougie Millings, tailor and confidante to the Beatles, photo by Stephen Osman/Los Angeles Times via Getty Images.

(center) Printed cotton velvet jacket and trousers by Mr Fish, London, c.1968, Given by David Mlinaric, Victoria & Albert Museum, London: T.310&A-1979.

(left) Coat, 1790s, France (detail), Purchased with funds provided by Suzanne A. Saperstein and Michael and Ellen Michelson, with additional funding from the Costume Council, the Edgerton Foundation, Gail and Gerald Oppenheimer, Maureen H. Shapiro, Grace Tsao, and Lenore and Richard Wayne (M.2007.211.802), www.lacma.org.

(center) Dinner suit/tuxedo, 1960s, Shippensburg University Fashion Archives & Museum, Pennsylvania.

(right) Woodward, Dave (David Luther). *Young men wearing tuxedoes in front of the FSU Westcott building in Tallahassee.* 1963. Black & white photonegative. State Archives of Florida, Florida Memory. Accessed 7 Dec. 2018.<https://www.floridamemory.com/items/show/270385>.

Suit, 1968, Gift of M. Jacques de Montjoye, © McCord Museum, Montreal: M989.20.1.1-2.

(center) Idealized portrait of Mao Zedong towering over the Yangtze river. (Photo by Michael Nicholson/Corbis via Getty Images).

(top left) Portrait of Stanley Gordon & Emily Mabel Hogg, c.1918, Hogg/Edwards family collection.

(bottom right) Chinese peasant painting, c.1990 (detail), collection of Chris and Julia Edwards.

Idealized portrait of Mao Zedong towering over the Yangtze river. (Photo by Michael Nicholson/Corbis via Getty Images).

Portrait of Sue and Christopher Gordon, c.1970, Gordon family collection.

Portrait of Brett Smyth and friends, 1986–1987, Western Australia, Smyth family collection.

ITALY—JUNE 01: Boyzone in Modena, Italia on June 01st, 1999. (Photo by Eric VANDEVILLE/Gamma-Rapho via Getty Images).

(left) Man's Suit: Jacket and Trousers, designed by Bill Blass, American, 1922–2002. Made by Pincus Brothers Maxwell, Philadelphia, 1911–2004, USA, 1970, Gift of Thomas Neil Crater, 1973, Philadelphia Museum of Art: 1973-59-4a,b.

(right) Man's Suit: Jacket and Trousers, made by Thelma Finster Bradshaw, 1970s, Gift of Thelma Finster Bradshaw, 2013, © Estate of Howard Finster, Philadelphia Museum of Art: 2013-9-1a,b.

(far right) Three-piece Suit, France, c. 1765, purchased with funds provided by Suzanne A. Saperstein and Michael and Ellen Michelson, with additional funding from the Costume Council, the Edgerton Foundation, Gail and Gerald Oppenheimer, Maureen H. Shapiro, Grace Tsao, and Lenore and Richard Wayne (M.2007.211.41a-c), www.lacma.org.

(center) Suit, 1972, Gift of Morty Garelick, © McCord Museum, Montreal: M972.112.3.1-5.

(bottom left) Portrait photograph, wedding guests, 1978, Edwards family collection.

(center) HOUSE OF MERIVALE AND MR. JOHN, Sydney, Suit c.1973, National Gallery of Victoria, Melbourne, Gift of Phil Parnell, 2004 (2004.793.a-c).

(bottom right)Palm Beach 'sand bags' illustration from 1932 advertisement, 'Suggestions for Vacation Days' (detail), courtesy Matt Jacobsen, oldmagazinearticles.com

(center) Leisure suit, 1970s, "Ludovici Milano 65% Tetoron 35% viscose polyester fiber manufactured under I.C.I patent", Shippensburg University Fashion Archives & Museum, Pennsylvania: S2008-17-003.

(right) As above, back view.

(top left) Science, Industry and Business Library: General Collection, "Model No.142: Military collar bal-raglan topcoat' (detail), New York Public Library.

(bottom left) Gabardine shorts, 'Sportsman's Choice' by Henry L. Jackson, Colliers, March 31, 1945 (detail), courtesy Matt Jacobsen, oldmagazinearticles.com.

(center) Man's suit, Giorgio Armani, 1982, Museum at FIT, New York: 85.58.7 ©The Museum at FIT.

(bottom right) Paul Smith ensemble worn by Patrick McDonald, 2007–2012, Gift of Patrick McDonald, 2012.62.1.1, Museum of Art, Rhode Island School of Design, Providence. Photography by Erik Gould, courtesy of the Museum of Art, Rhode Island School of Design, Providence.

(center) Man's Suit: Jacket, Pants and Waistcoat by Kenzo, Spring/Summer 1984, Gift of John Di Prizito, 1997, Philadelphia Museum of Art: 1997-85-2a–c.

(left) Morning vest, 1850–59, USA, Brooklyn Museum Costume Collection at The Metropolitan Museum of Art, Gift of the Brooklyn Museum, 2009; Gift of E. McGreevey, 1948, Metropolitan Museum of Art, New York: 2009.300.2744a, b.

(center) Mitsuhiro Matsuda, Suit, c.1986, Gift of Charles Rosenberg, RISD Class of 1988, Museum of Art, Rhode Island School of Design, Providence: 2008.14.2. Photography by Erik Gould, courtesy of the Museum of Art, Rhode Island School of Design, Providence.

(far left) As above, back detail.

(near left) Detail of jacket from Vanity Fair, 1916, courtesy Matt Jacobsen, oldmagazinearticles.com.

(center) Suit by Paul Smith, 1988, UK, Victoria & Albert Museum, London: T.3 to E-1988 [1988].

(bottom left) Foley, Mark T., 1943–. President Reagan with his wife Nancy Davis Reagan. Between 1981 and 1989. Black & white digital image. State Archives of Florida, Florida Memory. Accessed 7 Dec. 2018.<https://www.floridamemory.com/items/show/134688>.

(center) Man's Bondage Suit: Jacket and Trousers with Attached Knee Strap, Vivienne Westwood, c.1990, Purchased with the Costume and Textiles Revolving Fund, 2000, Philadelphia Museum of Art: 2000-38-1a,b.

(bottom right) 'Hobble garter' image from the Los Angeles Herald, 24 November 1910 (detail).

WORLD, Auckland, Sanderson suit 1997, National Gallery of Victoria, Melbourne, Purchased NGV Foundation, 2009 (2009.56.a–d).

圖解
# 古典男裝全圖解
蕾絲、馬褲、燕尾服，深度解密的奢華貴氣西服史

2022年11月初版　　　　　　　　　　　　　　　定價：新臺幣550元
2024年3月初版第二刷
有著作權・翻印必究
Printed in Taiwan.

| | | |
|---|---|---|
| 著　　　者 | Lydia Edwards | |
| 譯　　　者 | 張　毅　瑄 | |
| 叢書主編 | 李　佳　姍 | |
| 特約編輯 | 陳　益　郎 | |
| 校　　　對 | 賴　韻　如 | |
| | 陳　佩　伶 | |
| 內文排版 | 連　紫　吟 | |
| | 曹　任　華 | |
| 封面設計 | 謝　佳　穎 | |

| | |
|---|---|
| 出　版　者 | 聯經出版事業股份有限公司 |
| 地　　　址 | 新北市汐止區大同路一段369號1樓 |
| 叢書主編電話 | (02)86925588轉5320 |
| 台北聯經書房 | 台北市新生南路三段94號 |
| 電　　　話 | (02)23620308 |
| 台中辦事處 | (04)22312023 |
| 台中電子信箱 | e-mail：linking2@ms42.hinet.net |
| 郵政劃撥帳戶第0100559-3號 | |
| 郵撥電話 | (02)23620308 |
| 印　刷　者 | 文聯彩色製版印刷有限公司 |
| 總　經　銷 | 聯合發行股份有限公司 |
| 發　行　所 | 新北市新店區寶橋路235巷6弄6號2樓 |
| 電　　　話 | (02)29178022 |

| | |
|---|---|
| 副總編輯 | 陳　逸　華 |
| 總　編　輯 | 涂　豐　恩 |
| 總　經　理 | 陳　芝　宇 |
| 社　　　長 | 羅　國　俊 |
| 發　行　人 | 林　載　爵 |

行政院新聞局出版事業登記證局版臺業字第0130號

本書如有缺頁，破損，倒裝請寄回台北聯經書房更換。　　ISBN　978-957-08-6604-9 (平裝)
聯經網址：www.linkingbooks.com.tw
電子信箱：linking@udngroup.com

國家圖書館出版品預行編目資料

**古典男裝全圖解**：蕾絲、馬褲、燕尾服，深度解密的奢華貴氣西服史/ Lydia Edwards著 . 張毅瑄譯 . 初版 . 新北市 . 聯經 . 2022年11月 .
224面 . 19×24.6公分（圖解）
譯自：How to read a suit: a guide to changing men's fashion from the 17th to the 20th century.
ISBN　978-957-08-6604-9（平裝）
[2024年3月初版第二刷]


1.CST：男裝　2.CST：歷史


423.2109　　　　　　　　　　　　　　　　　　　　　　111016759